普通高等职业教育计算机系列教材

Internet 应用
（第 3 版）

程书红　何　娇　主　编

李　静　李顺琴　副主编

翁代云　刘　强　主　审

电子工业出版社

Publishing House of Electronics Industry

北京·BEIJING

内 容 简 介

本书从如何将计算机接入网络开始讲起，对常用的网络设备作了简单介绍。然后，逐步介绍网页浏览器、信息收集、电子邮件、远程控制工具等互联网基础知识；同时介绍了比较流行的网络社交 App 软件，如微博、哔哩哔哩的使用及个人主页制作、图形图像处理；另外还对网上银行、网上购物、网上理财、网上订票、网上缴费等作了简单介绍。力求在最短的时间内，以最简单的方式帮助读者轻松掌握网络知识。

本书通俗易懂，即使读者对网络一无所知，也能顺利学习，本书将成为读者学习上网知识的最佳选择。本书可作为高职院校学生的教材，也可作为各类 Internet 培训班的教材，还可作为工程技术人员和管理人员的自学参考书。

未经许可，不得以任何方式复制或抄袭本书之部分或全部内容。
版权所有，侵权必究。

图书在版编目（CIP）数据

Internet 应用 / 程书红，何娇主编. —3 版. —北京：电子工业出版社，2021.1
ISBN 978-7-121-40224-1

Ⅰ. ①I… Ⅱ. ①程… ②何… Ⅲ. ①互联网络－高等职业教育－教材 Ⅳ. ①TP393.4

中国版本图书馆 CIP 数据核字（2020）第 251010 号

责任编辑：徐建军　　文字编辑：徐　萍
印　　刷：三河市兴达印务有限公司
装　　订：三河市兴达印务有限公司
出版发行：电子工业出版社
　　　　　北京市海淀区万寿路 173 信箱　邮编 100036
开　　本：787×1 092　1/16　印张：16　字数：410 千字
版　　次：2009 年 2 月第 1 版
　　　　　2021 年 1 月第 3 版
印　　次：2021 年 7 月第 2 次印刷
印　　数：1 000 册　定价：48.00 元

凡所购买电子工业出版社图书有缺损问题，请向购买书店调换。若书店售缺，请与本社发行部联系，联系及邮购电话：（010）88254888，88258888。

质量投诉请发邮件至 zlts@phei.com.cn，盗版侵权举报请发邮件至 dbqq@phei.com.cn。

本书咨询联系方式：（010）88254570，xujj@phei.com.cn。

前 言 Preface

在信息全球化的今天，Internet 技术已经改变了人们的工作和生活方式，越来越多的人在生活、学习和工作中已经离不开 Internet。Internet 已成为各类信息系统的基础平台。Internet 技术已经成为政府部门、科研院所和各种企事业单位的重要信息工具，也成为信息社会的重要标志。因此，熟悉和掌握一定的 Internet 技术，对今后的学习和工作意义重大，它是所有专业必修的一门重要课程。

本书按照当今信息技术的发展和大学生的基本能力来组织教学内容，以提高学生的学习兴趣和取得良好的教学效果为目标，采用理论与实践相结合的模式，选用实用的内容教学，以培养学生的综合职业素质。为满足学生的需求，在原教材的基础上，新增了实用内容。本书增加了部分网络软硬件基础知识，更改了部分陈旧内容。

本书根据当代大学生的基本能力要素形成课程单元，每单元内容特色分明，知识点层层推进，采用循序渐进的方式，以提高学生的学习兴趣和积极性，让学生既能掌握理论知识，又能提高动手能力。

本书由重庆城市管理职业学院的骨干教师和重庆邮政公司技术人员联合组织编写。第 1、2 章由程书红编写，第 3、4 章由李静编写，第 5、6 章由何娇编写，第 7、8 章由李顺琴编写。在编写过程中，重庆邮政公司的刘治洪高级工程师提供了案例并给予指导，全书由翁代云和企业高级工程师刘强审稿、程书红和何娇统稿。本书在编写过程中得到重庆城市管理职业学院翁代云教授的指导和支持，同时也参阅了许多参考资料，并得到了各方的大力支持，在此一并表示感谢。

由于时间仓促，编者的学识和水平有限，疏漏和不当之处在所难免，敬请读者不吝指正。

编 者

目录 Contents

第 1 章 认识 Internet ······(1)
  1.1 Internet 概述 ······(1)
    1.1.1 Internet 的起源 ······(2)
    1.1.2 Internet 的发展 ······(2)
    1.1.3 Internet 的组织管理 ······(2)
    1.1.4 Internet 在中国的发展 ······(4)
    1.1.5 下一代 Internet ······(5)
  1.2 计算机网络基础 ······(6)
    1.2.1 什么是计算机网络 ······(6)
    1.2.2 互联网与 Internet 的关系 ······(6)
  1.3 计算机网络的分类 ······(7)
    1.3.1 按网络的分布范围进行分类 ······(7)
    1.3.2 按网络的使用对象进行分类 ······(7)
    1.3.3 按网络的交换方式进行分类 ······(8)
  1.4 计算机网络的组成 ······(8)
    1.4.1 计算机网络的主要性能指标 ······(9)
    1.4.2 网络互联设备 ······(11)
    1.4.3 传输介质 ······(14)
  1.5 小结 ······(15)
  1.6 习题 ······(15)

第 2 章 网络连接与 Web 服务 ······(17)
  2.1 计算机网络软件系统的组成 ······(17)
    2.1.1 什么是 IP 地址 ······(17)
    2.1.2 IPv6 ······(20)
  2.2 网络传输协议 ······(21)
    2.2.1 HTTP 协议 ······(22)
    2.2.2 TCP/IP 协议 ······(23)

		2.2.3	FTP 协议	(24)
		2.2.4	SMTP/POP3 协议	(26)
		2.2.5	域名系统（DNS）	(27)
	2.3	Internet 接入		(28)
		2.3.1	常用 Internet 接入方式	(28)
		2.3.2	常用网络接入设备	(29)
		2.3.3	网线制作——直连双绞线	(31)
		2.3.4	家庭宽带接入 Internet	(34)
		2.3.5	Wi-Fi 接入 Internet	(37)
		2.3.6	移动通信 4G 接入 Internet	(41)
		2.3.7	移动通信 5G	(43)
		2.3.8	计算机和移动智能终端共享接入 Internet	(45)
	2.4	Internet 提供的服务		(48)
		2.4.1	远程管理	(48)
		2.4.2	信息共享服务 WWW	(49)
		2.4.3	信息通信服务	(50)
		2.4.4	数据及资源服务	(51)
		2.4.5	电子商务	(51)
	2.5	常用网络管理工具及故障排除方法		(52)
		2.5.1	Ipconfig 命令	(52)
		2.5.2	Ping 命令	(53)
		2.5.3	Tracert 命令	(54)
		2.5.4	简单网络故障排除方法	(54)
		2.5.5	网络故障解决办法	(55)
	2.6	小结		(55)
	2.7	习题		(55)
第 3 章	信息收集			(57)
	3.1	浏览器基本知识		(57)
		3.1.1	浏览器介绍	(57)
		3.1.2	浏览器设置	(57)
		3.1.3	搜索引擎的原理	(61)
	3.2	信息搜索		(62)
		3.2.1	关键字搜索	(62)
		3.2.2	图片纹理搜索	(68)
		3.2.3	智能语音搜索	(70)
	3.3	保存网络资源		(70)
		3.3.1	使用收藏夹	(70)
		3.3.2	保存网页	(71)
		3.3.3	FTP 的使用方法	(72)
		3.3.4	百度网盘的使用	(74)

        3.3.5 使用 Thunder（迅雷）下载资源 ⋯⋯⋯⋯⋯⋯⋯⋯⋯⋯⋯⋯⋯⋯⋯⋯⋯⋯⋯⋯⋯（76）
        3.3.6 使用央视影音下载资源 ⋯⋯⋯⋯⋯⋯⋯⋯⋯⋯⋯⋯⋯⋯⋯⋯⋯⋯⋯⋯⋯⋯⋯⋯（78）
        3.3.7 使用 BT 下载资源 ⋯⋯⋯⋯⋯⋯⋯⋯⋯⋯⋯⋯⋯⋯⋯⋯⋯⋯⋯⋯⋯⋯⋯⋯⋯⋯⋯（82）
    3.4 RSS 资讯订阅 ⋯⋯⋯⋯⋯⋯⋯⋯⋯⋯⋯⋯⋯⋯⋯⋯⋯⋯⋯⋯⋯⋯⋯⋯⋯⋯⋯⋯⋯⋯⋯⋯⋯⋯⋯（82）
    3.5 知识拓展 ⋯⋯⋯⋯⋯⋯⋯⋯⋯⋯⋯⋯⋯⋯⋯⋯⋯⋯⋯⋯⋯⋯⋯⋯⋯⋯⋯⋯⋯⋯⋯⋯⋯⋯⋯⋯⋯⋯（82）
        3.5.1 其他常用的浏览器 ⋯⋯⋯⋯⋯⋯⋯⋯⋯⋯⋯⋯⋯⋯⋯⋯⋯⋯⋯⋯⋯⋯⋯⋯⋯⋯⋯⋯（82）
        3.5.2 其他知名的搜索引擎 ⋯⋯⋯⋯⋯⋯⋯⋯⋯⋯⋯⋯⋯⋯⋯⋯⋯⋯⋯⋯⋯⋯⋯⋯⋯⋯⋯（83）
        3.5.3 其他下载工具 ⋯⋯⋯⋯⋯⋯⋯⋯⋯⋯⋯⋯⋯⋯⋯⋯⋯⋯⋯⋯⋯⋯⋯⋯⋯⋯⋯⋯⋯⋯（83）
        3.5.4 RSS 拓展工具 ⋯⋯⋯⋯⋯⋯⋯⋯⋯⋯⋯⋯⋯⋯⋯⋯⋯⋯⋯⋯⋯⋯⋯⋯⋯⋯⋯⋯⋯⋯（83）
    3.6 小结 ⋯⋯⋯（84）
    3.7 习题 ⋯⋯⋯（84）
第 4 章 网上交流 ⋯⋯⋯⋯⋯⋯⋯⋯⋯⋯⋯⋯⋯⋯⋯⋯⋯⋯⋯⋯⋯⋯⋯⋯⋯⋯⋯⋯⋯⋯⋯⋯⋯⋯⋯⋯⋯⋯⋯（86）
    4.1 收发电子邮件 ⋯⋯⋯⋯⋯⋯⋯⋯⋯⋯⋯⋯⋯⋯⋯⋯⋯⋯⋯⋯⋯⋯⋯⋯⋯⋯⋯⋯⋯⋯⋯⋯⋯⋯⋯⋯（86）
        4.1.1 电子邮件基本知识 ⋯⋯⋯⋯⋯⋯⋯⋯⋯⋯⋯⋯⋯⋯⋯⋯⋯⋯⋯⋯⋯⋯⋯⋯⋯⋯⋯⋯（86）
        4.1.2 申请网易 163 邮箱 ⋯⋯⋯⋯⋯⋯⋯⋯⋯⋯⋯⋯⋯⋯⋯⋯⋯⋯⋯⋯⋯⋯⋯⋯⋯⋯⋯⋯（87）
        4.1.3 登录网易 163 邮箱收发邮件 ⋯⋯⋯⋯⋯⋯⋯⋯⋯⋯⋯⋯⋯⋯⋯⋯⋯⋯⋯⋯⋯⋯⋯（88）
        4.1.4 离线邮件管理 Foxmail ⋯⋯⋯⋯⋯⋯⋯⋯⋯⋯⋯⋯⋯⋯⋯⋯⋯⋯⋯⋯⋯⋯⋯⋯⋯⋯（92）
    4.2 网络即时通信 ⋯⋯⋯⋯⋯⋯⋯⋯⋯⋯⋯⋯⋯⋯⋯⋯⋯⋯⋯⋯⋯⋯⋯⋯⋯⋯⋯⋯⋯⋯⋯⋯⋯⋯⋯⋯（97）
        4.2.1 什么是即时通信 ⋯⋯⋯⋯⋯⋯⋯⋯⋯⋯⋯⋯⋯⋯⋯⋯⋯⋯⋯⋯⋯⋯⋯⋯⋯⋯⋯⋯⋯（97）
        4.2.2 安装 QQ 客户端程序 ⋯⋯⋯⋯⋯⋯⋯⋯⋯⋯⋯⋯⋯⋯⋯⋯⋯⋯⋯⋯⋯⋯⋯⋯⋯⋯⋯（97）
        4.2.3 申请 QQ 号码 ⋯⋯⋯⋯⋯⋯⋯⋯⋯⋯⋯⋯⋯⋯⋯⋯⋯⋯⋯⋯⋯⋯⋯⋯⋯⋯⋯⋯⋯⋯（97）
        4.2.4 QQ 客户端基本设置 ⋯⋯⋯⋯⋯⋯⋯⋯⋯⋯⋯⋯⋯⋯⋯⋯⋯⋯⋯⋯⋯⋯⋯⋯⋯⋯⋯（98）
        4.2.5 使用 QQ 与好友通信 ⋯⋯⋯⋯⋯⋯⋯⋯⋯⋯⋯⋯⋯⋯⋯⋯⋯⋯⋯⋯⋯⋯⋯⋯⋯⋯（100）
        4.2.6 微信的安装 ⋯⋯⋯⋯⋯⋯⋯⋯⋯⋯⋯⋯⋯⋯⋯⋯⋯⋯⋯⋯⋯⋯⋯⋯⋯⋯⋯⋯⋯⋯（105）
        4.2.7 微信的使用 ⋯⋯⋯⋯⋯⋯⋯⋯⋯⋯⋯⋯⋯⋯⋯⋯⋯⋯⋯⋯⋯⋯⋯⋯⋯⋯⋯⋯⋯⋯（106）
        4.2.8 微信朋友圈的使用及管理 ⋯⋯⋯⋯⋯⋯⋯⋯⋯⋯⋯⋯⋯⋯⋯⋯⋯⋯⋯⋯⋯⋯⋯（107）
    4.3 网络电话 ⋯⋯⋯⋯⋯⋯⋯⋯⋯⋯⋯⋯⋯⋯⋯⋯⋯⋯⋯⋯⋯⋯⋯⋯⋯⋯⋯⋯⋯⋯⋯⋯⋯⋯⋯⋯⋯（107）
        4.3.1 什么是网络电话 ⋯⋯⋯⋯⋯⋯⋯⋯⋯⋯⋯⋯⋯⋯⋯⋯⋯⋯⋯⋯⋯⋯⋯⋯⋯⋯⋯⋯（107）
        4.3.2 钉钉网络电话 ⋯⋯⋯⋯⋯⋯⋯⋯⋯⋯⋯⋯⋯⋯⋯⋯⋯⋯⋯⋯⋯⋯⋯⋯⋯⋯⋯⋯⋯（108）
        4.3.3 UUCall ⋯⋯⋯⋯⋯⋯⋯⋯⋯⋯⋯⋯⋯⋯⋯⋯⋯⋯⋯⋯⋯⋯⋯⋯⋯⋯⋯⋯⋯⋯⋯⋯⋯（108）
    4.4 社交网站 ⋯⋯⋯⋯⋯⋯⋯⋯⋯⋯⋯⋯⋯⋯⋯⋯⋯⋯⋯⋯⋯⋯⋯⋯⋯⋯⋯⋯⋯⋯⋯⋯⋯⋯⋯⋯⋯（110）
        4.4.1 社交网络服务介绍 ⋯⋯⋯⋯⋯⋯⋯⋯⋯⋯⋯⋯⋯⋯⋯⋯⋯⋯⋯⋯⋯⋯⋯⋯⋯⋯⋯（110）
        4.4.2 QQ 空间 ⋯⋯⋯⋯⋯⋯⋯⋯⋯⋯⋯⋯⋯⋯⋯⋯⋯⋯⋯⋯⋯⋯⋯⋯⋯⋯⋯⋯⋯⋯⋯⋯（110）
        4.4.3 知乎 ⋯⋯⋯⋯⋯⋯⋯⋯⋯⋯⋯⋯⋯⋯⋯⋯⋯⋯⋯⋯⋯⋯⋯⋯⋯⋯⋯⋯⋯⋯⋯⋯⋯⋯（113）
        4.4.4 大众点评 ⋯⋯⋯⋯⋯⋯⋯⋯⋯⋯⋯⋯⋯⋯⋯⋯⋯⋯⋯⋯⋯⋯⋯⋯⋯⋯⋯⋯⋯⋯⋯（114）
    4.5 知识拓展 ⋯⋯⋯⋯⋯⋯⋯⋯⋯⋯⋯⋯⋯⋯⋯⋯⋯⋯⋯⋯⋯⋯⋯⋯⋯⋯⋯⋯⋯⋯⋯⋯⋯⋯⋯⋯⋯（114）
    4.6 小结 ⋯⋯（116）
    4.7 习题 ⋯⋯（117）
第 5 章 电子商务初步 ⋯⋯⋯⋯⋯⋯⋯⋯⋯⋯⋯⋯⋯⋯⋯⋯⋯⋯⋯⋯⋯⋯⋯⋯⋯⋯⋯⋯⋯⋯⋯⋯⋯⋯⋯⋯（120）
    5.1 网上银行 ⋯⋯⋯⋯⋯⋯⋯⋯⋯⋯⋯⋯⋯⋯⋯⋯⋯⋯⋯⋯⋯⋯⋯⋯⋯⋯⋯⋯⋯⋯⋯⋯⋯⋯⋯⋯⋯（120）

	5.1.1	开通网上银行	（120）
	5.1.2	使用网上银行	（123）
	5.1.3	银行 App 的使用	（125）
	5.1.4	阅读材料	（126）
5.2	网上购物		（127）
	5.2.1	开通网络支付工具	（128）
	5.2.2	网络购物与交易	（130）
	5.2.3	阅读材料	（133）
5.3	网上理财		（135）
	5.3.1	网上理财主要种类	（135）
	5.3.2	网络炒股	（136）
	5.3.3	支付宝理财	（140）
	5.3.4	阅读材料	（141）
5.4	网上订票		（141）
	5.4.1	网上订飞机票	（141）
	5.4.2	网上订火车票	（143）
5.5	网上缴费		（145）
	5.5.1	网上移动营业厅	（145）
	5.5.2	生活缴费	（148）
5.6	网上求职		（148）
	5.6.1	网络招聘	（148）
	5.6.2	阅读材料	（149）
5.7	小结		（150）
5.8	习题		（150）
第6章	个性网络生活		（151）
6.1	微博		（151）
	6.1.1	申请微博	（152）
	6.1.2	浏览微博	（153）
	6.1.3	制作微博	（154）
6.2	个性视频互动		（155）
	6.2.1	观看视频	（156）
	6.2.2	投稿管理	（157）
6.3	BBS		（158）
	6.3.1	什么是 BBS	（158）
	6.3.2	百度贴吧	（158）
	6.3.3	天涯社区	（160）
6.4	网上娱乐		（162）
	6.4.1	在线玩游戏	（162）
	6.4.2	在线听广播	（163）
	6.4.3	在线看电视	（164）

		6.4.4 在线阅读……………………………………………………………（164）
	6.5	网页制作……………………………………………………………………（165）
		6.5.1 网页制作软件介绍…………………………………………………（165）
		6.5.2 利用 Dreamweaver 制作网页………………………………………（165）
		6.5.3 个人主页的申请与站点发布…………………………………………（174）
		6.5.4 网络推广……………………………………………………………（178）
	6.6	知识拓展……………………………………………………………………（179）
	6.7	小结…………………………………………………………………………（179）
	6.8	习题…………………………………………………………………………（180）
第 7 章	网络安全……………………………………………………………………（182）	
	7.1	常用的杀毒软件……………………………………………………………（182）
		7.1.1 腾讯电脑管家…………………………………………………………（182）
		7.1.2 扫描计算机病毒………………………………………………………（183）
		7.1.3 升级杀毒软件…………………………………………………………（185）
		7.1.4 开启自动防护功能……………………………………………………（185）
		7.1.5 Windows Defender 安全中心…………………………………………（186）
	7.2	防止黑客攻击………………………………………………………………（187）
		7.2.1 什么是黑客……………………………………………………………（187）
		7.2.2 使用 Windows 防火墙…………………………………………………（188）
	7.3	防止垃圾邮件………………………………………………………………（190）
		7.3.1 垃圾邮件的由来………………………………………………………（190）
		7.3.2 使用 Outlook 阻止垃圾邮件…………………………………………（190）
		7.3.3 有效拒收垃圾邮件……………………………………………………（193）
	7.4	知识拓展……………………………………………………………………（194）
		7.4.1 数据传输的安全………………………………………………………（194）
		7.4.2 保证数据完整性………………………………………………………（195）
		7.4.3 保证数据的真实性……………………………………………………（195）
		7.4.4 公钥证书………………………………………………………………（196）
	7.5	小结…………………………………………………………………………（196）
	7.6	习题…………………………………………………………………………（196）
第 8 章	常用工具软件………………………………………………………………（198）	
	8.1	使用图形图像处理工具……………………………………………………（198）
		8.1.1 屏幕捕获工具——SnagIt……………………………………………（198）
		8.1.2 图像管理工具——ACDSee…………………………………………（206）
		8.1.3 图像处理工具——美图秀秀…………………………………………（214）
	8.2	使用音频视频播放、阅读工具……………………………………………（218）
		8.2.1 音乐播放工具——酷狗………………………………………………（219）
		8.2.2 视频播放工具——暴风影音…………………………………………（222）
		8.2.3 Adobe Reader 阅读器的基本操作……………………………………（225）
	8.3	远程控制工具………………………………………………………………（230）

8.3.1　QQ 远程协助 ………………………………………………………………（230）
　　　8.3.2　TeamViewer 远程控制 …………………………………………………（232）
8.4　知识拓展 ……………………………………………………………………………（235）
　　　8.4.1　VPN 技术 …………………………………………………………………（235）
　　　8.4.2　其他常用的播放器 ………………………………………………………（238）
　　　8.4.3　视频制作软件——爱剪辑 ………………………………………………（239）
　　　8.4.4　音频视频转换工具——狸窝全能视频转换器 …………………………（244）
8.5　小结 …………………………………………………………………………………（245）
8.6　习题 …………………………………………………………………………………（246）

第1章 认识 Internet

学习目标
- 了解 Internet 的起源和发展
- 了解 Internet 的组织管理
- 了解 Internet 在中国的发展
- 掌握计算机网络的定义
- 了解计算机网络的主要性能指标
- 掌握计算机网络的组成
- 掌握计算机网络的分类
- 了解计算机网络的主要互联设备
- 掌握计算机网络的主要传输介质

1.1 Internet 概述

Internet 即通常所说的互联网或网际网,它不是一个单一的网络,是世界上规模最大、覆盖面最广、信息资源最为丰富的计算机信息资源网络。它是借助于现代通信技术和计算机技术实现全球信息传递的一种快捷、有效、方便的工具。没有单独的个人、群体或组织结构来负责运营 Internet。它是将遍布全球各个国家和地区的计算机系统连接而成的一个计算机互联网络。Internet 可以连接各种各样的计算机和网络,诸如 PC、Macintosh、UNIX、系统工作站、大中型计算机及各种局域网和广域网,如政府网、企业局域网、校园网,以及服务商中国电信(ChinaNet)、美国在线(America Online)等。从技术角度看,Internet 是一个以 TCP/IP 作为通信协议连接各国、各地区、各机构计算机网络的数据通信网络。从资源角度来看,它是一个集各部门、各领域的各种信息资源为一体的、供网络用户共享的信息资源网络。

1.1.1　Internet 的起源

Internet 最早来源于美国国防部高级研究计划局 DARPA（Defense Advanced Research Projects Agency）的前身 ARPA（Advanced Research Projects Agency）建立的 ARPANET，该网于 1969 年投入使用。从 20 世纪 60 年代开始，ARPA 就开始向美国国内大学的计算机系和一些私人有限公司提供经费，以促进基于分组交换技术的计算机网络的研究。1968 年，ARPA 为 ARPANET 网络项目立项，这个项目基于这样一种主导思想：网络必须能够经受住故障的考验而维持正常工作，一旦发生战争，当网络的某一部分因遭受攻击而失去工作能力时，网络的其他部分应当能够维持正常通信。最初，ARPANET 主要用于军事研究目的，它有五大特点：

- 支持资源共享；
- 采用分布式控制技术；
- 采用分组交换技术；
- 使用通信控制处理机；
- 采用分层的网络通信协议。

1972 年，ARPANET 在首届计算机后台通信国际会议上首次与公众见面，并验证了分组交换技术的可行性，由此，ARPANET 成为现代计算机网络诞生的标志。

1.1.2　Internet 的发展

Internet 的发展主要可分为以下几个阶段。

1. Internet 的雏形阶段

1969 年，美国国防部高级研究计划局（ARPA）开始建立一个命名为 ARPANET 的网络。当时建立这个网络是出于军事需要，计划建立一个计算机网络，当网络中的一部分被破坏时，其余网络部分会很快建立起新的联系。人们普遍认为这就是 Internet 的雏形。

2. Internet 的发展阶段

美国国家科学基金会（National Science Foundation，NSF）在 1985 年开始建立计算机网络 NSFNET。NSF 规划建立 15 个超级计算机中心及国家教育科研网，用于支持科研和教育的全国性规模的 NSFNET，并以此作为基础，实现同其他网络的连接。NSFNET 成为 Internet 上主要用于科研和教育的主干部分，代替了 ARPANET 的骨干地位。1989 年 MILNET（由 ARPANET 分离出来）实现和 NSFNET 连接后，就开始采用 Internet 这个名称。自此以后，其他部门的计算机网络相继并入 Internet，ARPANET 就宣告解散了。

3. Internet 的商业化阶段

20 世纪 90 年代初，商业机构开始进入 Internet，使 Internet 开始了商业化的新进程，成为 Internet 大发展的强大推动力。1995 年，NSFNET 停止运作，Internet 已经彻底商业化了。

1.1.3　Internet 的组织管理

全球 Internet 是由分散在世界各国成千上万个网络互联而成的网络集合体。它现在已经非常庞大，这成千上万个网络规模各异，各属不同的组织、团体和部门。其中有跨越洲际的网络，有覆盖多个国家的网络，有各国的国家级网络，也有各部门各团体的专用网络、校园网、公司网等。这些网络各有其主，分别归属各自的投资部门，由各自的投资部门管理，也就是说，各个部门负责各自网络的规划、资金、建设、发展，确定各自网络的目的、使用政策、经营政策和运行方式，等等。从这点来说，全球 Internet 就是在这些分散的、分布式的管理机构下运行的。因此，从组织上来说，这是一个松散的集合体，用户自由介入 Internet；从整体来说，它并无严格意义上的统一管理机构，没有一个组织对它负责，Internet 沿袭了 20 世纪 60 年代形成的多元化模式。

不过，还是有几个组织帮助展望新的 Internet 技术、管理注册过程及处理其他与运行主要网络相关的事情。

1. Internet 协会

Internet 协会（ISOC）是一个专业性的会员组织，由来自 100 多个国家的上百个组织及 6000 名个人成员组成，这些组织和个人展望影响 Internet 现在和未来的技术。ISOC 由 Internet 体系结构组（IAB）和 Internet 工程任务组（IETF）等组成。

2. Internet 体系结构组

Internet 体系结构组（IAB）以前为 Internet 行动组，是 Internet 协会技术顾问。这个小组定期会晤，考察由 Internet 工程任务组和 Internet 工程指导组提出的新思想和建议，并给 IETF 提供一些新的想法和建议。

3. Internet 工程任务组

Internet 工程任务组（IETF）是由网络设计者、制造商和致力网络发展的研究人员组成的一个开放性组织。IETF 一年会晤三次，主要的工作通过电子邮件组来完成；IETF 被分成多个工作组，每个组有特定的主题。

4. W3C（World Wide Web）

一个经常被提及的组织 W3C——负责为发展迅速的万维网（WWW）指定相关标准和规范，该组织是一个工业协会，由麻省理工学院的计算机科学实验室负责运作。

5. Internet 名字和编号分配组织（ICANN）

ICANN 是一个非营利性的国际组织，主要负责全球互联网的根域名服务器和域名体系、IP 地址及互联网其他号码资源的分配管理和政策制定。当前，ICANN 参与共享式注册系统（Shared Registration System，SRS）。通过 SRS，Internet 域名的注册过程是开放式公平竞争的。ICANN 的最高管理机构——理事会是由来自世界各国的 18 名代表组成的。

6. 国际互联网络信息中心（Internet Network Information Center，InterNIC）

InterNIC 是为了保证国际互联网络的正常运行和向全体互联网络用户提供服务而设立的。InterNIC 网站目前由 ICANN 负责维护，提供互联网域名登记的公开信息。

7. RFC 编辑

RFC 是关于 Internet 标准的一系列文档，RFC 编辑是 Internet RFC 文档的出版商，负责 RFC 文档的最后编辑检查。

8. Internet 服务提供商

20 世纪 90 年代 Internet 商业化之后，出现了非常多的 Internet 服务提供商（ISP），他们有服务器，用点对点协议（PPP）或串行线路接口协议（SLIP），使得用户可以通过拨号接入 Internet。

另外，由于 20 世纪 90 年代后 Internet 的商业化，产生了许多利益纠纷，如由域名引起的纠纷，这不仅环绕着有关域名的商标、知识产权等法律问题，而且更关系到对域名的管理权、分配权。所以原来的那些面向技术的 Internet 组织和团体不具备处理这些商业问题和法律问题的地位和能力，不适合担当 Internet 合法框架管理者的角色。为了保护本组织的利益，各种国际组织都以积极的态度挤到 Internet 的各种管理活动中去。为了改革原来的域名管理体系，由 Internet 协会（ISOC）牵头，会同国际电联（ITU）、国际知识产权组织（WIPO）、国际商标组织等国际组织发起成立了"国际特别委员会"IAHC。在 IAHC 的组织下，开放了一组新的顶级域名，并成立了一套国际性的民间机构，负责这些新的域名的管理和分配。

目前，因为美国是 Internet 的发源地，所以它在 Internet、信息技术、信息产业和信息化方面都处于霸主地位，领导着世界新潮流；而且在 Internet 的各种主要组织中，很多主要人物都来自美国的主要网络的主管部门，在 Internet 的管理上，美国起着重要的作用。当然，事情正在起着变化，随着 Internet 在其他国家的迅速发展，各国要求打破垄断、平等发展的呼声也越来越高，各国的组织正致力于本国网络的发展、协调，致力于本国网络的本地化，保护本国、本地区的利益，包括长远利益。

1.1.4　Internet 在中国的发展

1987 年 9 月 20 日，按照 TCP/IP 协议，中国兵器工业计算机应用研究所成功发送了中国第一封电子邮件，这封邮件以英、德两种文字书写，内容是"Across the Great Wall we can reach every corner in the world."（越过长城，走向世界），标志着中国与国际计算机网络已经成功连接。此后，中国用了近 7 年的时间真正接入互联网。

1988 年，中国科学院高能物理研究所采用 X.25 协议（一个广泛使用的协议，面向计算机的数据通信网，它由传输线路、分组交换机、远程集中器和分组终端等基本设备组成），使本单位的 DECnet［数字设备公司（Digital Equipment Corporation）推出并支持的一组协议集合］成为西欧中心 DECnet 的延伸，实现了计算机国际远程联网，以及与欧洲和北美地区的电子邮件通信。

1989 年 11 月，中关村地区教育与科研示范网络 NCFC（The National Computing and Networking Facility of China，中国国家计算机与网络设施）正式启动，由中国科学院主持，联合北京大学、清华大学共同实施。

1990 年 11 月 28 日，中国注册了国际顶级域名 CN，在国际互联网上有了自己的唯一标识。最初，该域名服务器架设在卡尔斯鲁厄大学计算机中心，直到 1994 年才移交给中国互联网信息中心。

1992 年 12 月，清华大学校园网（Tsinghua University Network，TUNet）建成并投入使用，是中国第一个采用 TCP/IP 体系结构的校园网。

1993 年 3 月 2 日，中国科学院高能物理研究所接入美国斯坦福线性加速器中心（Stanford Linear Accelerator Center，SLAC）的 64K 专线，正式开通中国连入 Internet 的第一根专线。

1994 年 4 月 20 日，中国实现与互联网的全功能连接，成为接入国际互联网的第 77 个国家。

1995 年 4 月，中国科学院启动京外单位联网工程（俗称"百所联网"工程），实现国内各学术机构的计算机互联并和 Internet 相连。在此基础上，网络不断扩展，逐步连接了中国科学院以外的一批科研院所和科技单位，成为一个面向科技用户、科技管理部门及与科技有关的政府部门服务的全国性网络，取名"中国科技网"（CSTNet）。

1996 年 1 月，中国公用计算机互联网（CHINANET）全国骨干网建成并正式开通，全国范围的公用计算机互联网络开始提供服务。

1996年9月6日，中国金桥信息网（CHINAGBN）连入美国的256K专线正式开通。中国金桥信息网宣布开始提供Internet服务，主要提供专线集团用户的接入和个人用户的单点上网服务。

1997年6月3日，中国科学院在中国科学院计算机网络信息中心组建了中国互联网络信息中心（CNNIC）。

1999年1月，中国教育和科研计算机网（CERNET）的卫星主干网全线开通，大大提高了网络的运行速度。

1999—2002年年底，中国互联网进入普及和应用的快速增长期。

2009—2014年，中国互联网从PC互联网进入移动互联网，中国互联网历史巨轮继续向前迈进！

现在，IT时代渐渐被取代，AI时代已经融入我们的生活，人工智能技术越来越神奇，百度的无人车，机器人已见雏形。现在的生活，离开了Internet是不可想象的，Internet真的将每个人紧紧地"连"在了一起，无法抽离！

1.1.5 下一代Internet

从1993年起，由于WWW技术的发明及推广应用，Internet面向商业用户的普通用户公众开放，用户数量开始以滚雪球的方式增长，各种网上的服务不断增加，接入Internet的国家也越来越多，再加上Internet先天不足，例如，宽带过窄、对信息的管理不足，造成信息传输的严重阻塞。为了解决这一问题，1996年10月，美国34所大学提出了建设下一代Internet(Next Generation Internet，NGI）的计划，表明要进行第二代Internet（Internet 2）的研制。根据当时的构想，第二代Internet将以美国国家科学基金会建立的"极高性能主干网络"为基础，它的主要任务之一是开发和试验先进的组网技术，研究网络的可靠性、多样性、安全性、业务实时能力（如广域分布计算）、远程操作和远程控制试验设施等问题。研究的重点是网络扩展设计、端到端的服务质量（Quality of Service，QoS）和安全性三个方面。第二代Internet又是一次以教育科研为先导，瞄准Internet的高级应用，是Internet更高层次的发展阶段。

第二代Internet的建设，将使多媒体信息可以实现真正的实时交换，同时还可以实现网上虚拟现实和实时视频会议等服务。例如，大学可以进行远程教学，医生可以进行远程医疗等，第二代Internet计划之快以及它引起的反响之大，都超出了人们的意料。1997年以来，美国国会参、众两院的科研委员会的议员多次呼吁政府关注和资助该计划。1998年2月，美国总统克林顿宣布第二代Internet被纳入美国政府的"下一代Internet"的总体规划中，政府将对其进行资助。第二代Internet委员会副主席范·豪威灵博士指出，第二代Internet技术的扩散将远比Internet快得多，也许只要三五年普通老百姓就可以应用它，到那时离真正的"信息高速公路"也就不远了。

中国第二代因特网协会（中国Internet 2）已经成立，该协会是一个学术性组织，将联合众多的大学和研究院，主要以学识交流为主，选择并提供正确的发展方向，其工作主要涉及三个方面：网络环境、网络结构、协议标准及应用。

1.2 计算机网络基础

当今,在信息高速发展的时代,人们的生活、工作已离不开计算机,而且很少在单机环境下使用计算机,人们总是把多台计算机连接起来,组成一个计算机网络,从而实现资源共享。

计算机网络是众多计算机借助通信线路连接形成的效果。计算机通过连接线路相互通信,从而使得位于不同地方的人借助计算机可以互相沟通。由于计算机是一种独立性很强的智能化机器系统,因此网络中的多台计算机可以协作通信共同完成某项工作。由此可见计算机网络是计算机技术与通信技术紧密结合的产物。

1.2.1 什么是计算机网络

计算机网络,是指将地理位置不同的具有独立功能的多台计算机及其外部设备,通过通信线路连接起来,在网络操作系统、网络管理软件及网络通信协议的管理和协调下,实现资源共享和信息传递的计算机系统。

关于计算机网络的最简单定义是:一些相互连接的、以共享资源为目的的、自治的计算机的集合。

最简单的计算机网络就是只有两台计算机和连接它们的一条链路,即两个节点和一条链路。因为没有第三台计算机,因此不存在交换的问题。

最庞大的计算机网络就是因特网 Internet。它由非常多的计算机网络通过许多路由器互联而成。因此因特网也称为"网络的网络"。

1.2.2 互联网与 Internet 的关系

Internet 代表因特网,internet 代表互联网。以 I 开始的 Internet(因特网)是一个专用名词,它指当前世界上最大的、开放的、由众多网络相互连接而成的特定计算机网络,它采用 TCP/IP 协议族作为通信的规则,且前身是美国的 ARPANET。以 i 开始的 internet(互联网)是一个通用名词,它泛指多个计算机网络互联而组成的网络,在这些网络之间的通信协议(即通信规则)可以是任意的。

因特网是通过产业、教育、政府和科研部门中的自治网络将用户连接起来的世界范围的网络。因特网采用网际协议(IP)进行网络互联和路由选择,采用传输控制协议(TCP)实现端对端控制。因特网的主要业务包括电子邮件、文件传送协议(FTP)、远程登录、万维网和电子公告板。

互联网是两个或多个子网络构成的一种网络。这种网络可包括网桥、路由器、网关或它们的组合。凡是能彼此通信的设备组成的网络就叫互联网。所以,即使仅有两台机器,不论用何种技术使其彼此通信,也叫互联网。而因特网可不是仅由两台机器组成的互联网,它是由上千万台设备组成的互联网。因此,互联网、因特网的关系是:互联网包含因特网。

注意: 国际标准的互联网写法是 internet,字母 i 一定要小写。

1.3 计算机网络的分类

计算机网络从发展到现在应用得非常广泛,计算机网络的分类方法有很多种,根据网络的不同分类,在同一种网络中可能有多种不同的名字说法。通常可以从不同的角度对计算机网络进行分类。

1.3.1 按网络的分布范围进行分类

按计算机网络规模和所覆盖的地理范围对其分类,可以很好地反映不同类型网络的技术特征,由于网络覆盖的地理范围不同,所采用的传输技术也有所不同,因此形成了不同的网络技术特点和网络服务功能。按地理分布范围的大小,计算机网络可以分为广域网、局域网和城域网三种,这三种不同类型网络的比较如表 1-1 所示。

表 1-1 三种不同类型网络的比较

网络分类	缩写	分布距离	计算机分布范围	传输速率范围
局域网	LAN	10m 左右	房间	4Mb/s～1Gb/s
		100m 左右	楼宇	
		1000m 左右	校园	
城域网	MAN	10km	城市	50Kb/s～100Mb/s
广域网	WAN	100km 以上	国家或全球	9.6Kb/s～45Mb/s

局域网(Local Area Network,LAN)是将小区域内的各种通信设备互联在一起的网络,其分布范围局限在一个办公室、一幢大楼或一个校园内,用于连接个人计算机、工作站和各类外围设备以实现资源共享和信息交换。现在局域网已被广泛应用,一个学校或企业大都拥有许多个局域网。因此,又出现了校园网或企业网的名词。

城域网(Metropolitan Area Network,MAN)的分布范围介于局域网和广域网之间,其目的是在一个较大的地理区域内提供数据、声音和图像的传输。顾名思义,城域网就是在一个城市范围内组建的网络。城域网也可以理解为一种放大了的局域网或缩小了的广域网。

广域网(Wide Area Network,WAN)也称远程网,其分布范围可达数百至数千千米,可覆盖一个国家或一个洲。广域网是因特网的核心部分,其任务是通过长距离(如跨越不同的国家)运送主机所发送的数据。连接广域网各节点交换机的链路一般都是高速链路,具有较大的通信容量。广域网又分成主干网和接入网络。用作数据传输的网络干线称为主干网,一般采用带宽比较宽的卫星通信网或光纤网。用户接入广域网的网络支线称为用户接入网,一般采用电话、ISDN 数字电话、DDN 专线及 X.25 拨号等方式。

1.3.2 按网络的使用对象进行分类

按网络的用途和使用对象进行分类,计算机网络可分为公用网和专用网。

公用网也称为公众网或公共网,是指为公众提供公共网络服务的网络。公用网一般由国家的电信公司出资建造,并由国家政府电信部门进行管理和控制,网络内的传输和转接装置可提供给任何部门和单位使用（需交纳相应费用）。公用网属于国家基础设施。

专用网是指一个政府部门或一个公司组建经营的，仅供本部门或单位使用，不向本单位以外的人提供服务的网络。例如，军队、民航、铁路、电力、银行等系统均有其系统内部的专用网。一般较大范围内的专用网需要租用电信部门的传输线路。

1.3.3 按网络的交换方式进行分类

计算机网络按交换方式可分为线路交换网络（Circuit Switching）、报文交换网络（Message Switching）和分组交换网络（Packet Switching）。

线路交换最早出现在电话系统中，早期的计算机网络就是采用此方式来传输数据的，数字信号经过变换成为模拟信号后才能在线路上传输。

报文交换是一种数字化网络。当通信开始时，源机发出的一个报文被存储在交换器里，交换器根据报文的目的地址选择合适的路径发送报文，这种方式称为存储-转发方式。

分组交换也采用报文传输，但它不是以不定长的报文作为传输的基本单位，而是将一个长的报文划分为许多定长的报文分组，以分组作为传输的基本单位。这不仅大大简化了对计算机存储器的管理，而且也加速了信息在网络中的传播速度。由于分组交换优于线路交换和报文交换，具有许多优点，因此它已成为计算机网络的主流。

1.4 计算机网络的组成

从物理构成上划分，计算机网络可以分为网络硬件和网络软件两部分。

1. 网络硬件

常见的网络硬件有服务器、网络工作站、网络接口卡、通信介质及各种网络互联设备等。服务器和工作站都被视为网络中的计算机。

1）服务器

服务器的主要功能是为网络工作站上的用户提供共享资源、管理网络文件系统、提供网络打印服务、处理网络通信、响应工作站上的网络请求等。常用的网络服务器有文件服务器、通信服务器、计算服务器和打印服务器等。一个计算机网络系统至少有一台服务器，也可以有多台。

2）网络工作站

通过网络接口卡连接到网络上的计算机是网络工作站，它们向各种服务器发出服务请求，从网络上接收传送给用户的数据。

随着家用电器的智能化和网络化，越来越多的家用电器如手机、电视机顶盒（使电视机不仅可以收看数字电视节目，而且可以作为因特网的终端设备使用）、监控报警设备，甚至厨房卫生设备等也可以接入计算机网络，它们都是网络的终端设备，也是网络工作站。

3）网络接口卡

网络接口卡简称网卡，又称为网络接口适配器，是计算机与通信介质的接口，是构成网络的基本部件。网卡的主要功能是实现网络数据格式与计算机数据格式的转换、网络数据的接收与发送等。

4）通信介质

通信介质是用于数据传输的重要媒介，它提供了数据信号传输的物理通道。有线介质包括双绞线、同轴电缆、光缆等；无线介质包括无线电、微波、卫星通信等。

5）网络互联设备

要实现计算机与通信设备、计算机与计算机之间的数据通信、网络与网络之间的相互通信，还需要有网络互联设备。其中常见的有集线器、中继器、交换机、路由器、网关等。

集线器：局域网中常用的连接设备，它有多个端口，可以连接多台本地计算机，是对网络进行集中管理的最小单元。其主要功能是放大和中转信号，把一个端口的信号进行广播发送。

中继器：主要用来扩展网络长度。它的作用是在信号传输较长距离后进行整形和放大，但不对信号进行校验处理等。

路由器：所谓"路由"，是指把数据从一个地方传送到另一个地方的行为和动作，而路由器，正是执行这种行为动作的机器，它的英文名称为 Router，是一种连接多个网络或网段的网络设备。它能将不同网络或网段之间的数据信息进行"翻译"，以使双方能够相互"读懂"对方的数据，从而构成一个更大的网络。

2．网络软件

1）网络协议

为了使网络中的计算机能正确地进行数据通信和资源共享，计算机和通信控制设备必须共同遵循一组规则和约定，这些规则、约定或标准就称为网络协议，简称协议。

2）网络操作系统和网络应用软件

连接在网络上的计算机，其操作系统必须遵循通信协议、支持网络通信，才能使计算机接入网络。因此，现在几乎所有的操作系统都具有网络通信功能。特别是运行在服务器上的操作系统，它除了具有强大的网络通信和资源共享功能之外，还负责网络的管理工作（如授权、日志、计费、安全等），这种操作系统称为服务器操作系统或网络操作系统。目前使用的网络操作系统主要有三类：Windows 系统服务器版（一般用在中低档服务器中）、UNIX 系统（可用于大型网站或大中型企、事业单位网络中）和开放源码的自由软件 Linux。

为了提供网络服务，开展各种网络应用，服务器和终端计算机还必须安装网络应用程序。例如，电子邮件程序、浏览器程序、即时通信软件、网络游戏软件等，它们为用户提供了各种各样的网络应用。

1.4.1 计算机网络的主要性能指标

影响计算机网络性能的因素有很多，如传输的距离、使用的线路、传输技术、带宽等。对用户而言，主要体现为所获得的网络速度不一样。计算机网络的主要性能指标有带宽、时延和吞吐量。

1．带宽

在局域网和广域网中，都使用带宽（Bandwidth）来描述网络的传输容量。

带宽本来是指某个信号具有的频带宽度。带宽的单位为 Hz（或 kHz，MHz 等）。在通信线路上传输模拟信号时，将通信线路允许通过的信号频带范围称为线路的带宽（或通频带）。

在通信线路上传输数字信号时，带宽就等同于数字信道所能传送的"最高数据速率"。数字信道传送数字信号的速率称为数据率或比特率。网络或链路的带宽的单位就是比特每秒（写为 bps、b/s 或 bit/s），即通信线路每秒所能传送的比特数。例如，以太网的带宽为 10Mbps，意味着每秒能传送 10×1024×1024bit。目前，以太网的带宽有 10Mbps、100Mbps、1000Mbps 和 10Gbps 等几种。

现在人们常用更简单但不是很严格的记法来描述网络或链路的带宽，如"线路的带宽是 100M 或 10G"，而省略了后面的 bps，意思就是数据发送速率（即带宽）为 10Mbps 或 10Gbps。正是因为带宽代表数字信号的发送速率，因此带宽有时也称为吞吐量（throughput）。在实际应用中，吞吐量常用每秒发送的比特数（或字节数、帧数）来表示。

吞吐量是指一组特定的数据在特定的时间段经过特定的路径所传输的信息量的实际测量值。由于诸多原因，故使得吞吐量常常远小于所用介质本身可以提供的带宽。决定吞吐量的因素主要有：网络互联设备、所传输的数据类型、网络的拓扑结构、网络上并发用户的数量、用户的计算机、服务器、拥塞。

2. 时延

时延（delay）是指一个报文或分组从一个网络（或一条链路）的一端传送到另一端所需的时间。通常来讲，时延由以下几部分组成。

（1）发送时延。发送时延又称为传输时延，是节点在发送数据时使数据块从节点进入传输介质所需要的时间，也就是从数据块的第一比特开始发送算起，到最后一比特发送完毕所需的时间。它的计算公式如下：

$$发送时延=数据块长度/信道带宽$$

信道带宽是指数据在信道上的发送速率，也称为数据在信道上的传输速率。

（2）传播时延。传播时延是指电磁波在信道上传播一定的距离而花费的时间。传播时延的公式如下：

$$传播时延=信道长度/电磁波在信道上的传播速率$$

电磁波在自由空间的传播速率是光速，即 $3.0×10^5$km/s。电磁波在网络传输媒体中的传播速率比在自由空间要略低一些。在铜缆中的传播速率约为 $2.3×10^5$km/s，在光纤中的传播速率约为 $2.0×10^5$km/s。例如，电磁波在 1000km 长的光纤线路中的传播时延大约为 5ms。

（3）处理时延。处理时延是指数据在交换节点为存储转发而进行一些必要的处理所花费的时间。在节点缓存队列中分组排队所经历的时延是处理时延中的重要组成部分。因此，处理时延的长短往往取决于网络中当时的通信量。当网络中的通信量很大时，还会发生队列溢出，使分组丢失，这相当于处理时延为无穷大，有时可用排队时延作为处理时延。

因此，数据经历的总时延就是以上 3 种时延之和，即总时延=发送时延+传播时延+处理时延，3 种时延所产生的位置如图 1-1 所示。

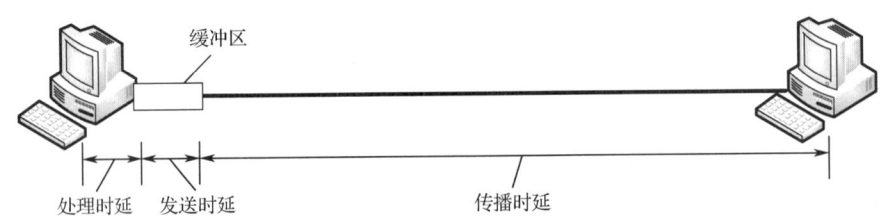

图 1-1 3 种时延产生的位置

3. 传播时延带宽积和往返时延

将传播时延和带宽相乘就是传播时延带宽积，表示链路能够容纳的比特数，即

传播时延带宽积=传播时延带宽

在计算机网络中，往返时延表示从发送端发送数据开始，到发送端收到来自接收端的确认（接收端收到数据后便立即发送确认），总共经历的时延。在互联网中，往返时延要包括各中间节点的处理时延和转发数据时的发送时延。

1.4.2　网络互联设备

网络互联设备是实现网络之间物理连接的中间设备。根据网络互联层次的不同，所使用的网络互联设备也不同。

1. 中继器

基带信号沿线路传播时会产生衰减，所以当需要传输较长的距离时，或者说需要将网络扩展到更大的范围时，就要采用中继器。中继器（Repeater）是最简单的网络互联设备，它可以将局域网的一个网段和另一个网段连接起来，主要用于局域网——局域网互联，起到信号放大和延长信号传输距离的作用。中继器的应用如图 1-2 所示。

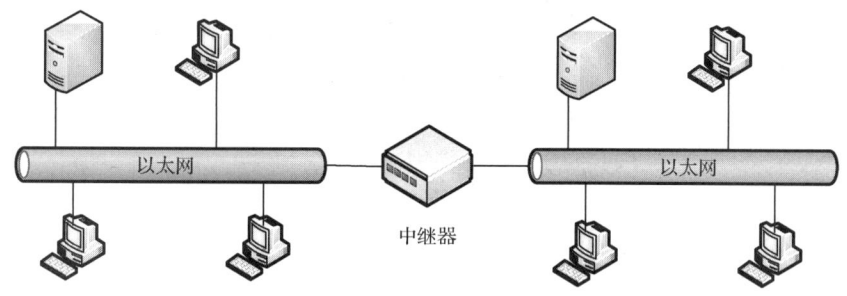

图 1-2　中继器的应用

2. 集线器

集线器（Hub）最初的功能是把所有节点集中在以它为中心的节点上，有力地支持了星型拓扑结构，简化了网络的管理与维护。集线器的网络结构如图 1-3 所示。

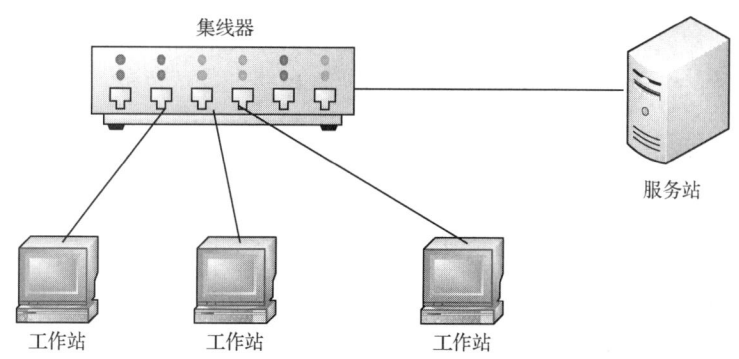

图 1-3　集线器的网络结构

集线器的作用主要是逐位复制某一个端口收到的信号，放大后输出到其他所有端口，从而使一组节点共享信号。集线器的功能主要如下：

- 信息转发；
- 信号再生；

➢ 减少网络故障。

集线器一般用在以下场合。

➢ 连接网络：计算机通过网卡连接到集线器上，集线器再连接网络。
➢ 网络扩充：集线器级联，扩充网络接口。
➢ 网络分区：不同办公室、楼层可通过集线器集中连接。

3. 网桥

用中继器或集线器扩展的局域网是同一个"冲突域"。在同一"冲突域"中，所有的主机共用同一条信道。这样，局域网的作用范围，特别是主机数量将受到很大的限制，否则将造成网络性能的严重下降。同时，一个主机发送的信息，冲突域中的所有主机都可以监听到，也不利于网络的安全。要解决这个问题，需要另外一种设备——网桥。

网桥（Bridge）又称桥接器，它是一种存储转发设备，常用于局域网。网桥的网络结构如图 1-4 所示。

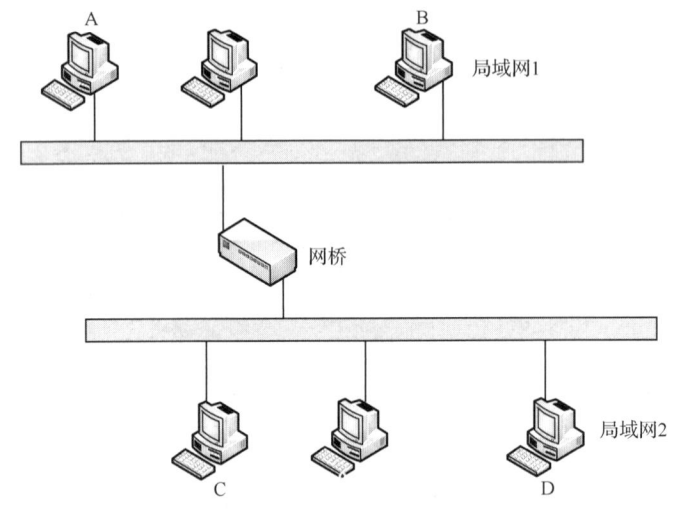

图 1-4 网桥的网络结构

网桥的主要作用是将两个及以上的局域网互联为一个逻辑网，以减少局域网中的通信量，提高整个网络系统的性能。网桥的另一个作用是扩大网络的物理范围。另外，由于网桥能隔离一个物理网段的故障，所以网桥能够提高网络的可靠性。

网桥与中继器相比有更多的优势，网桥能在更大的地理范围内实现局域网互联。网桥不像中继器，只是简单地放大再生物理信号，没有任何过滤作用。网桥在转发数据帧的同时，能够根据介质访问控制（Media Access Control，MAC）地址对数据帧进行过滤，而且网桥可以连接不同类型的网络。网桥适用于网络中用户不太多，特别是网段之间的流量不太大的场合。

4. 交换机

在以太网交换机上有许多高速端口，这些端口分别连接不同的局域网网段或单台设备，以太网交换机负责在这些端口之间转发帧。交换和交换机最早起源于电话通信系统，由电话交换技术发展而来。

交换机可以识别数据包中的 MAC 地址信息，根据 MAC 地址进行转发，并将这些 MAC 地址与对应的端口记录在自己内部的一个转发表中。交换工作模式是为使用共享工作模式的网络提供有效的网段划分解决方案而出现的，它可以使每个用户尽可能地分享到最大带宽。交换机的工作模式如图 1-5 所示。每个端口可以独享交换机的一部分总线带宽，这样不仅提高了效率，节约了网络资源，还可以保证数据传输的安全性。而且由于这个过程比较简单，多使用硬件来实现，因此速度相当快，一般只需几十微秒，交换机便可决定一个数据帧该往哪里送。

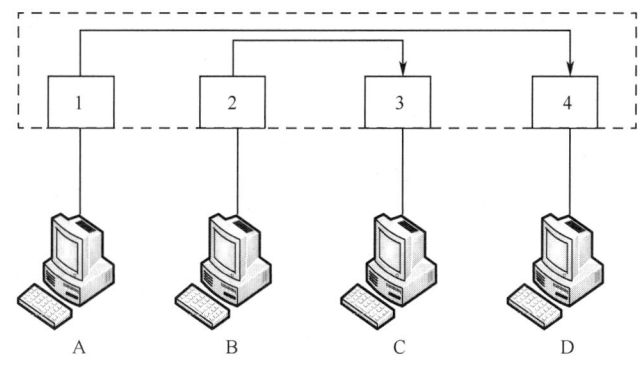

图 1-5　交换机的工作模式

5．网关

网关又称为协议转换器，基本功能是实现不同网络协议的互联，也就是说，网关是用于高层协议转换的网间连接器。网关可以描述为"不相同的网络系统互相连接时所用的设备或节点"。不同体系结构、不同协议之间在高层协议上的差异是非常大的。网关依赖于用户的应用，是网络互联中最复杂的设备，没有通用的网关。

按照功能的不同，大体可以将网关分为三大类：协议网关、应用网关和安全网关。

1）协议网关

协议网关通常在使用不同协议的网络区域间进行协议转换工作，这也是一般公认的网关的功能。

例如：IPv4 数据由路由器封装在 IPv6 分组中，通过 IPv6 网络传递，到达目的路由器后解开封装，把还原的 IPv4 数据交给主机。这个功能是第三层协议的转换。又如：以太网与令牌环网的帧格式不同，要在两种不同网络之间传输数据，就需要对帧格式进行转换，这个功能是第二层协议的转换。

协议转换器必须在数据链路层以上的所有协议层都运行，而且要对节点上使用这些协议层的进程透明。协议转换是一个软件密集型过程，必须考虑两个协议栈之间特定的相似性和不同之处。因此，协议网关的功能相当复杂。

2）应用网关

应用网关是在不同数据格式间翻译数据的系统。例如：E-mail 可以以多种格式实现，提供 E-mail 的服务器可能需要与多种格式的邮件服务器交互，因此要求支持多个网关接口。

3）安全网关

安全网关就是防火墙。一般认为，在网络层以上的网络互联使用的设备是网关，主要是因为网关具有协议转换的功能。但事实上，协议转换功能在 OSI 参考模型的每一层几乎都有涉及。所以，网关的实际工作层次并非十分明确，正如很难给网关精确定义一样。

6．路由器

路由器作为 TCP/IP 网络的核心设备已经得到空前广泛的应用，其技术已成为当前信息产业的关键技术，设备本身也在数据通信中起到越来越重要的作用。

路由器很重要的一个功能是路由选择。路由选择指网络中的节点根据通信网络的情况（可用的数据链路、各条链路中的信息流量等），按照一定的策略（传输时间、传输路径最短），选择一条可用的传输路径，把信息发往目的地。路由器工作于网络层，从事不同网络之间的数据包（Packet）的存储和分组转发，是用于连接多个逻辑上分开的网络（所谓逻辑网络是代表一个单独的网络或者一个子网）的网络设备。

1.4.3 传输介质

网络传输介质是指在网络中传输信息的载体，常用的传输介质分为有线传输介质和无线传输介质两大类。

有线传输介质是指在两个通信设备之间实现的物理连接部分，它能将信号从一方传输到另一方，有线传输介质主要有双绞线、同轴电缆和光纤。双绞线和同轴电缆传输电信号，光纤传输光信号。

1. 双绞线

双绞线由两条互相绝缘的铜线组成，其典型直径为 1mm。这两条铜线拧在一起，按一定的规格相互缠绕起来，然后在外层再套上一层保护套或屏蔽套。如果两根导线相互平行地靠在一起，就相当于一个天线的作用，信号会从一根导线进入另一根导线中，这称为串扰现象。为了避免串扰，就需要将导线按一定的规则缠绕起来。

双绞线既能用于传输模拟信号，也能用于传输数字信号，其带宽决定于铜线的直径和传输距离。双绞线是在短距离范围内（如局域网中）最常用的传输介质。许多情况下，几千米范围内的传输速率可以达到几 Mb/s。由于性能较好且价格便宜，双绞线得到了广泛应用。双绞线可以分为非屏蔽双绞线（Unshielded Twisted Pair，UTP）和屏蔽双绞线（Shielded Twisted Pair，STP）两种，屏蔽双绞线的性能优于非屏蔽双绞线。通常情况下，较多的场合使用非屏蔽双绞线。双绞线共有 6 类，其传输速率为 4～1000Mb/s。

2. 同轴电缆

同轴电缆由导体铜质芯线（单股实心线或多股绞合线）、绝缘层、外导体屏蔽层及塑料保护外套等构成。它以硬铜线为芯（导体），外包一层绝缘材料（绝缘层），这层绝缘材料再用密织的网状导体环绕构成屏蔽，其外又覆盖一层保护性材料（护套）。同轴电缆的这种结构使它具有更高的带宽和极好的噪声抑制特性。1km 的同轴电缆可以达到 1～2Gb/s 的数据传输速率。同轴电缆的一个重要性能指标是阻抗，其单位为欧姆（Ω）。若两端电缆阻抗不匹配，电流传输时会在接头处产生反射，形成很强的噪声，所以必须使用阻抗相同的电缆互相连接。另外，在网络两端也必须加上匹配的终端电阻吸收电信号，否则由于电缆与空气阻抗不同也会产生反射，干扰网络的正常使用。同轴电缆比双绞线的屏蔽性更好，因此在更高速度上可以传输得更远。

同轴电缆可用于基带系统，也可用于宽带系统。基带同轴电缆在几千米距离内可提供 10Mb/s 的传输速率；宽带同轴电缆与有线电视网的传输介质相同，可以提供 50Mb/s 的传输速率。

3. 光纤

光纤是由纯石英玻璃制成的，纤芯外面包围着一层折射率比纤芯低的包层，包层外是塑料护套。光纤通常被扎成束，外面有外壳保护。光纤和同轴电缆相似，只是没有网状屏蔽层，中心是光传播的玻璃芯。光纤分为单模光纤和多模光纤两类（所谓模，是指以一定的角度进入光纤的一束光）。单模光纤的发光源为半导体激光器，适用于远距离传输；多模光纤的发光源为光电二极管，适用于楼宇之间或室内等短距离传输。

由于光纤具有数据传输率高（目前已达到几 Gb/s）、传输距离远（无中继传输距离达几十至几百千米）的特点，因此在计算机网络布线中得到了广泛应用。目前，光纤主要用于交换机之间、集线器之间的连接，但随着千兆位局域网络应用的不断普及和光纤产品及其设备价格的不断下降，光纤连接到桌面也将成为网络发展的一个趋势。但光纤也存在一些缺点，就是光纤的切断和将两根光纤精确地连接所需要的技术要求较高。

有线传输介质不仅需要铺设传输线路，而且连接到网络上的设备也不能随意移动。采用无线传输介质，则不需要铺设传输线路，数字终端也可以在一定范围内移动，非常适合那些难以铺设传输线路的边远山区和沿海岛屿，还为大量的便携式计算机入网提供了条件。

无线传输的介质有无线电波、红外线、微波、卫星和激光。无线传输的优点在于安装、移动及变更都较容易，不会受到环境的限制。但信号在传输过程中容易受到干扰和被窃取，且初期的安装费用较高。

1.5 小结

本章主要描述了 Internet 的起源和发展、Internet 的组织管理、Internet 在中国的发展、下一代 Internet、计算机网络基础知识、网络的组成、网络的分类，以及计算机网络的互联设备和传输介质等。

1.6 习题

一、填空题

1. Internet 的发展有_____、_____和_____三个阶段。
2. 计算机网络按分布范围可分为_____、_____和_____三种。
3. 计算机网络是现代_____技术与_____技术密切组合的产物。
4. 典型的网络传输介质有_____、_____和_____，其次还有微波和卫星等。
5. 光纤的规格有_____和_____两种。
6. 双绞线有_____和_____两种。
7. 按照网关功能的不同，大体可以将网关分为三大类：_____、_____和_____。
8. 网络互联设备是实现网络之间物理连接的中间设备，主要的互联设备有_____、_____、_____、_____、_____和_____。
9. 计算机网络，是指将地理位置不同的具有独立功能的多台计算机及其外部设备，通过通信线路连接起来，在网络操作系统、网络管理软件及网络通信协议的管理和协调下，实现_____和_____的计算机系统。
10. 影响计算机网络性能的因素有很多，如传输的距离、使用的线路、传输技术、带宽等。对用户而言，主要体现为所获得的网络速度不一样。计算机网络的主要性能指标有_____、_____和_____。

二、简答题
1. 计算机网络的主要功能是什么？
2. 简述 Internet 在中国的发展历程。
3. 简述计算机网络的分类标准有哪些，具体是如何分类的。
4. 简述计算机网络的组成有哪些部分。

第 2 章

网络连接与 Web 服务

学习目标

- 了解计算机网络软件系统的组成
- 熟悉 IP 地址
- 了解 IPv6
- 了解网络传输协议
- 掌握 Internet 的接入方式
- 掌握 Internet 提供的各项服务
- 掌握常用的网络管理工具
- 了解常用的网络故障排除方法

2.1 计算机网络软件系统的组成

计算机网络系统是一个集计算机硬件设备、通信设施、软件系统及数据处理能力为一体的，能够实现资源共享的现代化综合服务系统。计算机网络系统的组成可分为三个部分，即硬件系统、软件系统及网络信息系统。硬件系统由计算机、通信设备、连接设备及辅助设备组成。计算机网络软件系统由数据通信软件、网络操作系统和网络应用软件组成。网络信息系统是指以计算机网络为基础开发的信息系统。

2.1.1 什么是 IP 地址

互联网是由很多个使用不同技术及提供各种服务的物理网络互联而成的。连入互联网的所有计算机都要遵循一定的规则，这个规则就是 TCP/IP。网际协议 IP 是 TCP/IP 的心脏，也是网络层中最重要的协议，用于屏蔽各个物理网络的细节和差异。

在互联网中使用 TCP/IP 协议的每台设备，都有一个物理地址即 MAC 地址，这个地址是固化在网卡中并且是全球唯一的，可以用来区分每一个设备，但同时也有一个或者多个逻辑地址，就是 IP 地址，这个地址是可以修改变动的，并且这个地址不一定是全球唯一的，但是在互联网中非常重要。

当在同一个局部的网络中有数据发送时，可以直接查找对方的 MAC 地址，并使用 MAC 地址进行数据传送。但是如果不在同一个局域网中，比如要在全球的互联网中使用 MAC 地址找出要传送的目的主机，这将非常困难，即使能够找到也会花费大量的时间与带宽。所以这时就要用到 IP 地址，IP 地址的特点是具有层次结构，利用层次结构的特点，可以实现在特定的范围内寻找特定目的主机。比如只查找中国特定省份的特定市，甚至是特定市特定单位的主机地址，这样就大大提高了寻址效率。

1. IP 地址的组成与分类

在 IPv4 编址技术中，每个 IP 地址由 32 位二进制位组成，这 32 位分为两部分，分别是网络号（网络 ID）与主机号（主机 ID），如表 2-1 所示。网络号（Net ID）用来区分 TCP/IP 网络中的特定网络，在这个网络中所有的主机拥有相同的网络号；主机号（Host ID）用来区分特定网络中特定的主机，在同一个网络中所有的主机号必须唯一。

表 2-1 IP 地址组成

网 络 号	主 机 号

2. IP 地址的表示方法

在计算机内所有的信息都采用二进制数表示，IP 地址也不例外。IP 地址的 32 位二进制数难以记忆，所以通常分成 4 段，每段 8 位，并用十进制表示（称为"点分十进制"），这样记起来就容易得多了。

例如，二进制 IP 地址：10101100.00010000.00010010.00010010

十进制表示为：172.16.18.18

为了更好地管理和使用 IP 地址资源，InterNIC 将 IP 地址资源划分为 5 类，分别为 A 类、B 类、C 类、D 类和 E 类。每一类地址定义了网络数量，也就是定义了网络号占用的位数和主机号占用的位数，从而也确定了每个网络中能容纳的主机数量，如图 2-1 所示。

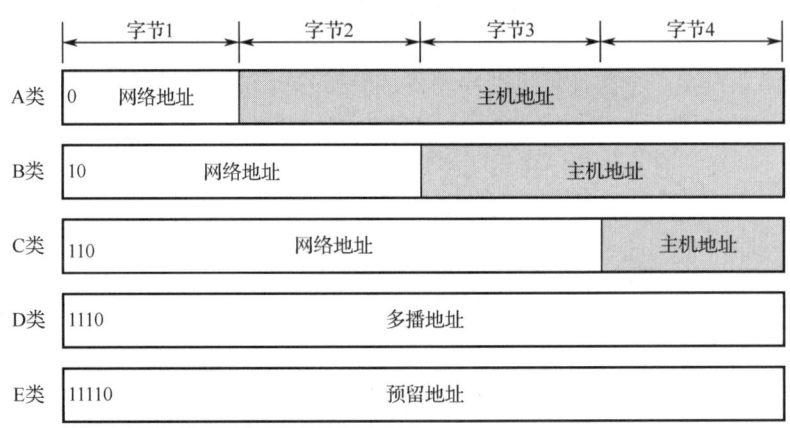

图 2-1 IP 地址分类示意图

（1）A 类。A 类 IP 地址的最高位设置为"0"，接下来的 7 位表示网络号，其余的 24 位作为主机号,所以 A 类的网络地址范围为 00000001～01111110,用十进制表示就是 1～126(0 和 127 留作别用)。这样算来 A 类共有 126 个网络,每个网络有 16 777 214(2^{24}-2)个主机。如此多的主机数量,显然只有分配给特大型机构。

(2)B 类。B 类 IP 地址的前 2 位设置为"10",接下来的 14 位表示网络号,其余的 16 位作为主机号,用十进制表示就是 128～191。这样算来 B 类共有 16 384 个网络,每个网络有 65 534(2^{16}-2)台主机。

(3)C 类。C 类 IP 地址的前 3 位设置为"110",接下来的 21 位表示网络号,其余的 8 位作为主机号,用十进制表示就是 192～223。这样算来 C 类共有 2 097 152 个网络,每个网络有 254(2^{8}-2)台主机。

(4)D 类。D 类 IP 地址的前 4 位设置为"1110",凡以此数开头的地址均被视为 D 类地址,这类地址只用来进行多播。利用多播地址可以把数据发送到特定的多个主机。当然发送多播需要特殊的路由配置,在默认情况下,它不会转发。

(5)E 类。E 类 IP 地址的前 4 位设为"1111",也就是在 240～254 之间,凡以此类数开头的地址均被视为 E 类地址。E 类地址不是用来分配给用户使用的,只用来进行实验和科学研究。

3. 特殊的 IP 地址

除以上 5 类 IP 地址外,还有一些具有特殊用途的 IP 地址。

(1)网络地址。网络地址包含一个有效的网络号和一个全为"0"的主机号,用于表示一个网络。

(2)广播地址。广播地址包含一个有效的网络号和一个全为"1"的主机号,用于在一个网络中同时向所有工作站进行信息发送。

(3)回送地址。IP 地址 127.0.0.0 是一个保留地址,用于网络软件测试及本地计算机进程间通信,这个地址称为加送地址。

(4)本地地址。本地地址是不分配给互联网用户的地址,专门留给局域网设置使用。

4. IP 地址的使用规则

(1)网络地址必须唯一;

(2)网络地址的各位不能全为"0";

(3)网络地址字段的各位不能全为"1";

(4)网络地址不能以 127 开头;

(5)IP 地址的 32 位不能全为"1";

(6)在网络地址相同时,主机地址(编号)必须唯一;

(7)主机编号的各位不能全为"0";

(8)主机编号的各位不能全为"1"。

另外,还应该注意,同一个网络内的所有主机应当分配相同的网络地址,而同一个网络内的所有主机必须分配不同的主机编号。不同网络内的主机必须分配不相同的网络地址,但是可以分配相同的主机编号。

5. IP 地址的作用

IP 的基本任务是通过网络传送数据报,并且各个 IP 数据报之间是相互独立的。IP 在传送数据时,高层协议将数据传送给 IP 以便发送,IP 将数据封装成 IP 数据报,将它传送给数据链路层。若目的主机与源主机在同一网络,则 IP 直接将数据报传送给目的主机;若目的主机在远端网络,则 IP 通过网络将数据报传送给本地路由器,路由器再通过下个网络将数据报传送至下一个路由器或目的端。网络中的任何一台计算机都必须有一个地址,而且同一个网络中的地址不允许重复。在进行数据传输时,通信协议一般需要在所传输的数据中增加某些信息,其中最重要的就是发送信息的计算机的地址(源地址)和接收信息的计算机的地址(目标地址)。

2.1.2 IPv6

一般使用的 IP 地址大多是这样的:121.42.200.12,即 IPv4 地址。IPv4 使用 32 位(4 字节)地址,因此总共只有 2^{32}=4 294 967 296 个地址可用,但随着进入网络中的计算机、终端等设备的增加,这些地址显然是不够用的,所以需要新的协议和更多的地址。IPv6 便是这个新的协议,IPv6 的目的在于解决 IPv4 地址枯竭的问题。

IPv6 是下一版本的互联网协议,也可以说是下一代互联网协议。为了扩大地址空间,通过 IPv6 重新定义地址空间。IPv6 采用 128 位地址长度,几乎可以不受限制地提供地址。按保守方法估算 IPv6 实际可分配的地址,整个地球的每平方米面积上仍可分配 1000 多个地址。截至 2019 年 6 月,我国 IPv6 地址数量为 50 286 块/32,较 2018 年增长 14.3%,已跃居全球第一位。

在 IPv6 的设计过程中除了一劳永逸地解决了地址短缺问题以外,还考虑了在 IPv4 中解决不好的其他问题,主要有端到端 IP 连接、服务质量(QoS)、安全性、多播、移动性、即插即用等。

1. IPv6 的表示方法

IPv6 的地址长度为 128 位,是 IPv4 地址长度的 4 倍。因此,IPv4 点分十进制格式不再适用,而采用十六进制表示,IPv6 有 3 种表示方法。

1)冒分十六进制表示法

格式为 X∶X∶X∶X∶X∶X∶X∶X,其中每个 X 表示地址中的 16 位(bit),以十六进制表示。

例如,ABCD∶EF01∶2345∶6789∶ABCD∶EF01∶2345∶6789,这种表示法中,每个 X 的前导 0 是可以省略的。例如,2001∶0DB8∶0000∶0023∶0008∶0800∶200C∶417A 可以简写为 2001∶DB8∶0∶23∶8∶800∶200C∶417A。

2)0 位压缩表示法

在某些情况下,一个 IPv6 地址中间可能包含很长一段 0,可以把连续的一段 0 压缩为"∶∶"。但为了保证地址解析的唯一性,地址中"∶∶"只能出现一次,例如:

FF01∶0∶0∶0∶0∶0∶0∶1101 → FF01∶∶1101

0∶0∶0∶0∶0∶0∶0∶1 → ∶∶1

0∶0∶0∶0∶0∶0∶0∶0 → ∶∶

3)内嵌 IPv4 地址表示法

为了实现 IPv4 和 IPv6 互通,IPv4 地址会嵌入 IPv6 地址中,此时地址常表示为 X∶X∶X∶X∶X∶X∶d.d.d.d,前 96 位采用冒分十六进制表示,后 32 位地址则使用 IPv4 的点分十进制表示。例如,∶∶192.168.0.1 与 ∶∶FFFF∶192.168.0.1,注意在前 96 位中,压缩 0 位的方法依旧适用。

2. IPv6 的地址分类

IPv6 地址是单个或一组接口的 128 位标识符。在 IPv4 中,IP 地址分为 A、B、C、D、E

五类，而 IPv6 突破了 IPv4 的类别划分，主要分为三种地址类型：单播地址、多播地址和任（意）播地址。

单播（UniCast）地址：单播地址作为一个单一的接口标识符。IPv6 数据包发送到一个单播地址被传递到由该地址标识的接口。对应于 IPv4 的普通公网和私网地址。

多播（MultiCast）地址：多播地址作为一组标识符，多播地址的行为/接口可能属于不同的节点集合。IPv6 数据包发送到多播地址被传递到多个接口。

任播（AnyCast）地址：一组接口（一般属于不同节点）的标识符。发往任播地址的数据包被送给该地址标识的接口之一（路由协议度量距离最近的）。

当前大部分操作系统和硬件都比较好地支持 IPv6 了，简单列举如下。

（1）Windows：Windows 7、Windows 8.x、Windows 10，默认开启 IPv6。
（2）Linux：内核 2.6.x、内核 3.x、内核 4.x 已经支持 IPv6（需要手动开启）。
（3）iOS：iOS 9 已经开始支持 IPv6 Only，2016 年苹果已经强制要求 App 必须支持 IPv6。
（4）Android 也已经支持 IPv6（但是不支持 DHCPv6）。

如何查看手机或计算机的网络是否支持 IPv6 呢？在手机或计算机上的浏览器中打开 Ipv6-test.com，可以测试你的网络是否支持 IPv6，如果支持则已经分配了 IPv6 地址。

IPv6 与 IPv4 相比有什么特点和优点？

（1）更大的地址空间。IPv4 中规定 IP 地址长度为 32，即有 2^{32} 个地址；而 IPv6 中 IP 地址的长度为 128，即有 2^{128} 个地址。

（2）更小的路由表。IPv6 的地址分配一开始就遵循聚类（Aggregation）的原则，这使得路由器能在路由表中用一条记录（Entry）表示一片子网，大大减小了路由器中路由表的长度，提高了路由器转发数据包的速度。

（3）增强的多播（MultiCast）支持以及对流的支持（Flow-control）。这使得网络上的多媒体应用有了长足发展的机会，为服务质量（QoS）控制提供了良好的网络平台。

（4）加入了对自动配置（Auto-configuration）的支持。这是对 DHCP 协议的改进和扩展，使得网络（尤其是局域网）的管理更加方便和快捷。

（5）更高的安全性。在使用 IPv6 的网络中用户可以对网络层的数据进行加密并对 IP 报文进行校验，这极大地增强了网络安全性。

2.2 网络传输协议

在世界各地，各种各样的计算机运行着各自不同的操作系统，这些计算机在表达同一种信息的时候所使用的方法千差万别。计算机用户意识到，计算机只是单兵作战并不会发挥太大的作用，只有把它们联合起来，才能发挥出最大的潜力。于是就想方设法把计算机连接到了一起。但是简单地连到一起是远远不够的，就好像语言不同的两个人互相见了面，完全不能直接交流信息。因此需要定义一些共通的语言来进行交流，TCP/IP 就是为此而生的。TCP/IP 不是一个协议，而是一个协议族的统称，里面包括了 TCP 协议、IP 协议、HTTP 协议、FTP 协议、DNS、SMTP、POP3 协议等。计算机有了这些，就好像学会了外语一样，可以和其他的计算机终端自由交流了。

2.2.1 HTTP 协议

HTTP 协议（HyperText Transfer Protocol，超文本传输协议）是因特网上应用最为广泛的一种网络传输协议，所有的 WWW（World Wide Web，世界万维网）文件都必须遵守这个标准。HTTP 基于 TCP/IP 协议来传递数据（HTML 文件、图片文件、查询结果等）。

HTTP 协议通常承载于 TCP 协议之上，有时也承载于 TLS 或 SSL 协议层之上，这时就成了常见的 HTTPS。

HTTP 是一个应用层协议，由请求和响应构成，如图 2-2 所示，是一个标准的客户端服务器模型。浏览器作为 HTTP 的客户端通过 URL 向 HTTP 服务器（即 Web 服务器）发送所有请求。Web 服务器根据接收到的请求，向客户端发送响应信息。HTTP 默认的端口号为 80，HTTPS 的端口号为 443。

图 2-2　HTTP 请求—响应模型图

1. 统一资源定位符

在浏览器的地址栏里输入的网站地址称为统一资源定位符（Uniform Resource Locator，URL）。就像每家每户都有一个门牌地址一样，每个网页也都有一个 Internet 地址。当用户在浏览器的地址栏中输入一个 URL 或是单击一个超级链接时，URL 就确定了要浏览的地址。浏览器通过超文本传输协议（HTTP），将 Web 服务器上站点的网页代码提取出来，并翻译成直观的网页。因此，在认识 HTTP 之前，有必要先弄清楚 URL 的组成。

例如，http://www.abc.com/china/index.htm，它的含义如下。

http://：超文本传输协议，通知 abc.com 服务器显示 Web 页，通常不用输入。

www：代表一个 Web（万维网）服务器。

abc.com/：表示网页的服务器的域名，或站点服务器的名称。

china/：为该服务器上的子目录，类似于计算机中的文件夹。

index.htm：是文件夹中的一个 HTML 文件（网页）名称。

2. HTTP 协议工作流程

一次 HTTP 操作称为一个事务，其工作过程大概如下。

（1）用户在浏览器中输入需要访问网页的 URL 或者单击某个网页中的链接。

（2）浏览器根据 URL 中的域名，通过 DNS 解析出目标网页的 IP 地址。

（3）在 HTTP 开始工作前，客户端首先会通过 TCP/IP 协议来和服务器建立连接。

（4）建立连接后，客户端发送一个请求给服务器，请求的格式为：统一资源定位符（URL）、协议版本号，后面是 MIME 信息，包括请求修饰符、客户端信息和可能的内容。

（5）服务器接到请求后，给予相应的响应信息，其格式为一个状态行，包括信息的协议版本号、一个成功或错误的代码，后面是 MIME 信息，包括服务器信息、实体信息和可能的内容。

一般情况下，一旦 Web 服务器向浏览器发送了请求数据，它就要关闭 TCP 连接，然后如果浏览器或者服务器在其头信息加入了代码"Connection:keep-alive"，TCP 连接在发送后将仍然保持打开状态，于是，浏览器可以继续通过相同的连接发送请求。保持连接节省了为每个请求建立新连接所需的时间，还节约了网络带宽。

3．HTTP 协议的特点

（1）简单快速：客户端向服务器请求服务时，只需传送请求方法和路径。每种方法规定了客户端与服务器联系的类型不同。由于 HTTP 协议简单，使得 HTTP 服务器的程序规模小，因而通信速度很快。

（2）灵活：HTTP 允许传输任意类型的数据对象。正在传输的类型由 Content-Type 加以标记。

（3）无连接：无连接的含义是限制每次连接只处理一个请求。服务器处理完客户端的请求，并收到客户端的应答后，即断开连接。采用这种方式可以节省传输时间。

（4）无状态：HTTP 协议是无状态协议。无状态是指协议对于事务处理没有记忆能力。缺少状态意味着如果后续处理需要前面的信息，则它必须重传，这样可能导致每次连接传送的数据量增大。另一方面，在服务器不需要先前信息时它的应答就较快。

（5）支持 B/S 及 C/S 模式。

2.2.2 TCP/IP 协议

TCP/IP 是连接因特网的计算机进行通信的通信协议。TCP/IP（Transmission Control Protocol / Internet Protocol，传输控制协议/网际协议）协议定义了电子设备（如计算机）如何连入因特网，以及数据如何在它们之间传输的标准。

1．TCP 协议

TCP 协议是主机对主机层的传输控制协议，提供可靠的连接服务，采用三次握手确认建立一个连接。

手机能够使用联网功能是因为手机底层实现了 TCP/IP 协议，可以使手机终端通过无线网络建立 TCP 连接。TCP 协议可以对上层网络提供接口，使上层网络数据的传输建立在"无差别"的网络之上。建立起一个 TCP 连接需要经过"三次握手"，如图 2-3 所示。

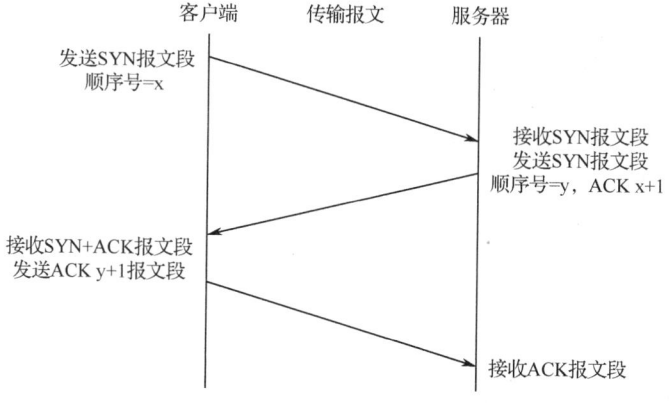

图 2-3　TCP 建立连接时的"三次握手"

第一次握手：客户端发送 SYN（Synchronous 建立联机）包（syn=x）到服务器，并进入 SYN_SEND 状态，等待服务器确认。

第二次握手：服务器收到 SYN 包，必须确认客户的 SYN（ack=x+1），同时自己也发送一个 SYN 包（syn=y)，即 SYN+ACK（Acknowledgement 确认）包，此时服务器进入 SYN_RECV 状态。

第三次握手：客户端收到服务器的 SYN+ACK 包，向服务器发送确认包 ACK（ack=y+1），此包发送完毕，客户端和服务器进入 Established 状态，完成三次握手。握手完成后，两台主机开始传输数据。

三次握手完毕后，客户端与服务器才正式开始传送数据。理想状态下，TCP 连接一旦建立，在通信双方中的任何一方主动关闭连接之前，TCP 连接都将一直保持下去。断开连接时服务器和客户端均可主动发起断开 TCP 连接的请求，断开过程同样需要经过"三次握手"。

客户端与服务器在双方"握手"之后，TCP 将在两者之间建立一个全双工（full-duplex）的通信。这个全双工的通信将占用两个计算机之间的通信线路，直到它被一方或双方关闭为止。

2. IP 协议

IP 协议是为计算机网络相互连接进行通信而设计的协议。在因特网中，它是能使连接到网上的所有计算机网络实现相互通信的一套规则，规定了计算机在因特网上进行通信时应当遵守的规则。任何厂家生产的计算机系统，只要遵守 IP 协议就可以与因特网互联互通。IP 地址具有唯一性，从而保证用户在联网的计算机上操作时，能够高效且方便地从千千万万台计算机中选出自己所需的对象来。IP 协议实际上是一套由软件、程序组成的协议软件，它把各种不同"帧"统一转换成"IP 数据包"格式，这种转换是因特网的一个最重要的特点，使各种计算机都能在因特网上实现互通，即具有"开放性"的特点。

IP 是无连接的通信协议，它不会占用两个正在通信的计算机之间的通信线路。这样，IP 就降低了对网络线路的需求。每条线可以同时满足许多不同计算机之间的通信需要。通过 IP，消息（或其他数据）被分割为小的独立的包，并通过因特网在计算机之间传送。IP 负责将每个包路由至它的目的地。

TCP/IP 意味着 TCP 和 IP 在一起协同工作。TCP 负责应用软件（如浏览器）和网络软件之间的通信，IP 负责计算机之间的通信；TCP 负责将数据分割并装入 IP 包，然后在它们到达的时候重新组合它们，IP 负责将包发送至接收者。

2.2.3　FTP 协议

FTP（File Transfer Protocol，文件传输协议）是专门用来传输文件的协议。支持 FTP 的服务器就是 FTP 服务器。

FTP 可以完成两台计算机之间的文件复制，从远程计算机复制文件至自己的计算机上，称为下载（download）文件；若将文件从自己的计算机中复制到远程计算机上，则称为上传（upload）文件。在 TCP/IP 协议中，FTP 标准命令 TCP 端口号为 21，Port 方式数据端口为 20。

1. FTP 服务器和客户端

与大多数 Internet 服务一样，FTP 也是一个客户端/服务器系统。用户通过一个客户端程序连接至在远程计算机上运行的服务器程序。依照 FTP 协议提供服务、进行文件传送的计算机就是 FTP 服务器，而连接 FTP 服务器、遵循 FTP 协议与服务器传送文件的计算机就是 FTP 客户端。用户要连上FTP服务器,就要用到FTP的客户端软件,常用的FTP客户端程序有CuteFTP、Ws_FTP、Flashfxp、LeapFTP、流星雨-猫眼等。

2. FTP 用户授权

（1）用户授权。

要连上 FTP 服务器（即"登录"），必须有该 FTP 服务器授权的账号，也就是说只有在有了一个用户标识和密码后才能登录 FTP 服务器，享受 FTP 服务器提供的服务。

（2）FTP 地址格式。

FTP 地址如下：ftp://用户名:密码@FTP 服务器 IP 或域名:FTP 命令端口/路径/文件名

上面的参数除 FTP 服务器 IP 或域名为必要项外，其他都不是必需的。如以下地址都是有效 FTP 地址：

ftp://foolish.6600.org

ftp://list:list@foolish.6600.org

ftp://list:list@foolish.6600.org:2003

ftp://list:list@foolish.6600.org:2003/soft/list.txt

（3）匿名 FTP。

互联网中有很大一部分 FTP 服务器被称为"匿名"（Anonymous）FTP 服务器。这类服务器的目的是向公众提供文件复制服务，不要求用户事先在该服务器进行登记注册，也不用取得 FTP 服务器的授权。Anonymous（匿名文件传输）能够使用户与远程主机建立连接并以匿名身份从远程主机上复制文件，而不必是该远程主机的注册用户。用户使用特殊的用户名 "anonymous"登录 FTP 服务器，就可以访问远程主机上公开的文件。许多系统要求用户将 E-mail 地址作为密码，以便更好地对访问进行跟踪。匿名 FTP 一直是 Internet 上获取信息资源的主要方式，在 Internet 成千上万的匿名 FTP 主机中存储着难以计数的文件，这些文件包含了各种各样的信息、数据和软件。只要知道特定信息资源的主机地址，就可以用匿名 FTP 登录获取所需的信息资料。虽然目前使用 WWW 环境已取代匿名 FTP 成为最主要的信息查询方式，但是匿名 FTP 仍是 Internet 上传输分发软件的一种基本方法。著名的如 Red Hat、Autodesk 等公司的匿名站点。

3. FTP 的传输模式

FTP 协议的任务是从一台计算机将文件传送到另一台计算机，它与这两台计算机所处的位置、连接的方式甚至是否使用相同的操作系统无关。假设两台计算机通过 FTP 协议对话，并且能访问 Internet，你就可以用 FTP 命令来传输文件。每种操作系统在使用上有一些细微差别，但是每种协议基本的命令结构是相同的。

FTP 的传输有两种方式：ASCII 传输模式和二进制传输模式。

（1）ASCII 传输模式。假定用户正在复制的文件包含简单的 ASCII 码文本，如果在远程机器上运行的不是 UNIX，当文件传输时 FTP 通常会自动调整文件的内容以便把文件解释成另外那台计算机存储文本文件的格式。但是常常有这样的情况：用户正在传输的文件包含的不是文本文件，它们可能是程序、数据库、字处理文件或者压缩文件（尽管字处理文件包含的大部分是文本，但其中也包含指定页尺寸、字库等信息的非打印字符）。因此在复制任何非文本文件之前，用 binary 命令告诉 FTP 逐字复制，不要对这些文件进行处理，这就是 ASCII 传输。

（2）二进制传输模式。在二进制传输中，保存文件的位序，以便原始和复制的是逐位一一对应的，即使目的机器上包含位序列的文件是无意义的。例如，macintosh 以二进制模式传送可执行文件到 Windows 系统，在对方系统上，此文件不能执行。如果在 ASCII 模式下传输二进制文件，即使不需要也仍然会转译。这会使传输稍微变慢，也会损坏数据，使文件变得不能用（在大多数计算机上，ASCII 模式一般假设每个字符的第一有效位无意义，因为 ASCII 字符组合不使用它。如果传输二进制文件，则所有的位都是重要的）。如果知道这两台机器是一样的，则二进制方式对文本文件和数据文件都是有效的。

4．FTP 的工作方式

FTP 支持两种工作模式，一种是 Standard（也就是 PORT 方式，主动方式），一种是 Passive（也就是 PASV，被动方式）。Standard 模式下，FTP 的客户端发送 PORT 命令到 FTP 服务器；Passive 模式下，FTP 的客户端发送 PASV 命令到 FTP 服务器。

在 Standard 模式下，FTP 客户端首先和 FTP 服务器的 TCP 21 端口建立连接，通过这个通道发送命令，客户端需要接收数据的时候在这个通道上发送 PORT 命令。PORT 命令包含了客户端用什么端口接收数据。在传送数据的时候，服务器通过自己的 TCP 20 端口连接至客户端的指定端口并发送数据。FTP 服务器必须和客户端建立一个新的连接用来传送数据。

Passive 模式在建立控制通道的时候和 Standard 模式类似，但建立连接后发送的不是 PORT 命令，而是 PASV 命令。FTP 服务器收到 PASV 命令后，随机打开一个高端端口（端口号大于 1024）并通知客户端在这个端口上传送数据。客户端连接 FTP 服务器的此端口，然后 FTP 服务器通过这个端口进行数据的传送，这时 FTP 服务器不再需要和客户端之间建立一个新的连接。

很多防火墙在设置的时候都是不允许接收外部发起的连接的，所以许多位于防火墙后或内网的 FTP 服务器不支持 PASV 模式，因为客户端无法穿过防火墙打开 FTP 服务器的高端端口；而许多内网的客户端不能用 PORT 模式登录 FTP 服务器，因为从服务器的 TCP 20 端口无法和内部网络的客户端建立一个新的连接，导致无法工作。

2.2.4　SMTP/POP3 协议

SMTP（Simple Mail Transfer Protocol）即简单邮件传输协议，它是一组用于由源地址到目的地址传送邮件的规则，由它来控制信件的中转方式。SMTP 协议属于 TCP/IP 协议族，它帮助每台计算机在发送或中转信件时找到下一个目的地。通过 SMTP 协议所指定的服务器，就可以把 E-mail 寄到收信人的服务器上了，整个过程只要几分钟。SMTP 服务器是遵循 SMTP 协议的发送邮件服务器，用来发送或中转用户发出的电子邮件。

POP3（Post Office Protocol 3）即邮局协议的第 3 个版本，它是规定怎样将个人计算机连接到 Internet 的邮件服务器和下载电子邮件的电子协议。它是因特网电子邮件的第一个离线协议标准。POP3 允许用户从服务器上把邮件存储到本地主机（即自己的计算机）上，同时删除保存在邮件服务器上的邮件。POP3 服务器是遵循 POP3 协议的接收邮件服务器，用来接收电子邮件。

简单地说，POP 服务器是用来收信的，而且每个 E-mail 地址一般只有一个。如果要同时收取多个邮箱的信件，就必须挨个设置每个邮箱的 POP3 服务器地址。至于 SMTP 服务器，可以理解为就是用来寄信的，而且大多数 SMTP 服务器也是免费的，也就是说，不管有无 E-mail 信箱，只要想寄信，随便填上一个 SMTP 服务器，就可以寄信了。如果使用 Outlook Express

或者其他邮件程序发信，又同时拥有多个免费邮箱，不必设置多个 SMTP 服务器，只要选择一个填上就行了，比如新浪邮件提供的服务器是 smtp.sina.com.cn。

2.2.5 域名系统（DNS）

1. 域名服务和域名系统

由于使用 IP 地址来指定计算机不方便记忆，并且输入时也容易出现错误，因此，人们研究了一种用字符标识网络中计算机名称的方法。这种命名方法就像每个人的姓名一样，这就是域名（Domain Name），域名是 Internet 中联网计算机的名称。

Internet 的域名服务是通过一些专门的服务器来完成的。这些专门的服务器称为域名服务器（Domain Name Server），用来处理 IP 地址和域名之间的转换。

将域名翻译成 IP 地址的软件称为域名系统（Domain Name System，DNS）。它是一种管理名字的方法，即用划分不同的域来负责各个子系统的名字。系统中的每一层为一个域，每个域用一个点分开。

2. 域名结构

为了便于理解和记忆，入网计算机的域名取值应遵守一定的规则。域名结构为层次结构：计算机主机名.机构名.网络名.最高层域名。如 www.sjtu.edu.cn，其中：

（1）cn 为最高层域名，也称为一级域名，它通常分配给主干网节点，取值为国家名，如这里的 cn 代表中国。

（2）edu 为网络名，属于二级域名，它通常表示组网的部门或组织。中国互联网二级域名共有 40 个。如 edu 表示教育部门，gov 表示政府部门，com 表示商业部门，net 表示网络支持中心，mil 表示军事组织等。二级域以下的域名由组网部门分配和管理。

（3）sjtu 为机构名，在此为三级域名，表示上海交通大学。全国任何单位可以作为三级域名登记在相应的二级域名之下。

（4）www 表示这台主机提供 WWW 服务。

Internet 上的每个域名服务器中包括整个数据库的一部分信息，并提供给客户端查询。当用户查询某个域名服务器时，首先向本地域名服务器查询地址，本地域名服务器再向上级服务器查询，逐级查找到指定的目标服务器为止。

这里要特别指出的是，域名仅仅是一种可用于区分和识别用户主机的方法，它和 Internet 中的网络划分（如 IP 中的网络标识）并没有直接的关系。同一个网段上的主机可以属于相同或者不同的域（由相同或者不同的域名服务器管辖）。

3. 域名解析

将域名翻译成对等的 IP 地址的过程就是域名解析，完成这种翻译工作的软件称为域名解析器软件。许多操作系统都将域名解析器软件作为可以调用的库程序。

域名地址与 IP 地址的映射实质上是域名向 IP 地址的映射，即域名解析。将用户指定的域名映射到负责该域名管理的服务器的 IP 地址，从而可以和该域名服务器进行通信，获得域内主机的信息。域名解析是由一系列域名服务器来完成的。这些域名服务器是运行在指定主机上的软件，能够完成从域名到 IP 地址的映射。

2.3 Internet 接入

Internet 为公众提供了各种接入，以满足用户的不同需求，具体包括 PSTN、ISDN、xDSL、HFC、PON、光纤宽带和无线网络等，它们各有各的优缺点。

2.3.1 常用 Internet 接入方式

1. PSTN 拨号上网

PSTN（Published Switched Telephone Network，公用电话交换网）技术是通过电话线，利用当地运营商提供的接入号码，拨号接入 Internet，速率不超过 56kb/s 的一种窄带接入方式。PSTN 所需设备很简单，一根有效的电话线和一台带有 Modem 的 PC 即可。其首要缺点是速率低，无法实现一些高速率要求的网络服务，其次是费用较高（接入费用由电话通信费和网络使用费组成）。这种接入方式一般用在一些低速率的网络应用（如网页浏览查询、聊天、E-mail 等）中，主要适合临时性接入或无其他宽带接入的场所使用。

2. ISDN

ISDN（Integrated Service Digital Network，综合业务数字网）俗称"一线通"，采用数字传输和数字交换技术，将电话、传真、数据、图像等多种业务综合在一个统一的数字网络中进行传输和处理。所需设备也很简单，一条 ISDN 用户线路即可。其主要特点是可以在上网的同时拨打电话、收发传真，就像两条电话线一样。ISDN 基本速率接口有两条 64kb/s 的信息通路和一条 16kb/s 的信令通路，简称 2B+D，当有电话拨入时，它会自动释放一个 B 信道来负责电话接听。其缺点是速率仍然较低，无法实现一些高速率要求的网络服务，另外费用同样较高（接入费用由电话通信费和网络使用费组成）。主要适合普通家庭用户使用。

3. xDSL 接入

xDSL 接入技术以 ADSL/ADSL2+接入方式为主（Asymmetric Digital Subscriber Line，ADSL，非对称数字用户线路），是目前运用最广泛的铜线接入方式。所需要的设备：一根 ADSL 可直接利用现有的电话线路，通过 ADSL Modem 后进行数字信息传输。其特点是理论速率可达到 8Mb/s 的下行和 1Mb/s 的上行，传输距离可达 4~5km。ADSL2+速率可达 24Mb/s 下行和 1Mb/s 上行。另外，最新的 VDSL2 技术可以达到上、下行各 100Mb/s 的速率。xDSL 具有速率稳定、带宽独享、语音数据不干扰等优点，能满足家庭、个人用户的大多数网络应用需求，并提供一些宽带业务，包括 IPTV、视频点播（VOD）、远程教学、可视电话、多媒体检索、LAN 互联及 Internet 接入等。

4. HFC 接入

HFC（Hybrid Fiber Coaxial，混合光纤同轴电缆）技术是一种基于有线电视网络铜线资源的接入方式，具有专线上网的连接特点，允许用户通过有线电视实现高速接入 Internet。其特点是速率较高，接入方式简便（通过有线电缆传输数据，不需要布线），可实现各类视频服务、高速下载等。缺点在于基于有线电视网络的架构是属于网络资源分享型的，当用户激增时，速率就会下降且不稳定，扩展性不够。HFC 适合拥有有线电视网的家庭、个人或中小团体应用。

5. 光纤宽带接入

光纤宽带接入是通过光纤接入小区节点或楼道，再由网线连接到各个共享点上（一般不超过 100m），提供一定区域的高速互连接入方式。其特点是速率高，抗干扰能力强，可以实现各类高速率的互联网应用（视频服务、高速数据传输、完成交互等），缺点是一次性布线成本较高。光纤宽带接入适合家庭、个人或各类企事业团体应用。

6. PON

PON（Passive Optical Network，无源光纤网络）技术是一种点对多点的光纤传输和接入技术，局端到用户端最大距离为 20km，接入系统总的传输容量为上行和下行各 155Mb/s、622Mb/s 或 1Gb/s，由各用户共享，每个用户使用的带宽可以以 64kb/s 进行划分。其特点是接入速率高，可以实现各类高速率的互联网应用（视频服务、高速数据传输、远程交互等），缺点是一次性投入较大。

7. 无线网络

无线网络是一种有线接入的延伸技术，使用无线射频（RF）技术进行数据收发。其特点是可以减少使用电线连接，无线网络系统既可达到建设计算机网络系统的目的，又可让设备自由安排和移动，适合在公共开放的场所或者企业内部应用。无线网络一般会作为已存在有线网络的一个补充方式，装有无线网卡的计算机通过无线手段可以方便地接入 Internet。

2.3.2 常用网络接入设备

当一台 PC 要连入 Internet 时，需要必备的一些网络接入设备，常用的网络接入设备有网卡、调制解调器、路由器、交换机、传输介质等。

1. 网卡

计算机与网络的连接是通过主机内插入的一块网络接口卡 NIC（或是在笔记本电脑中插入一块 PCMCIA 卡）实现的。网络接口卡 NIC（Network Interface Card）又称为网络适配器（network adapter），简称网卡。

网卡拥有 MAC 地址，它使用户可以通过电缆或无线相互连接。每一个网卡都有一个称为 MAC 地址的独一无二的 48 位串行号，它被写在卡上的一块 ROM 中。在网络中的每一个计算机都必须拥有一个独一无二的 MAC 地址。没有任何两块被生产出来的网卡拥有同样的地址。这是因为电气电子工程师协会（IEEE）负责为网络接口控制器销售商分配唯一的 MAC 地址。

网卡以前是作为扩展卡插到计算机总线上的，由于其价格低廉而且以太网标准普遍存在，现在大部分新的计算机都在主板上集成了网络接口。这些主板或是在主板芯片中集成了以太网的功能，或是使用一块通过 PCI（或者更新的 PCI-Express 总线）连接到主板上的廉价网卡。除非需要多接口或者使用其他类型的网络，否则不再需要一块独立的网卡。甚至更新的主板可能含有内置的双网络（以太网）接口。

网卡上装有处理器和存储器（包括 RAM 和 ROM）。网卡和局域网之间的通信是通过电缆或双绞线以串行传输方式进行的，而网卡和计算机之间的通信则是通过计算机主板上的 I/O 总线以并行传输方式进行的。所以，网卡的一个重要功能就是进行串行/并行转换。由于网络上的数据率和计算机总线上的数据率并不相同，因此在网卡中必须装有对数据进行缓存的存储芯片。

2. 调制解调器

调制解调器是一种网络硬件设备，它能把计算机的数字信号翻译成可沿普通电话线传送的模拟信号，而这些模拟信号又可被线路另一端的另一个调制解调器接收，并译成计算机可懂的语言。这个过程完成了两台计算机间的通信。

调制解调器是 Modulator（调制器）与 Demodulator（解调器）的简称，根据 Modem 的谐音，亲昵地称之为"猫"。它是在发送端通过调制将数字信号转换为模拟信号，而在接收端通过解调再将模拟信号转换为数字信号的一种装置。

所谓调制，就是把数字信号转换成电话线上传输的模拟信号；而解调，就是把模拟信号转换成数字信号。两者合称调制解调。

调制解调器是模拟信号和数字信号的"翻译员"。电子信号分为两种，一种是模拟信号，一种是数字信号。电话线路传输的是模拟信号，而 PC 之间传输的是数字信号。所以通过电话线把 PC 连入 Internet 时，就必须使用调制解调器来"翻译"两种不同的信号。连入 Internet 后，当 PC 向 Internet 发送信息时，由于电话线传输的是模拟信号，所以必须用调制解调器把数字信号"翻译"成模拟信号，才能传送到 Internet 上，这个过程称为"调制"。当 PC 从 Internet 上获取信息时，由于通过电话线从 Internet 传来的信息都是模拟信号，所以 PC 想要看懂它们，就必须借助调制解调器将其"翻译"成数字信号，这个过程称为"解调"。总的来说就是"调制解调"。

3．路由器

路由器（Router）是连接 Internet 中各局域网、广域网的设备，它会根据信道的情况自动选择和设定路由，以最佳路径、按前后顺序发送信号。路由器是互联网络的枢纽、"交通警察"。

随着移动终端连入数量的增加，大多数的家庭宽带用户会同时使用到"猫"和路由器。PC 通过"猫"拨号上网，连电缆线，下连路由器。"猫"用于网络间不同介质网络信号的转接，比如把 ADSL、光纤、有线等的网络信号转成标准的计算机网络信号。路由器用于网络信号的再分配，简单地说就是让一根网络线可以连接更多的计算机。实际上，"猫"就相当于分装工厂，路由器就相当于批发零售商，交换机就相当于物流配送。因此，家里有宽带就必须有猫，有多台计算机上网就必须有路由器。假如计算机很多，超过路由器的接口数，就需要交换机扩展接口。

4．交换机

交换机（Switch）意为"开关"，是一种用于电（光）信号转发的网络设备。它可以为接入交换机的任意两个网络节点提供独享的电信号通路。最常见的交换机是以太网交换机，其他较为常见的还有电话语音交换机、光纤交换机等。

交换机的作用是放到路由器后端，在路由器接口不够用时作为扩展接口使用的。比如一个宿舍有 10 个人，但路由器只有 4 个接口，甚至旧款的才 2 个接口，那最多就只能连接 2～4 台计算机入网，怎么办呢？这时就可以用交换机了，把一根能正常上网的网线插入交换机，然后这个交换机的插口就能同时连接计算机上网了。至于接通几个接口，就看需要接入多少台计算机了，市场上常见的有 1 拖 4、1 拖 8、1 拖 24 甚至更多，具体看需求而定。

交换机的分类标准多种多样，常见的有以下几种。

（1）根据网络覆盖范围划分：广域网交换机和局域网交换机。

广域网交换机一般用于电信领域，提供通信用的基础平台，而用户常用的是局域网交换机，主要用于局域网络，用于连接终端设备，如计算机、网络打印机等。

（2）根据传输介质和传输速率划分：以太网交换机、快速以太网交换机、千兆以太网交换机、10 千兆以太网交换机、ATM 交换机、FDDI 交换机和令牌环交换机。

（3）根据交换机应用网络层次划分：企业级交换机、校园网交换机、部门级交换机和工作组交换机、单机型交换机。

（4）根据交换机端口结构划分：固定端口交换机和模块化交换机。

（5）根据是否支持网管功能划分：网管型交换机和非网管型交换机。

（6）根据工作协议层划分：二层交换机、三层交换机和四层交换机。

2.3.3 网线制作——直连双绞线

1. 非屏蔽双绞线简介

有线接入 Internet 时需要通过一条双绞线将计算机的网卡和路由器或交换机连接起来。因此在自己动手联网之前需要制作一条双绞连接线，非屏蔽双绞线价格便宜，速率很高，在组网中起着重要的作用。

制作双绞线的关键是要注意 8 根导线排列的顺序，称为线序。EIA/TIA568 包含 T568A 和 T568B 两个子标准，如表 2-2 所示。这两个子标准没有质的区别，只是在线序上有一定的交换。一般情况下习惯采用 T568B 标准。

表 2-2 双绞线顺序表

引脚号	1	2	3	4	5	6	7	8
T568A 标准	白、绿	绿	白、橙	蓝	白、蓝	橙	白、棕	棕
T568B 标准	白、橙	橙	白、绿	蓝	白、蓝	绿	白、棕	棕

2. 制作工具和基本材料

（1）非屏蔽双绞线。

（2）RJ-45 接头，属于耗材，不可回收，如图 2-4 所示。

（3）RJ-45 压线钳，主要由剪线口、剥线口、压线口组成，如图 2-5 所示。

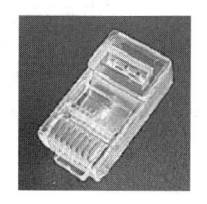

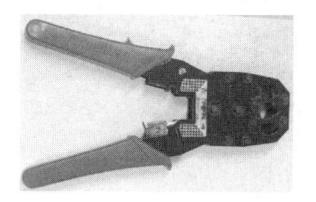

图 2-4 RJ-45 接头　　　　图 2-5 RJ-45 压线钳

（4）RJ-45 剥线刀，专用剥线工具，如图 2-6 所示。

（5）RJ-45 测线仪，常用的双绞线测线仪由信号发射器和信号接收器组成。双方各有 8 个信号灯及 1 个 RJ-45 接口，如图 2-7 所示。

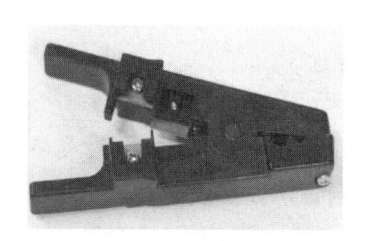

图 2-6 RJ-45 剥线刀　　　　图 2-7 RJ-45 测线仪

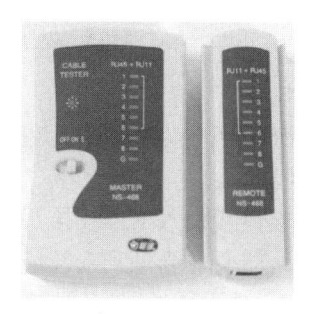

3. 双绞线接头制作步骤

（1）将双绞线的外表皮剥除。

根据实际需要用剥线刀剪裁适当长度的 RJ-45 线，使用剥线刀夹住双绞线旋转一圈，剥除 2cm 左右的塑料外皮，如图 2-8 所示。

（2）除去外套层。

采用旋转的方式将双绞线外套慢慢抽出，如图 2-9 所示。

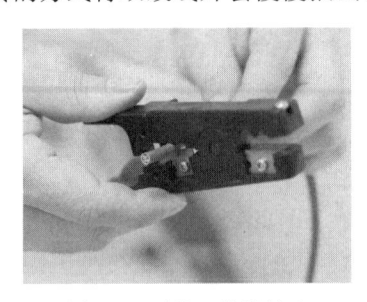

图 2-8　剥除双绞线外皮　　　　图 2-9　除去外套层

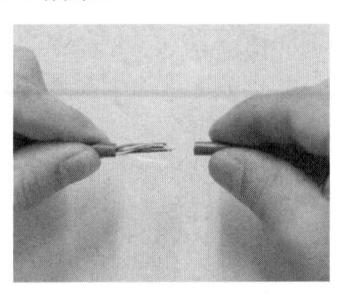

（3）准备工作。

将 4 对双绞线分开，并查看双绞线是否有损坏，如有破损或断裂的情况出现，则需要重复上述两个步骤，如图 2-10 所示。

（4）将双绞线拆开。

拆开成对的双绞线，使它们不再扭曲在一起，以便能看到每一根线芯，并将每根线芯捋直，如图 2-11 所示。

图 2-10　剥皮后效果　　　　图 2-11　拆开双绞线

（5）按照标准线序进行排列。

将每根线芯进行排序，根据表 2-2 所示的标准使线芯的颜色与选择的线序标准颜色从左至右相匹配。在计算机到 Modem 连线的制作中我们对双绞线的两头都采用 T568B 顺序，如图 2-12 所示。

（6）剪线。

剪切线对，使它们的顶端平齐，剪切之后露出来的线对长度大约为 1.5cm，如图 2-13 所示。

（7）剪线后效果。

使用剥线刀剪切后的双绞线头，效果如图 2-14 所示。

（8）将双绞线插入 RJ-45 接头内。

将剪切好的双绞线插入 RJ-45 接头，确认所有线对接触到 RJ-45 接头顶部的金属针脚。在 RJ-45 接头的顶部要求能见到双绞线各线对的铜芯，如果没有排列好，则进行重新排列，如图 2-15 所示。

图 2-12　按标准排列线芯 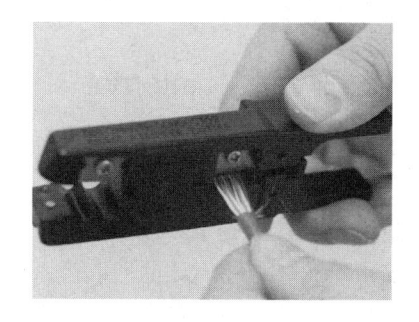　　　　　图 2-13　剪线

图 2-14　剪线后效果 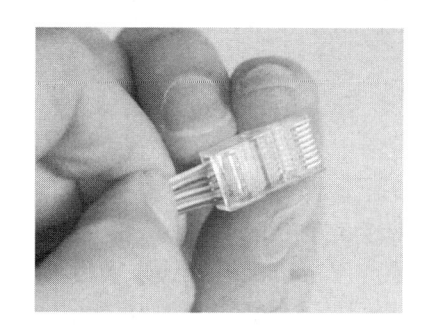　　　　　图 2-15　将网线插入 RJ-45 接头内

（9）压制工作。

将 RJ-45 接头装入压线钳的压线口，紧紧握住把柄并用力压制。压线钳可以把 RJ-45 接头顶部的金属片压入双绞线的内部，使其和双绞线的每根线芯内的铜丝充分接触。同时 RJ-45 接头尾部的塑料卡子应将双绞线卡住，保护双绞线和 RJ-45 接头不会在受外力的情况下脱落。压制后的效果如图 2-16 所示。

（10）测试。

使用测试仪检查线缆接头制作是否正确。将制作成功的双绞线缆接头两端分别插入测试仪的信号发射端和接收端，然后打开测试仪电源，观察指示灯情况，如图 2-17 所示。如果接收端的 8 个指示灯依次发出绿光，表示连接正确；如果有的指示灯不发光或发光的次序不对，则说明连接有问题，这时需要重新制作。

图 2-16　成品 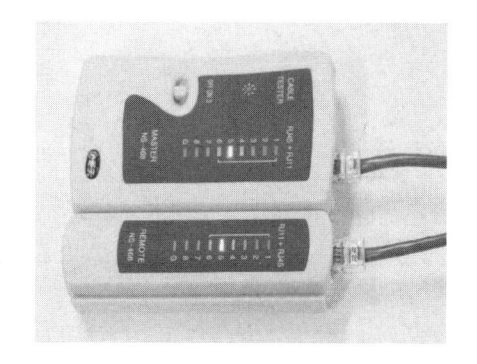　　　　　图 2-17　测试

注意：在制作的各个环节中不能对压接处进行拧、撕，防止双绞线缆中各线芯破损和断裂；在用压线钳进行压接时要用力压实，不能有松动。

2.3.4 家庭宽带接入 Internet

随着国家网络基础设施建设的不断完善和人们生活对网络依赖性的日益增强，越来越多的家庭通过光纤将宽带接入家中。

我国目前主要的家庭宽带接入方式有两种：光纤到楼和光纤入户。从名称就能看出两种接入方式的差别，光纤到楼只是把光纤接入楼内，接到家中的是一根网线，而光纤入户接到家中的是一根光纤。两者看似只是入户的线不同，其实还是有较大差别的。

光纤到楼：楼内的交换机用网线入户，如果距离过远、网线过长就会造成信号衰减；楼内用户过多会拖慢网速；网线接入直接可用，不用设置拨号，也用不着"猫"。

光纤入户：光纤通过光纤分纤箱转接，理论上信号不存在衰减；光独享带宽，网速更快、更稳定；实现语音、电视、网络三合一，光纤经"猫"转换后可以接电话机，可以看电视，还可以上网，三者互不干扰。通过比较可知光纤入户有着明显的优势，因此近几年在各级政府的大力推动下，光纤入户已逐渐成为主流。如果你的家中还是网线接入，可以跟网络运营商联系，请求更换宽带接入方式。

家庭宽带接入 Internet 的操作步骤如下。

（1）使用鼠标右键单击任务栏右下角的网络连接图标，单击"打开'网络和 Internet'设置"，如图 2-18 所示。

图 2-18 打开"网络和 Internet"设置

（2）在"设置"窗口，选择"网络和共享中心"，如图 2-19 所示。

图 2-19 "设置"窗口

（3）在"网络和共享中心"窗口，选择"设置新的连接或网络"，如图 2-20 所示。

图 2-20 "网络和共享中心"窗口

（4）在"设置连接或网络"窗口，选择"连接到 Internet"，如图 2-21 所示。

图 2-21 "设置连接或网络"窗口

（5）在"连接到 Internet"窗口，如图 2-22 所示，选择"立即浏览 Internet"。然后选择"宽带（PPPoE）"，如图 2-23 所示。在"输入你的 Internet 服务提供商（ISP）提供的信息"界面，如图 2-24 所示，输入用户名、密码、连接名称，单击"连接"按钮即可完成宽带的连接。

图 2-22 "连接到 Internet"窗口

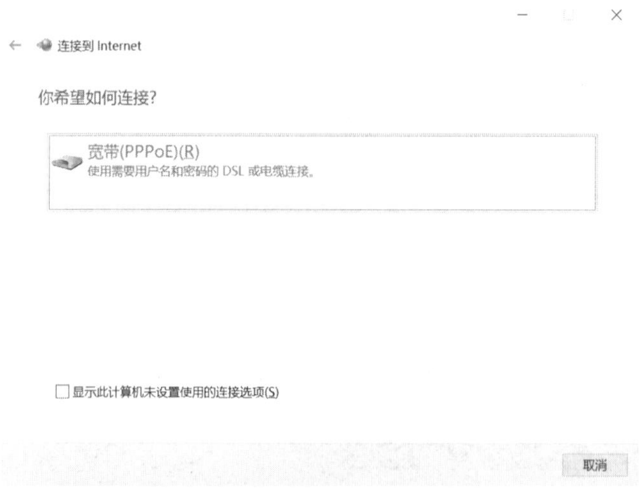

图 2-23 选择"宽带（PPPoE）"

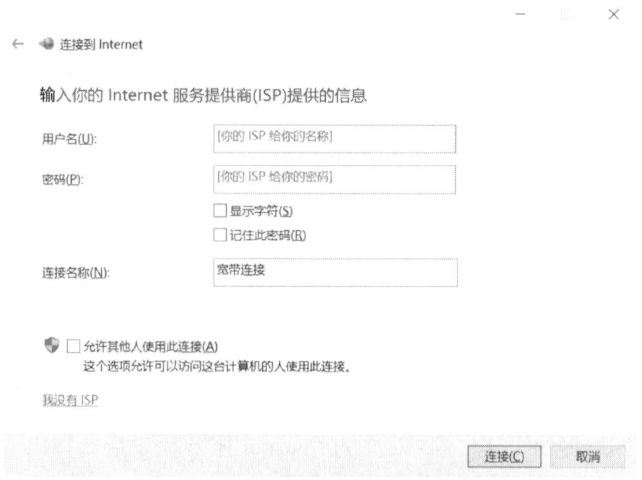

图 2-24 输入用户名、密码等信息

（6）宽带上网连接已经完成，如果需要访问 Internet，就回到桌面上双击刚才建立的连接名称，如"中国电信"图标，单击"连接"按钮，计算机就通过 Modem 连接到 Internet 上了。此时，可以打开浏览器进行 Internet 访问或其他形式的网络工作。

2.3.5　Wi-Fi 接入 Internet

原则上通信部门只为一台需要上网的计算机开通一条宽带上网线路，但是许多时候，想用多台计算机或智能终端共享宽带网络接入 Internet。如果多台计算机或智能终端共享宽带接入 Internet，就必须增加一个无线宽带路由器。宽带路由器有有线路由器（见图 2-25）、有线无线混合路由器（见图 2-26，即市场上俗称的无线路由器）和有线转无线的迷你无线路由器（见图 2-27）。同时有有线和无线宽带上网需求时，配置一个有线无线混合路由器即可，线路连接拓扑结构如图 2-28 所示。

图 2-25　有线宽带路由器　　　图 2-26　无线宽带路由器　　　图 2-27　迷你无线路由器

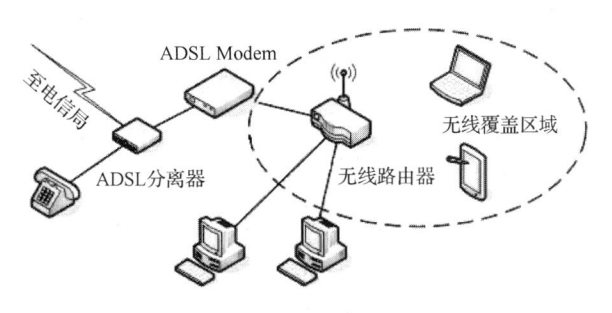

图 2-28　共享接入 Internet 拓扑结构

无线局域网也称为 WLAN（Wireless Local Area Network），是利用无线通信技术在一定的局部范围内建立的网络，是计算机网络与无线通信技术相结合的产物。它以无线多址信道作为传输媒介，提供传统有线局域网的功能，能够使用户真正实现随时、随地、随意的宽带网络接入。无线网络通常应用于移动办公、公共场所、难以布线的场所、频繁变化的环境等场合，可作为有线网络很好的备用和补充。

常用的 WLAN 标准是 IEEE 802.11（也称为 Wi-Fi 无线保真）系列，它下面有一系列子标准，常见的是 IEEE 802.11a、IEEE 802.11b、IEEE 802.11g 和 IEEE 802.11n。IEEE 802.11a 工作频段为 5GHz，数据传输速率可达 54Mb/s；IEEE 802.11b 工作频段为 2.4GHz，数据传输速率为 11Mb/s；另一个传输速率和 IEEE 802.11a 相同的 IEEE 802.11g 工作在 2.4GHz，却具有较高的安全性。当前的大多数无线网卡同时支持 IEEE 802.11a/b/g 标准。最新的商用产品是基于 IEEE

802.11n 的，其传输速率可达 200Mb/s，但目前价格较高。

组建无线局域网的硬件设备主要有无线网卡、无线接入点（AP）、无线路由器和无线网桥。常见的无线网卡根据接口类型的不同，主要分为 PCMCIA 无线网卡、PCI 无线网卡和 USB 无线网卡。PCMCIA 无线网卡用于笔记本电脑，PCI 无线网卡和 USB 无线网卡用于台式计算机。

组建无线局域网的操作步骤如下：

（1）根据需要联网的计算机数量按 2.3.3 节介绍的步骤制作数根网线，并将各计算机与宽带路由器的局域网（LAN）口连接起来。

（2）用一根网线将 Modem 的 Ethernet（或 LAN）接口和宽带路由器的 WAN 口连接好后，再用网线将路由器的 LAN 口和任一计算机的网卡连接，最后打开路由器电源。

（3）将上述和宽带路由器相连接的计算机修改 IP 等网络参数地址。由于目前大多数路由器的管理 IP 地址出厂默认值为 192.168.1.1（通常在路由器的背面标签上有说明），子网掩码为 255.255.255.0，所以当需要对宽带路由器进行配置时，要将一台计算机的 IP 地址设置为和路由器的 IP 地址为同一网段才可以。修改计算机 IP 地址的方法为：在计算机任务栏上右击网络图标，选择"打开'网络和 Internet'设置"，然后选择"更改适配器选项"，在弹出的窗口中右击"本地连接"，在弹出的菜单中单击"属性"，然后找到"Internet 协议（TCP/IP）"，双击打开"Internet 协议（TCP/IP）属性"对话框。在该对话框中选择"使用下面的 IP 地址"，然后在"IP 地址"栏输入"192.168.1.X"（X 取值范围 2～254），在"子网掩码"栏输入"255.255.255.0"，在"默认网关"栏输入"192.168.1.1"，如图 2-29 所示，之后单击两次"确定"按钮。

（4）检查本地计算机能否与路由器进行通信。回到桌面，单击"开始"菜单，选择"运行"，在"运行"对话框中输入"ping 192.168.1.1"后单击"确定"按钮，观察运行结果。如果出现如图 2-30 所示的窗口即为正确。

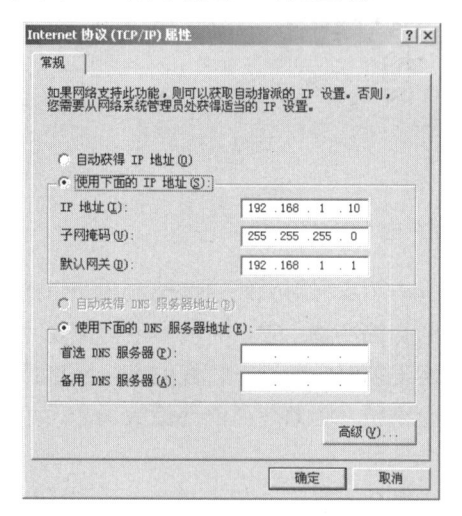

图 2-29　设置计算机 IP 地址 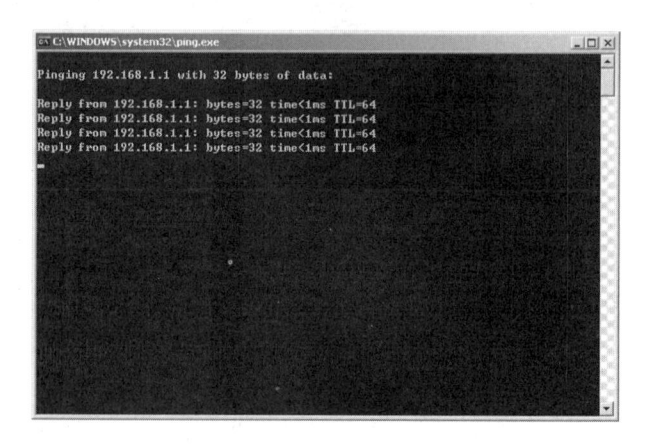　　　　图 2-30　检查计算机与路由器通信情况

（5）设置路由器。打开浏览器如 Internet Explorer，在地址栏中输入"http://192.168.1.1"后回车，连接到宽带路由器。如果通信正常则会出现如图 2-31 所示对话框。

图 2-31　登录宽带路由器

（6）输入宽带路由器的登录用户名和密码，用户名和密码的默认值在产品说明书中告知。大多数设备的用户名和密码默认为"admin"。输入正确的用户名和密码后单击"确定"按钮，会出现如图 2-32 所示的界面，根据提示单击"下一步"按钮。

图 2-32　宽带路由器设置向导

（7）选择 Internet 的接入方式，如图 2-33 所示。如果线路是直接接入运营商处，通常选择"PPPoE（ADSL 虚拟拨号）"方式，如果是连接到内部局域网则选择动态 IP 或静态 IP 方式。然后单击"下一步"按钮进入连接的认证环节，在提示栏中输入 ISP（电信服务提供商），即电信部门提供的上网用户名和密码。输入完成后单击"下一步"按钮，进行无线网络的设置。

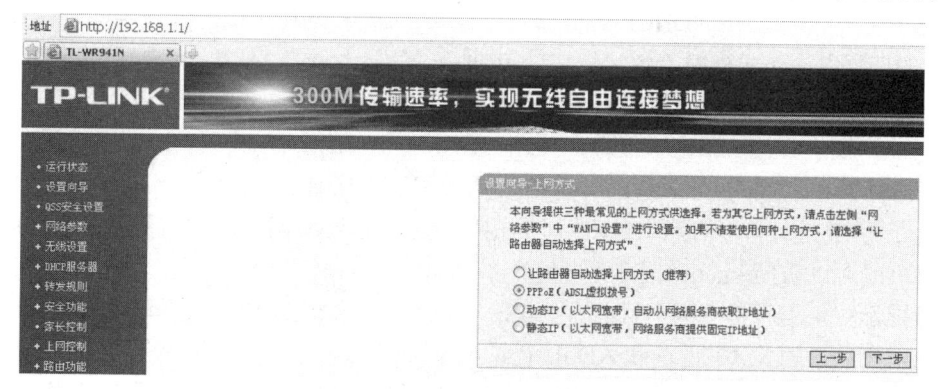

图 2-33　选择 Internet 的接入方式

（8）设置无线网络。由于无线网络接入具有移动性和快捷性，当办公区域的笔记本电脑、智能手机、平板电脑等设备具有网络需求时,可以开启路由器的无线功能。设置窗口如图 2-34 所示,在无线状态处选择"开启",在 SSID 处输入新建的无线热点的名称,名称不需要太复杂,可选部门名称或门牌号。其他选项如信道、模式、频段带宽、最大发送速率等都选择默认值即可。接下来是无线安全选项,为了防止办公信息的泄露和别人的蹭网行为,建议设置一个无线接入密码。无线安全选项建议选择"WPA-PSK/WPA2-PSK",然后输入后面笔记本电脑、智能终端接入此路由器所需的 PSK 密码,密码要求在 8 位以上。密码设定后单击下面的"保存"按钮,根据提示路由器会自动重新启动。

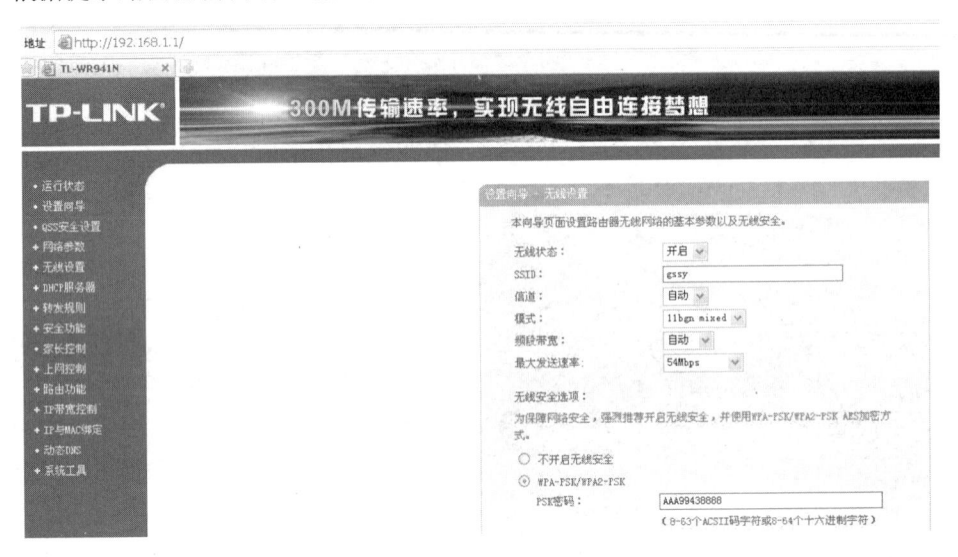

图 2-34 设置路由器的无线功能

(9)设置接入计算机的网络参数。接下来根据前面步骤(3)所述分别修改其他连接在路由器上的计算机的 IP 地址,地址取值范围为 192.168.1.2～192.168.1.254,每个计算机的 IP 地址不能相同。子网掩码设置为"255.255.255.0",网关设置为宽带路由器 LAN 端口的 IP "192.168.1.1",DNS 服务器 IP 由 ISP 提供,如重庆市为"61.128.128.68"。

(10)如果联网计算机数量较多,可以不用分别为每台计算机设置 IP 地址,由路由器来自动分配。设置方法是在路由器的管理网页中选择"DHCP 服务器"下的"DHCP 服务",打开如图 2-35 所示的界面。在"DHCP 服务器"处选择"启用",在"地址池开始地址"和"地址池结束地址"栏中输入要分配给各计算机的 IP 地址范围,如 192.168.1.100～192.168.1.199,"地址租期"的值可随意,网关地址为路由器 LAN 端口的 IP "192.168.1.1",主、备用 DNS 服务器的值由 ISP 提供。最后单击"保存"按钮,路由器便可为各计算机提供 IP 地址了。后面进入需要通过此路由器接入 Internet 的计算机设置流程,在 IP 地址设置对话框(见图 2-29)中选择"自动获得 IP 地址",然后单击两次"确定"按钮,返回桌面。此时需要共享 Modem 上网的各计算机就可以访问 Internet 了。

技巧提示:由于收费原因,目前有的 ISP 不同意用户通过共享 Modem 方式连接 Internet,他们会将用户注册的 MAC 地址和 ADSL 登录电话号码捆绑起来,其结果是只能有一台计算机能正常访问 Internet。解决方法是在路由器的管理网页中选择"网络参数"下的"MAC 地址克隆",如图 2-36 所示,在"MAC 地址"栏中输入用户注册的 MAC 地址,然后单击"保存"按钮,退出设置。

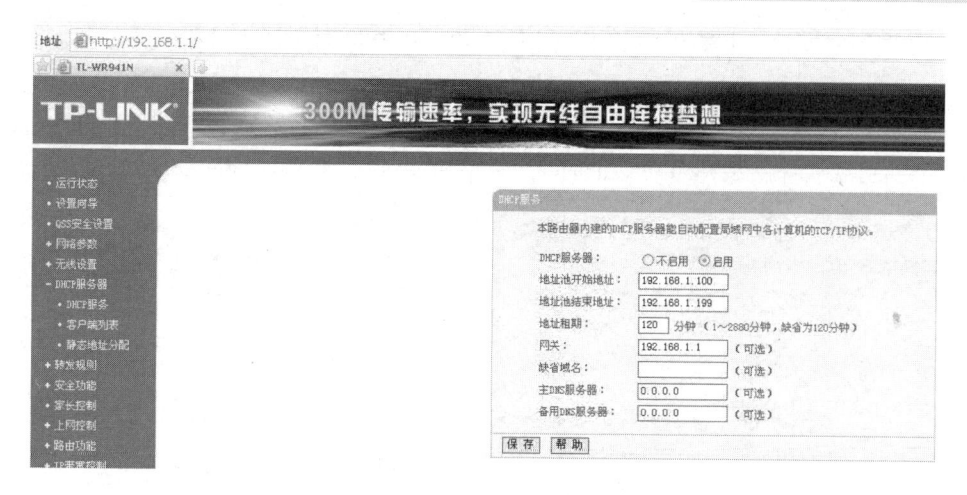

图 2-35 宽带路由器 DHCP 设置

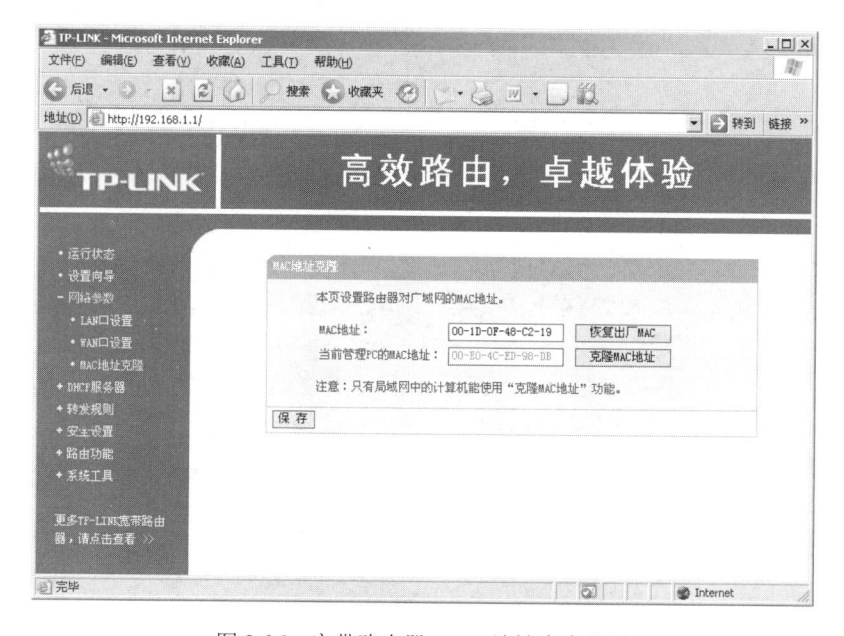

图 2-36 宽带路由器 MAC 地址克隆设置

2.3.6 移动通信 4G 接入 Internet

通常来讲，4G 的资费较家庭宽带稍贵一些，但如遇出差或户外有上网需求时，通过 4G 接入 Internet 是一种很好的选择。目前国内三家 4G 运营商运营不同技术的 4G 网络。中国移动的 4G 网络称为 TD，官方标识是 G3；中国电信的 4G 网络称为 CDMA2000 EVD，官方标识是天翼；中国联通的叫 WCDMA。如果计算机要通过 4G 接入 Internet，就需要准备 4G 上网卡一块，上网卡的外观和普通 U 盘一样，将其插入计算机的 USB 接口即可进行软件安装和设置。下面以华为 EC1260 上网卡为例进行讲述。

操作步骤如下：

（1）将装有 SIM 卡的 4G 上网卡插入计算机的 USB 接口。

（2）目前大多数上网卡都采用免驱动程序设计，只要把网卡插到计算机里，然后打开"我的电脑"，就会多出一个虚拟光驱，如图2-37所示。

（3）安装无线驱动程序及宽带客户端软件。双击新产生的盘符运行安装，会自动进入程序安装界面，当出现软件安装许可对话框时（见图2-38），选择同意厂商的使用协议，并选择"进行快速安装"，单击"下一步"按钮。

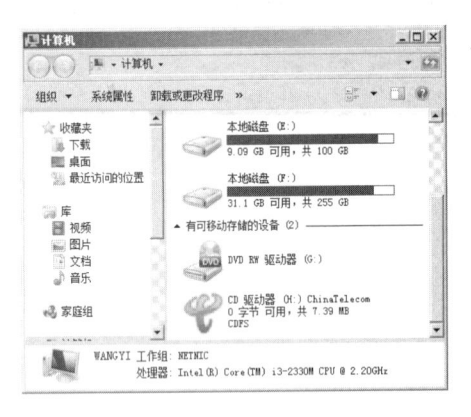

图2-37　4G上网卡产生的虚拟光驱 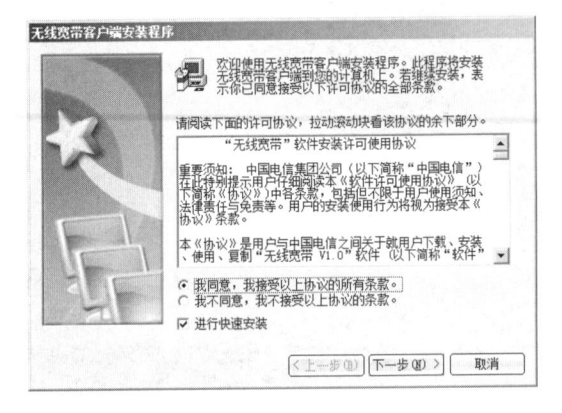　　　　图2-38　无线宽带客户端安装程序

（4）选择安装类型。当出现"安装提示"对话框时，根据需要选择客户端程序的安装类型，通常选择"完全安装"，如图2-39所示，然后单击"下一步"按钮。

（5）上网卡驱动程序的安装。当客户端软件安装完毕后软件会进行相应的提示，如图2-40所示。此时还需要单击"下一步"按钮，进行驱动程序的安装。设备会根据主机操作系统的类型和版本进行自动匹配并安装，在安装的过程中桌面右下角任务栏会出现"发现新硬件，正在安装设备驱动程序软件"等提示信息。当软件出现如图2-41所示的界面时，表示驱动程序和客户端软件安装完毕。

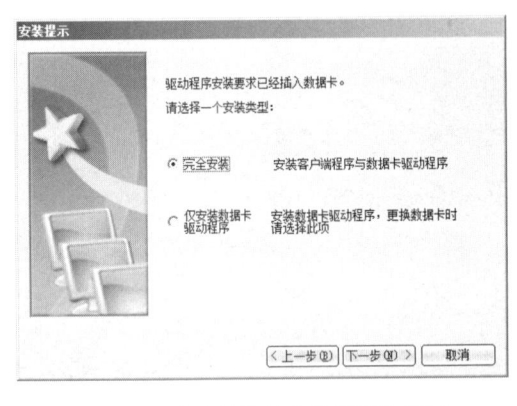

图2-39　客户端软件安装类型选择框 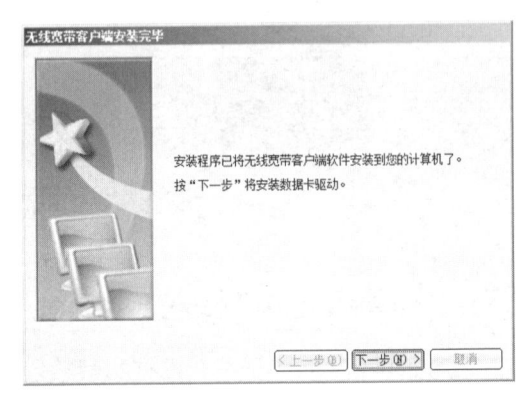　　　　图2-40　无线宽带客户端软件安装完毕提示

（6）连接到Internet。重新启动计算机操作系统后，单击开始菜单中的"无线宽带"→"无线宽带"程序，会打开4G客户端软件，软件界面如图2-42所示。用户可以通过无线局域网（WLAN）、4G或1X方式接入Internet，其中1X针对的是CDMA 1X网络，网速低于4G。可以从接入方式的右边看到各种类型的信号强度，通常选择信号较强的接入类型。如果要通过4G接入Internet，直接单击"无线宽带（4G）"左边的"连接"按钮，客户端软件会自动与4G

基站进行连接，连接过程如图 2-43 所示。当客户端软件变成如图 2-44 所示界面时，表示通过 4G 连接 Internet 成功，此时用户可以进行网页浏览等网络操作。

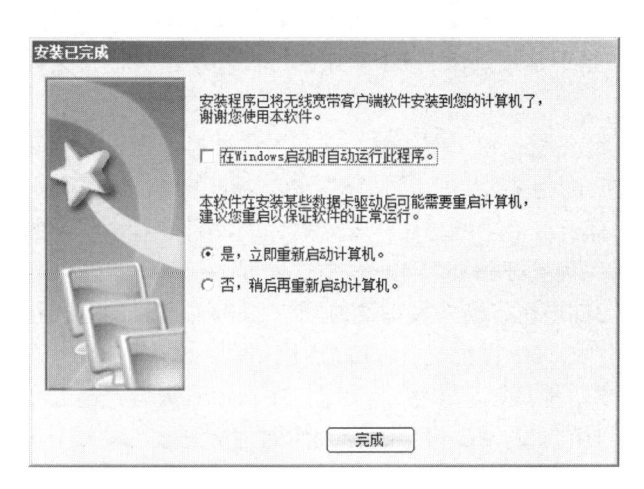

图 2-41 4G 网卡驱动程序安装完毕提示框

图 2-42 4G 客户端软件界面

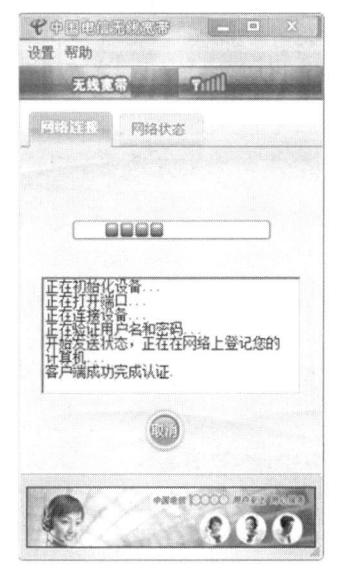

图 2-43 4G 网络连接过程

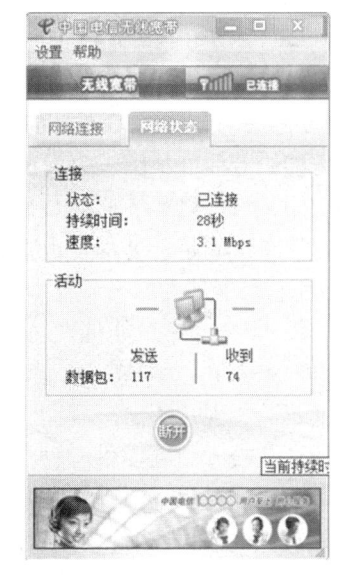

图 2-44 4G 网络通信状态

2.3.7 移动通信 5G

5G 移动网络（5th Generation Mobile Networks）是第五代移动通信网络，是 2G、3G 和 4G 的延伸，是最新一代蜂窝移动通信技术。在这种网络中，供应商覆盖的服务区域被划分为许多称为蜂窝的小地理区域。蜂窝中的所有 5G 无线设备通过无线电波与蜂窝中的本地天线阵和低功率自动收发器（发射机和接收机）进行通信。收发器从公共频率池分配频道，这些频道在地理上分离的蜂窝中可以重复使用。本地天线通过高带宽光纤或无线回程连接与电话网络和互联网连接。与现有的手机一样，当用户从一个蜂窝穿越到另一个蜂窝时，他们的移动设备将自动

43

"切换"至新蜂窝中的天线。

5G 的性能目标是提高数据速率、减少延迟、节省能源、降低成本、提高系统容量和大规模设备连接。因此，5G 网络的主要优势在于，数据传输速率远远高于以前的蜂窝网络。其峰值理论传输速度可达每秒数 Gb，比 4G 网络的传输速度快数百倍。在 4G 时代需要半小时下载完成的东西，5G 时代只需要 1~3s 就可以完成，最多不超过 10s。想想我们现在下载半集电视剧的时间，5G 时代已经可以下载 10 集了，是不是很刺激？5G 网速的提高还会给我们带来其他意想不到的惊喜。

未来，很有可能实现在 PC 端操作手机上的 App 和文件传输。现在，这种操作还是相当麻烦的，就我们的日常来说，要想同步一个 PC 端的文件，必须先登录 PC 端的微信，将文件上传到文件传输助手，再在手机端进行保存。有了这个功能之后，未处理完的文件、看了一半的剧、还没结束的聊天都不再会被打断，可以完美接续到 PC 端继续浏览处理。

随着 5G 技术的诞生，用智能终端分享 3D 电影、游戏及超高画质（UHD）节目的时代正向我们走来。2019 年 10 月，包括 5G 远程驾驶、5G 微公交、5G 高清机顶盒、5G+VR 警务巡逻、5G 互联网医院等在内的 50 多项 5G 技术落地乌镇。2019 年 10 月 31 日，三大运营商公布 5G 商用套餐，并于 11 月 1 日正式上线 5G 商用套餐，5G 将会改变人们的生活方式。看一个实际的例子：2019 年 1 月 19 日，中国一名外科医生利用 5G 技术实施了全球首例远程外科手术。这名医生在福建省利用 5G 网络，操控 48km 以外一个偏远地区的机械臂进行手术。在进行的手术中，由于延时只有 0.1s，外科医生用 5G 网络切除了一只实验动物的肝脏。5G 技术的其他好处还包括大幅减少了下载时间，下载速度从每秒约 20MB 上升到每秒 50GB——相当于在 1s 内下载超过 10 部高清影片。5G 技术最直接的应用很可能是改善视频通话和游戏体验，而机器人手术很有可能给专业外科医生为世界各地有需要的人实施手术带来很大希望。5G 技术将开辟许多新的应用领域，以前的移动数据传输标准对这些领域来说还不够快。5G 网络的高速度和较低的延时性首次满足了远程呈现甚至远程手术的要求。

5G 技术还有可能催发的一项行业就是 AR/VR。4G 的到来，使得手游变成可能。我们可以大胆想象一下，5G 非常可能催发 AR/VR 游戏。《头号玩家》场景真实实现了，非常刺激。VR 技术不仅在游戏行业，在教育、医疗、物联网、无人驾驶、人工智能等各个行业都将有所作为。能不能真的实现足不出户看世界，就看 5G 的了。

和前几代通信技术单纯提供一种更快捷的通信方式不同，让万物互联，5G 更像是未来工业互联网、车联网、远程医疗等新技术的高速路，"5G+"的具体实践已在路上。

5G+工厂，2019 年 9 月下旬的上海国际工业博览会上，中国联通表示与中国商用飞机有限责任公司共同建设的"全连接工厂"已经落地；2019 世界工业互联网产业大会上，海尔联合中国移动和华为发布了全球首个"智能+5G"互联工厂，定义未来智能制造。

5G+媒体，2019 年，从春晚到两会报道，从世界园艺博览会到国庆阅兵直播，中央广播电视总台倡导的 5G+4K（8K）的超高清视频，开启沉浸感视觉体验。

5G+医疗，远程会诊、远程超声、远程手术、应急救援、远程监护……在浙江大学医学院附属第二医院，"5G 远程急救指挥中心"几乎实现了上面所有的功能。

5G+千百行业=未来的改变是巨大的！

5G 网络正朝着网络多元化、宽带化、综合化、智能化的方向发展。随着各种智能终端的普及，面向 2020 年及以后，移动数据流量将呈现爆炸式增长。在未来 5G 网络中，减小小区半径，增加低功率节点数量，是保证未来 5G 网络支持 1000 倍流量增长的核心技术之一。因此，超密集异构网络成为未来 5G 网络提高数据流量的关键技术。

2.3.8　计算机和移动智能终端共享接入 Internet

移动智能终端（Mobile Intelligent Terminal）是指安装有开放式操作系统，可装载相应程序来实现相应功能的设备。常见的移动智能终端以智能手机、平板电脑和电子阅读器等为代表。它的特点是具有开放性的操作系统平台，具有掌上电脑功能，可无线接入互联网，扩展性强等。移动智能终端其实就是一台微缩的计算机，同样具有 CPU、存储器和操作系统，常见的操作系统有 Google Android、Apple iOS、Microsoft Windows Phone 和 Symbian OS。目前 Android 操作系统的智能终端占据市场绝对地位，而 iOS 占据着高端市场。

现在计算机的应用已经普及，当所在区域没有无线路由器时，可以借助计算机的无线网卡，将 Internet 数据共享给智能终端。另外，出差在外或在户外有上网办公需求时，也可以借助手机的 Wi-Fi 功能将手机的网络数据共享给计算机。

1．手机通过计算机共享接入 Internet

（1）计算机能正常连接到 Internet（目前计算机常见的上网方式是无线上网，操作系统为 Windows 10）。

（2）用鼠标右键单击任务栏右下角的网络连接图标，单击打开"网络和 Internet 设置"，如图 2-45 所示。

图 2-45　打开"网络和 Internet 设置"

（3）在"设置"窗口选择"移动热点"，如图 2-46 所示。

图 2-46　"设置"窗口

（4）打开"移动热点"页面，如图 2-47 所示，把"与其他设备共享我的 Internet 连接"下的开关打开。

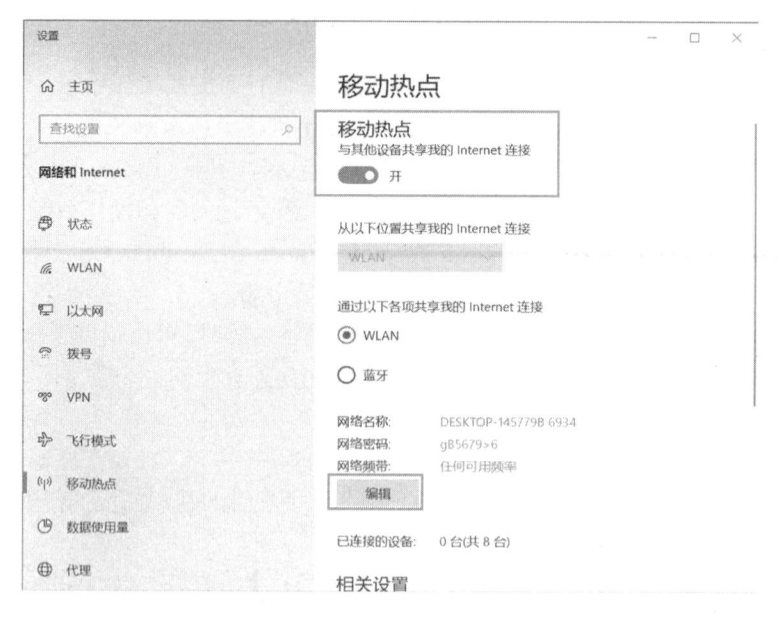

图 2-47 "移动热点"页面

（5）如果需要配置在手机上显示的网络名称和密码，可单击图 2-47 所示界面中的"编辑"按钮，打开"编辑网络信息"页面，如图 2-48 所示，输入网络名称和网络密码，单击"保存"按钮。

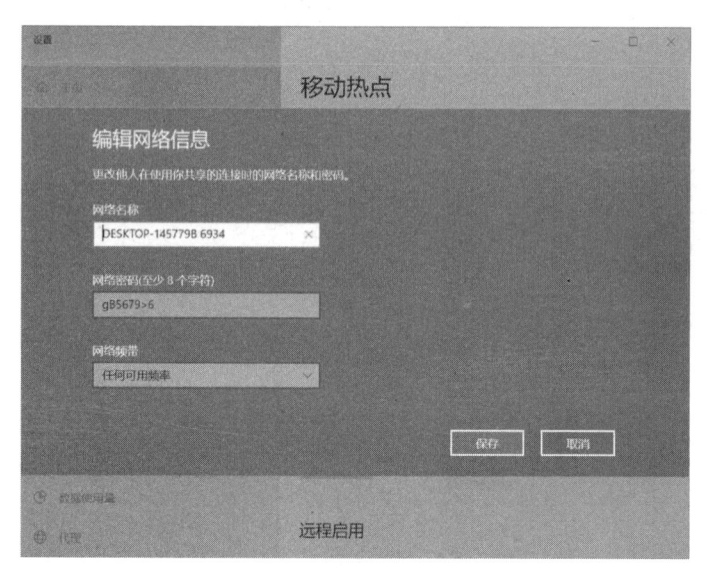

图 2-48 "编辑网络信息"页面

（6）打开手机的 Wi-Fi 连接开关，找到刚才配置的网络名称，输入网络密码，就能共享上网了，如图 2-49 和图 2-50 所示。

2. 计算机通过智能手机共享接入 Internet

当计算机需要通过手机接入 Internet 时，手机要开通数据流量业务如 4G 通信业务。接入方式有两种，一种是通过 USB 线将手机和计算机连接起来，在手机上开启"USB 共享网络"功能；另一种是把手机作为无线热点（即 Hotspot，是指在公共场所提供无线局域网接入 Internet 服务的地点），然后让计算机无线网卡通过 Wi-Fi 方式接入 Internet。下面以无线热点为例共享接入 Internet，手机操作系统采用 Android 4.0。

图 2-49　手机搜索网络　　　　　　　　图 2-50　手机连接网络

（1）在手机屏幕上单击"设置..."图标，进入如图 2-51 所示的"全部设置"页面。然后单击"更多无线设置"项目，进入"更多无线设置"页面，如图 2-52 所示。

图 2-51　"全部设置"页面　　　　　　　图 2-52　"更多无线设置"页面

（2）进入"更多无线设置"页面后，单击"网络共享与便携式热点"项目，进入"网络共享与便携式热点"页面，如图 2-53 所示，再单击"配置 WLAN 热点"项目，出现如图 2-54 所示页面。将"网络 SSID"修改为手机将服务的热点名称，如本机号码。安全性方面建议使用默认值，采用安全性更好的"WPA2 PSK"加密方式。在"密码"栏输入将来连接该手机热点所需的密码，至少 8 个字符。最后单击"保存"按钮返回"网络共享与便携式热点"页面。

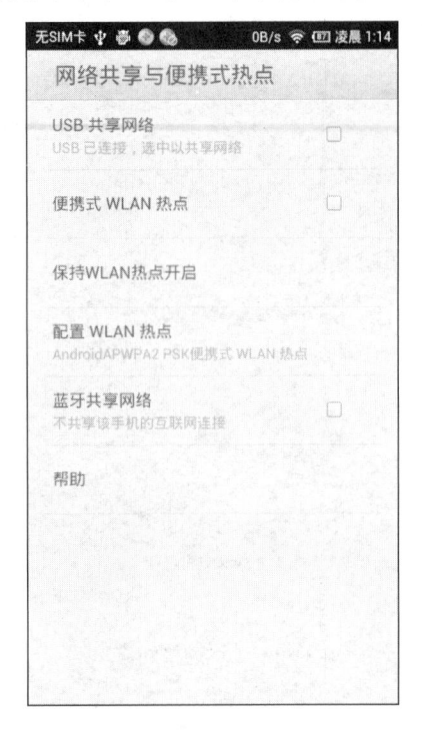

图 2-53 "网络共享与便捷式热点"页面　　　　图 2-54 "配置 WLAN 热点"页面

（3）在"网络共享与便携式热点"页面中选择"便携式 WLAN 热点"，此时手机作为无线热点开始提供服务。接下来到带有无线网卡的计算机中进行无线热点的搜索，当连接到此热点后，输入刚才设置的密码。手机通过接入验证后便可以共享该手机流量，让计算机连接到 Internet 了。

2.4　Internet 提供的服务

互联网所提供的服务有很多种，其中大多数都是免费的，但随着互联网的发展，商业化的服务会越来越多。目前比较重要的服务包括万维网（World Wide Web）WWW 服务、电子邮件服务、远程登录服务和文件传输服务等。

2.4.1　远程管理

远程登录是指用户使用 Telnet 命令，使自己的计算机暂时成为远程主机的一个仿真终端的过程。仿真终端等效于一个非智能的机器，它只负责把用户输入的每个字符传递给主机，再将主机输出的每条信息回显在屏幕上。使用 Telnet 协议进行远程登录时需要满足三个条件：

- 在本地计算机上必须装有包含 Telnet 协议的客户程序；
- 必须知道远程主机的 IP 地址或域名；
- 必须知道登录标识与密码。

Telnet 远程登录服务分为以下四个过程：

（1）本地与远程主机建立连接。该过程实际上是建立一个 TCP 连接，用户必须知道远程主机的 IP 地址或域名。

（2）将本地终端上输入的用户名和密码及以后输入的任何命令或字符以 NVT（Net Virtual Terminal）格式传送到远程主机。该过程实际上是从本地主机向远程主机发送一个 IP 数据报。

（3）将远程主机输出的 NVT 格式的数据转化为本地所接收的格式送回本地终端，包括输入命令回显和命令执行结果。

（4）本地终端对远程主机进行撤销连接操作。该过程是撤销一个 TCP 连接。

2.4.2 信息共享服务 WWW

WWW 是基于客户端/服务器方式的信息发现技术和超文本技术的综合。WWW 服务器通过 HTML 超文本标记语言把信息组织成图文并茂的超文本；WWW 浏览器则为用户提供基于 HTTP 超文本传输协议的用户界面。用户使用 WWW 浏览器通过 Internet 访问远端 WWW 服务器上的 HTML 超文本。

（1）超文本标记语言（HTML）、超文本与超媒体。超文本标记语言是互联网的标准语言，可以把不同的信息通过链接的方式组织在一起。使用 HTML 语言开发的 HTML 超文本文件一般具有.htm（或.html）后缀。

超文本和超媒体是 WWW 的信息组织形式。一个超文本由多个信息源组成，而这些信息源的数目是不受限制的，用一个链接可以使用户找到另一个文档。因此，超文本的阅读方式与普通文本的阅读方式是不同的，普通文本一般采用线性浏览，而超文本可以采用非线性浏览。

超媒体与超文本的区别在于：超媒体文档包含的信息的表达方式更为丰富，除了文本信息外，还包含其他的信息表示方式，如图形、声音、动画、视频等。

（2）统一资源定位符（Uniform Resource Locator，URL）。互联网中客户端的 WWW 浏览器要找到 WWW 服务器上的文档，必须使用统一资源定位符。Web 服务使用统一资源定位符来标识 Web 站点上的各种文档。由于对不同对象的访问方式不同，因此 URL 还指出了读取某个对象时所使用的协议类型。

常用形式为

<协议类型>：//<主机>：<端口><路径及文件名>

上式中，<协议类型>主要有表 2-3 所示的几种；<主机>一项是必需的；<端口>和<路径及文件名>有时可省略。

表 2-3 URL 可指定的协议类型

协议类型	作 用
HTTP	通过 HTTP 协议访问 WWW 服务器
FTP	通过 FTP 协议访问 FTP 服务器
News	通过 NNTP 协议访问 News 服务器

续表

协议类型	作用
Gopher	通过 Gopher 协议访问 Gopher
Telnet	通过 Telnet 协议远程登录
File	在连接的计算机上获取文件

（3）WWW 浏览器。浏览器是一种应用程序，是用来查看页面的工具，Microsoft 公司的 Internet Explorer 和 Netscape 公司的 Navigator 是目前最为常用的主流浏览器。浏览器根据页面的要求解释文本和格式化命令，并以正确的格式将超文本页面内容显示在屏幕上。

2.4.3 信息通信服务

在生活中，人与人之间是怎样交流的，一般都通过哪些方式？面对面谈话、打电话是实时的交流方式，写信是非实时的交流方式。

Internet 上的信息通信服务也分为实时通信（如网络电话、可视电话等即时通信方式）和非实时通信（如 E-mail、BBS、博客等）两种方式。实时通信方式的特点要求通信双方必须同时在线，非实时通信的特点不要求通信双方必须同时在线。

E-mail 也就是电子邮件，它是一种使用非常频繁的互联网服务，它所提供的服务类似于邮局投递书信的服务，但它的投递速度却比邮局投递书信快得多，价钱也便宜得多。

电子邮件服务采用客户端/服务器工作模式。互联网中有大量的电子邮件服务器（简称邮件服务器），它的作用与人工邮递系统中邮局的作用非常相似。一方面负责接收用户送来的邮件，根据邮件所要发送的目的地址，将其传送到对方的邮件服务器中；另一方面它负责接收从其他邮件服务器发来的邮件，根据收件人的不同将邮件分发到相应的电子邮箱中。

BBS（Bulletin Board System）即电子布告栏系统或电子公告牌系统，是 Internet 上的一种电子信息服务系统。它提供一块公共电子白板，每个用户都可以在上面书写，可发布信息或提出看法。它是一种交互性强、内容丰富而及时的 Internet 电子信息服务系统。

博客又称为网络日志、部落格式等，是一种通常由个人管理、不定期张贴新的文章的网站。能够让读者以互动的方式留下意见，是许多博客的重要因素。大部分的博客内容以文字为主，也有一些博客专注于艺术、摄影、视频、音乐、播客等各种主题。博客是社会媒体网络的一部分。

网络电话是一种 Internet 上的最新科技，它使人们通过 PC 打电话到世界任何一部普通电话机上的幻想成为现实。作为通信及 Internet 服务的先驱，美国 IDT 公司开发的网上电话在全球网络通信中居于领先地位，其网络电话系统可以使任何一位 Internet 上装备有声卡的多媒体计算机用户拨叫国际长途电话，信号经 Internet 传送到 IDT 公司设在美国的服务器，将被自动转接到被叫方的任一普通电话机上，对方电话会响铃，通话双方即可实时、全双工地进行交流。使用该系统打国际电话时，所需费用比传统的国际长途电话费用最多可节省 95%，因为信号经 Internet 传至美国的服务器，再由其传达到所呼叫的电话上，而非传统的电信传输，从而达到降低费用的目的。有了网络电话，就可以从 PC 打电话到任何一部普通电话机上，一举突破了以往的网上电话 PC 到 PC 的技术限制。

可视电话是利用电话线路实时传送人的语音和图像（用户的半身像、照片、物品等）的一种通信方式。如果说普通电话是"顺风耳"，那么可视电话就既是"顺风耳"，又是"千里眼"了。

2.4.4 数据及资源服务

Internet 的入网用户可以利用"文件传输协议"(File Transfer Protocol,FTP)命令系统进行计算机之间的文件传输,使用 FTP 几乎可以传送任何类型的多媒体文件,如图像、声音、数据压缩文件等。FTP 服务是由 TCP/IP 的文件传输协议支持的,是一种实时的联机服务。

采用 FTP 传输文件时,不需要对文件进行复杂的转换,因此 FTP 比任何其他方法交换数据都要快得多。Internet 与 FTP 的结合,等于使每个联网的计算机都拥有了一个容量巨大的备份文件库,这是单个计算机无法比拟的优势。但是,这也造成了 FTP 的一个缺点,那就是用户在文件"下载"到本地之前,无法了解文件的内容。所谓下载就是把远程主机上的软件、文字、图片、图像与声音信息转到本地硬盘上。

文件传输服务是一种实时的联机服务。在进行文件传输服务时,首先要登录到对方的计算机上,登录后只可以进行与文件查询、文件传输相关的操作。使用 FTP 可以传输多种类型的文件,如文本文件、图像文件、声音文件、数据压缩文件等。

(1) FTP。文件传输协议(FTP)使用户可以很容易地与他人分享资源,所以目前仍在广泛使用。它为计算机之间的双向文件传输提供了一种有效手段。利用它可以上传(upload)或下载(download)各种类型的文件,包括文本文件、二进制文件及语音、图像和视频文件等。

(2) 匿名 FTP 服务。匿名 FTP 服务是这样一种机制:用户可通过它连接到远程主机,并从其上下载文件,而无须成为其注册用户;系统管理员建立了一个特殊的用户 ID,通常称为匿名账号。

(3) FTP 客户端应用程序。互联网用户使用的 FTP 客户端应用程序通常有三种类型。
- 传统的 FTP 命令行。这种方法是在 MS-DOS 的窗口中自己输入命令,命令较多,不便于记忆,所以一般不用这种方法。
- 浏览器。在浏览器地址栏中输入类似"ftp://主机名"的命令,输入用户名、密码后便可连接至目标主机,进行 FTP 访问。
- FTP 上传/下载工具。现在绝大多数 FTP 服务都通过 FTP 应用软件来完成,如 Cute FTP、Leap FTP、Flash FXP 等。

2.4.5 电子商务

电子商务(Electronic Commerce),是以信息网络技术为手段,以商品交换为中心的商务活动(Business Activity);也可以理解为在互联网(Internet)、企业内部网(Intranet)和增值网(Value Added Network,VAN)上以电子交易方式进行交易活动和相关服务的活动,是传统商业活动各环节的电子化、网络化、信息化。以互联网为媒介的商业行为均属于电子商务的范畴。

电子商务通常是指在全球各地广泛的商业贸易活动中,在因特网开放的网络环境下,基于客户端/服务器应用方式,买卖双方不谋面地进行各种商贸活动,实现消费者的网上购物、商户之间的网上交易和在线电子支付,以及各种商务活动、交易活动、金融活动和相关的综合服务活动的一种新型的商业运营模式。各国政府、学者、企业界人士根据自己所处的地位和对电子商务参与的角度与程度的不同,给出了许多不同的定义。电子商务分为 ABC、B2B、B2C、C2C、B2M、M2C、B2A(即 B2G)、C2A(即 C2G)、O2O 等。

电子商务是因特网爆炸式发展的直接产物，是网络技术应用的全新发展方向。因特网本身所具有的开放性、全球性、低成本、高效率的特点，也成为电子商务的内在特征，并使得电子商务大大超越了作为一种新的贸易形式所具有的价值，它不仅会改变企业本身的生产、经营、管理活动，而且将影响整个社会的经济运行与结构。以互联网为依托的"电子"技术平台为传统商务活动提供了一个无比宽阔的发展空间，其突出的优越性是传统媒介手段根本无法比拟的。

目前依托在互联网上的电子商务大致可以分为信息服务、电子货币购物和贸易、电子银行与金融服务三个方面。电子商务的出现，将有助于降低交易成本、改善服务质量、提高企业的竞争力。目前，中国政府正在制定电子商务的法律法规，健全市场体系，大力提高企业的信息化程度，促进电子商务在中国健康发展。

2.5 常用网络管理工具及故障排除方法

2.5.1 Ipconfig 命令

Ipconfig 是调试计算机网络的常用命令，通常用来显示计算机中网卡的 IP 地址、子网掩码及默认网关等信息。使用方法：在 Windows 操作系统中单击"开始"→"运行"菜单，在输入栏中输入"CMD"回车即进入"命令提示符"窗口，或单击"开始"→"所有程序"→"附件"→"命令提示符"菜单进入。在打开的"命令提示符"窗口中输入本节的相关命令即可。

（1）Ipconfig：为每个已经配置了的网卡显示 IP 地址、子网掩码和默认网关值，如图 2-55 所示。

图 2-55 Ipconfig 运行结果

（2）Ipconfig/all：详细显示本机的网络参数，如计算机名、各个网卡品牌型号、IP 地址、子网掩码、网关、网卡物理地址、DHCP 服务器地址、DNS 服务器地址等信息，如图 2-56 所示。

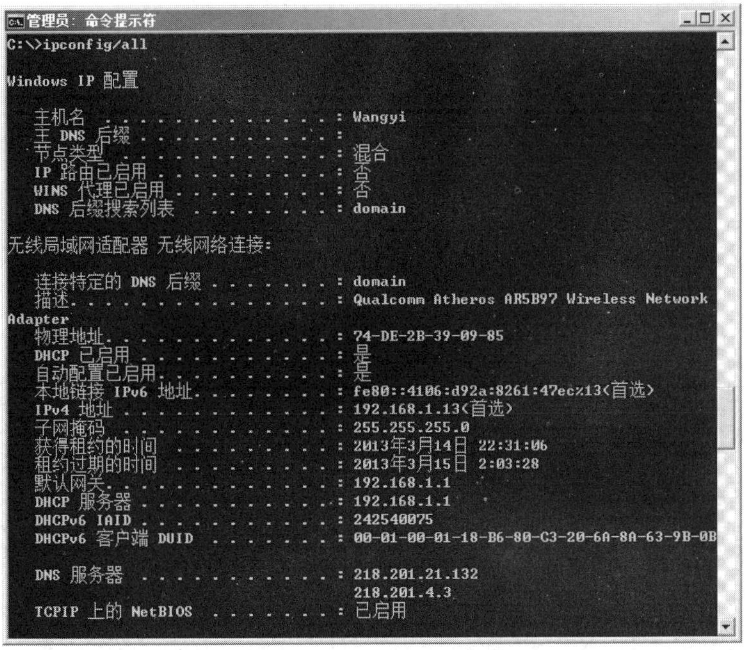

图 2-56　Ipconfig/all 运行结果

2.5.2　Ping 命令

Ping 是调试计算机网络的常用命令，通常用来检测本机和被测试计算机之间的通信是否正常。其命令格式为 Ping 被测试的地址[参数]，如 Ping 192.168.1.1 -t。测试的结果可能有两种，一种反馈类似"来自 192.168.1.1 的回复：字节=32 时间<1ms TTL=64"，说明本机和被测试设备之间的通信是正常的；另一种反馈结果类似"来自 192.168.1.16 的回复：无法访问目标主机。"或反馈信息中包含"Request timed out"，表示本机不能和对方正常通信。

（1）Ping 目标地址：测试本机到目标地址之间的通信是否顺畅。默认情况下本机会向被测试设备发出 4 个 32 字节大小的数据包，当对方收到每个数据包后会进行相应的应答，根据收到应答的比例可以判断通信的效果，如图 2-57 所示。

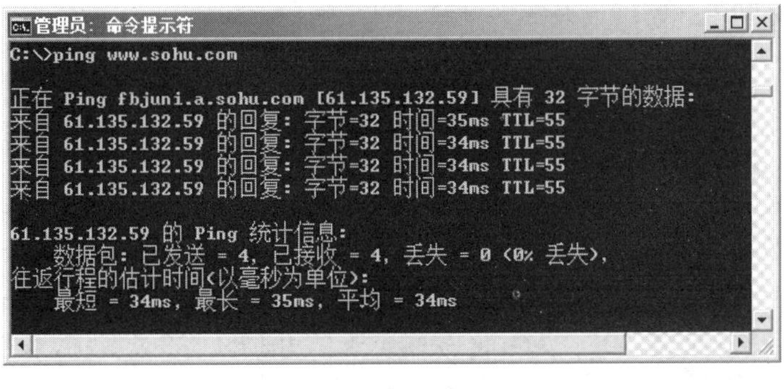

图 2-57　Ping 运行结果

（2）Ping 目标地址-t：一直进行通信测试，直到用户终止。当需要终止测试时，可按组合键 Ctrl+C 进行中断。

2.5.3 Tracert 命令

Tracert 命令用来检验数据包到达目的地址时所经过的路径。它一般用来检测故障的位置，它不能确定故障原因，但能给出问题所在的地方。

命令格式：tracert IP 地址。如"tracert www.sina.com.cn"，用于跟踪本机到新浪网中间经过的数据中转过程。从图 2-58 可以看出，本机到目标服务器共经过了 11 次中转，平均延迟在 50ms 以内，说明到目标服务器的通信速度比较理想。

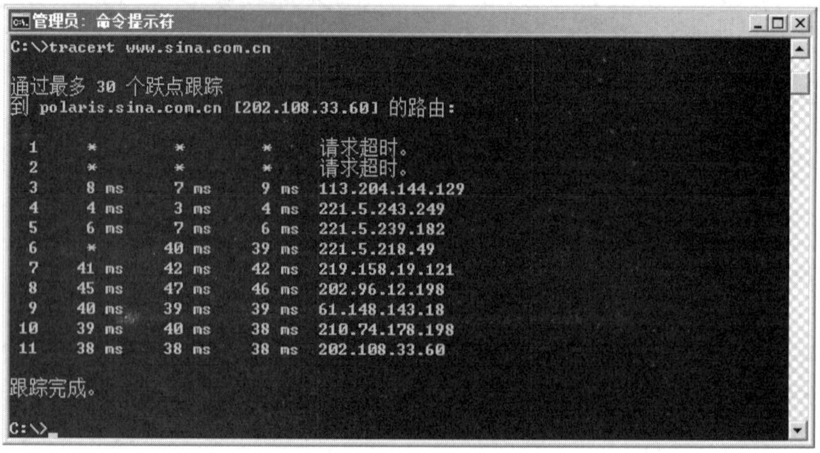

图 2-58　Tracert 运行结果

注意：当网络状态正常时最好运行一次 Tracert 命令，测试一下本机到 Internet 上某主流网站的通信路径，然后保存下来。某时计算机不能上网时可以逐级 Ping 所经路由 IP，便可查出故障点。

2.5.4 简单网络故障排除方法

- 故障现象：本地连接图标红色交叉。若本地连接图标显示红色交叉，则说明网络线路不通，需要检查网卡是否损坏，网卡与网线、网线与通信设备端口的连接是否正常，通常故障是网卡和网线没有插好导致。

- 故障现象：本地连接图标感叹号。若本地连接图标上有一个感叹号，表示网络线路接通，但无法获取到正确的 IP 地址或 IP 地址不正确。故障原因是本地网卡的通信参数不正确或没有从 DHCP 服务器获取到正确的 IP 地址，通常第二种情况更多。解决办法是检查计算机网卡的速率、双工模式等，确认本机内网是否具有进行 IP 地址分配的 DHCP 服务器，如果没有 DHCP 服务器，则需要将网卡的 IP 地址设置为静态 IP。

- 故障现象：本地连接图标问号。若本地连接图标上有一个问号，表示本机操作系统本地连接属性的验证选项卡里启用了系统自带的 IEEE 802.1X 验证，解决办法就是关闭该选项。

- 故障现象：本地连接无异常提示，能登录 QQ 软件，但不能打开网页。其原因是本机的 DNS 服务器地址不正确，解决办法是修改成正确的 DNS 服务器 IP。

2.5.5 网络故障解决办法

网络故障的解决依赖于故障定位，如果能成功定位到故障点则距离问题的解决就近了。当出现网络故障不能连接 Internet 时，可采用逐级排查方式查找故障点。

（1）检查本机的网线连接是否正常，方法如 2.5.4 节所述。

（2）用 Ipconfig 命令检查本机 IP 地址是否正确。如果是动态获取 IP，则检查是否获取到正确的 IP 地址。当获取到的 IP 是以 169.254 开头时，表示本机并未获取到真正可以通信的联网 IP，可能是 DHCP 服务器或通信线路出现了故障。如果获取到的 IP 地址不是应属 DHCP 服务器分配的 IP 范围，可能是在局域网内接入了其他 DHCP 服务器（如带有 DHCP 服务器功能的宽带路由器），从而受到了干扰，解决办法是关闭干扰源。

（3）测试本机到路由器的通信状态。当本机不能正确获取到 IP 地址时，先检查一下网络线路连接是否正常。然后为本机设置一个静态地址，地址和路由器的 IP 属同一网段，再用 Ping 命令测试到路由器的通信是否正常。如不能 Ping 通则说明故障点在路由器上。

（4）登录路由器检查外网连接状态。路由器和运营商网络之间的通信状态可以从路由器的工作状态页面清楚地看到，页面可以显示一些如密码不正确或因租用到期而被拒绝登录的简单信息。在外网登录账号密码无误仍不能连接或连接后收发数据量为零时，可能是路由器到运营商之间的线路出现故障，应及时联系运营商报修。如果外网连接正常而内网不能上网，说明故障点仍在路由器上。

（5）检查路由器连线和配置。如果能正确从 DHCP 服务器获取到 IP 地址但仍不能正常上网或不能 Ping 通路由器，则需要登录路由器排查设置是否有误。当不能确定路由器的配置是否有误时，可以通过路由器的复位键恢复到出厂设置再修改配置。

2.6 小结

本章主要描述了 IP 地址、IPv4 和 IPv6 的区别、常用的网络传输协议、Internet 的接入方式、Internet 提供的常用服务和常用网络管理工具及故障排除方法等。

2.7 习题

一、选择题

1. 目前我国电信部门开设的 Internet 接入方法中没有（　　）。
   A．4G 上网　　　　　　　　　　B．ADSL 接入
   C．电力线上网　　　　　　　　　D．局域网接入方式
2. 目前大多数家庭和小型企业采用的 Internet 接入为通过 Modem，它的下载速度通常为（　　）。
   A．2～8Mb/s　　B．1000Mb/s　　C．56Kb/s　　D．100Mb/s
3. 小型企业通过 Modem 共享方式接入 Internet 时，下面材料中（　　）不是必需的。
   A．Modem　　　B．以太网网卡　　C．宽带路由器　　D．3G 上网卡

4．现在市场上的宽带无线路由器的初始管理 IP 地址通常是（　　）。

A．动态获得的　　　　B．192.168.1.1　　　　C．由用户指定　　　　D．172.16.0.1

5．中国目前开放的 3G 制式中不包含（　　）。

A．TD-CDMA　　　　B．WCDMA　　　　C．Wi-MAX　　　　D．CDMA2000

6．以下网络管理命令中，测试网络通断的常用命令是（　　）。

A．Ping　　　　B．Ipconfig　　　　C．Tracert　　　　D．Netstat

二、简答题

1．简述直连双绞线的制作步骤。

2．Modem 的接口有哪些，分别连接什么设备？

3．常用宽带路由器的接口有哪些，分别连接什么设备？

4．简述网络故障排除的一般步骤。

第3章 信息收集

学习目标
☞ 了解浏览器的设置
☞ 掌握网络资源的使用
☞ 了解 RSS 资讯订阅

3.1 浏览器基本知识

随着网络技术的发展，Internet 已经成为人们生活中不可或缺的一部分，它给我们的生活带来很多便利。

网页浏览器（Web Browser），简称浏览器，是一种用于检索并展示万维网信息资源的应用程序。这些信息资源可为网页、图片、影音或其他内容，它们由统一资源标志符标志。信息资源中的超链接可使用户方便地浏览相关信息。

3.1.1 浏览器介绍

浏览器虽然主要用于使用万维网，但也可用于获取专用网络中网页服务器的信息或文件系统内的文件。浏览器是网民上网的必备工具，也是网民每天使用最多的网络工具之一。

主流浏览器有 Internet Explorer（IE）、Microsoft Edge、Mozilla Firefox、Google Chrome，等等。

3.1.2 浏览器设置

1. 默认主页设置

若用户对 IE 浏览器的默认设置不满意，则可以更改设置，使其更符合用户的个人使用习惯。

在启动 IE 的同时，浏览器会自动打开其默认主页，通常为 Microsoft 公司的主页。我们也可以自己设定在启动 IE 时打开其他的 Web 网页，具体设置可参考以下步骤。

（1）启动 IE 浏览器。

（2）打开要设置为默认主页的 Web 网页。

（3）单击右上角的图标 → "Internet 选项"命令，打开"Internet 选项"对话框，选择"常规"选项卡，如图 3-1 所示。

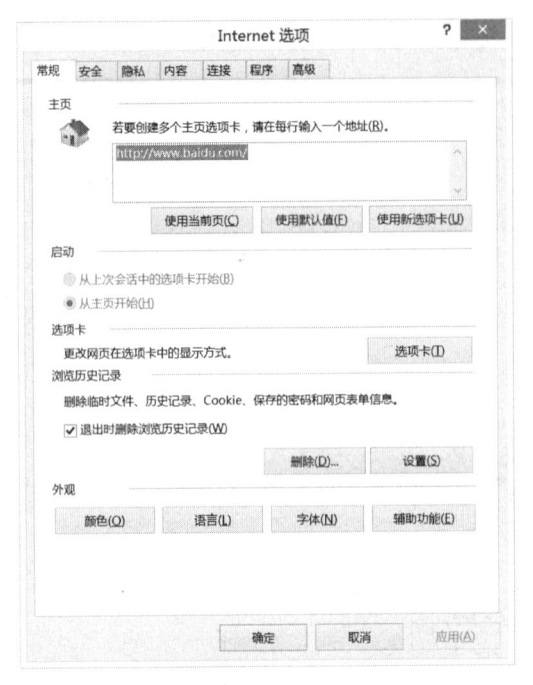

图 3-1 "Internet 选项"对话框"常规"选项卡

（4）在"主页"选项组中单击"使用当前页"按钮，可将当前打开的 Web 网页设置为启动 IE 时打开的默认主页；若单击"使用默认值"按钮，可在启动 IE 时打开默认主页；若单击"使用新选项卡"按钮，则在启动 IE 时不打开任何网页。

注意：用户也可以在"地址"文本框中直接输入 Web 网站的地址，将其设置为默认的主页。

2. 加快网页浏览速度的设置

实际中我们在网络上查找的信息往往以文字形式存在，因此，相对来说其他的图片信息显得不是十分重要，而上面所说的声音、图片及视频信息是使网页下载显得"慢"的关键因素。我们可以将这些内容屏蔽掉，而在需要的时候显示它，这样就可以大大加快网页的浏览速度。

如何屏蔽声音、图片和视频呢？下面我们就来看一看具体的操作方法。

（1）单击右上角的图标 → "Internet 选项"命令 → "高级"选项卡。

（2）在"设置"列表框下面找到"多媒体"，将其下面的播放动画、播放声音、播放视频、显示图片前面的复选框取消选择，之后，我们浏览网页的时候就不会再传输这些文件了，如图 3-2 所示。

如果还需要个别地查看某些图片，可以在未显示图片的区域单击右键，选择"显示图片"命令，网络便开始传输图片信息，这样就可以看到图片了，如图 3-3 所示。

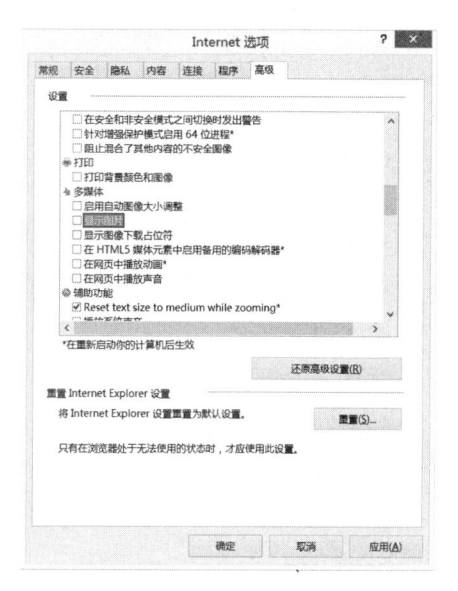

图 3-2 "Internet 选项"对话框"高级"选项卡　　图 3-3 显示图片

3. 设置历史记录的保存时间

在 IE 浏览器中，用户只要单击工具栏上的"历史"按钮就可以查看所有浏览过的网站记录，长期下来历史记录会越来越多。这时用户可以在"Internet 选项"对话框中设定历史记录的保存时间，经过这样一段时间后，系统会自动清除这段时间的历史记录。

设置历史记录的保存时间，可按下列步骤操作。

（1）启动 IE 浏览器。

（2）单击右上角的图标 → "Internet 选项"命令，打开"Internet 选项"对话框。

（3）选择"常规"选项卡。

（4）单击"浏览历史记录"选项组的"设置"按钮，单击"历史记录"选项卡，在文本框中输入历史记录的保存天数即可。

（5）单击"浏览历史记录"选项组的"删除"按钮，可清除已有的历史记录。

（6）设置完毕后，单击"应用"和"确定"按钮即可。

4. 进行 Internet 安全设置

Internet 的安全问题对很多人来说并不陌生，但是真正了解它并引起足够重视的人却不多。其实在 IE 浏览器中就提供了对 Internet 进行安全设置的功能，用户使用它可以对 Internet 进行一些基础的安全设置，具体操作如下。

（1）启动 IE 浏览器。

（2）单击右上角的图标 → "Internet 选项"命令，打开"Internet 选项"对话框。

（3）选择"安全"选项卡，如图 3-4 所示。

（4）在该选项卡中，用户可为 Internet 区域、本地 Intranet（企业内部互联网）、受信任的站点及受限制的站点设定安全级别。

（5）若要对 Internet 区域及本地 Intranet（企业内部互联网）设置安全级别，可选中"选择一个区域以查看或更改安全设置"列表框中相应的图标。

（6）在"该区域的安全级别"选项组中单击"默认级别"按钮，拖动滑块即可调整默认的安全级别。

图 3-4 "Internet 选项"对话框"安全"选项卡

注意：若用户调整的安全级别小于其默认级别，则弹出"警告"对话框，如图 3-5 所示。

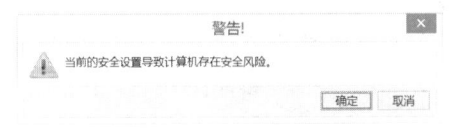

图 3-5 "警告"对话框

在该对话框中，若用户确实要降低安全级别，可单击"确定"按钮。

（7）若要自定义安全级别，可在"该区域的安全级别"选项组中单击"自定义级别"按钮，将弹出"安全设置"对话框，如图 3-6 所示。

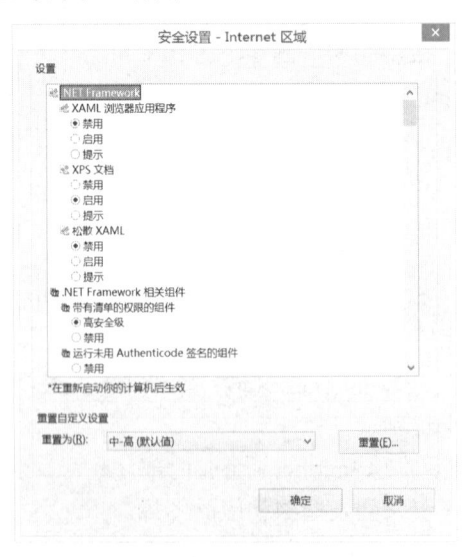

图 3-6 "安全设置"对话框

（8）在该对话框的"设置"列表框中用户可对各选项进行设置。在"重置自定义设置"选项组的"重置为"下拉列表中选择安全级别，单击"重置"按钮，即可更改为重新设置的安全级别。这时将弹出"警告"对话框，如图 3-7 所示。

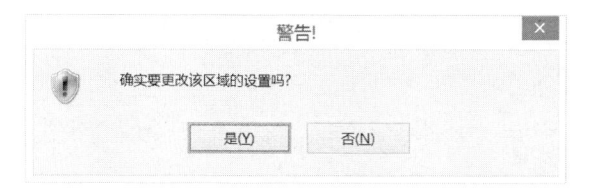

图 3-7 "警告"对话框

（9）若用户确定要更改该区域的安全设置，单击"是"按钮即可。

（10）若用户要设置受信任的站点和受限制的站点的安全级别，可选择"请为不同区域的 Web 内容指定安全级别"，单击"受信任的站点"图标。单击"站点"按钮，将弹出"受信任的站点"对话框，如图 3-8 所示。

图 3-8 "受信任的站点"对话框

（11）在该对话框中，用户可在"将该网站添加到区域"文本框中输入可信站点的网址，单击"添加"按钮，将其添加到"网站"列表框中。选中 Web 站点的网址，单击"删除"按钮，可将其删除。

（12）设置完毕后，单击"确定"按钮即可。

（13）参考步骤（6）～（9），可对受限制的站点设置安全级别。

注意：同一站点类别中的所有站点，均使用同一安全级别。

3.1.3 搜索引擎的原理

搜索引擎（Search Engine）是指根据一定的策略、运用特定的计算机程序从互联网上搜集信息，在对信息进行组织和处理后，为用户提供检索服务，将检索的相关信息展示给用户的系统。

搜索引擎包括全文索引、目录索引、元搜索引擎、垂直搜索引擎、集合式搜索引擎、门户搜索引擎与免费链接列表等。

搜索引擎的基本工作原理包括三个过程：

首先在互联网中发现、搜集网页信息；然后对信息进行提取和组织建立索引库；最后由检索器根据用户输入的查询关键字，在索引库中快速检出文档，进行文档与查询的相关度评价，对将要输出的结果进行排序，并将查询结果返回给用户。

3.2 信息搜索

3.2.1 关键字搜索

1. 使用百度搜索引擎

百度凭借简单、可依赖的搜索体验迅速成为国内搜索的代名词。

1）进入百度搜索引擎

只需要打开浏览器，在地址栏中输入"www.baidu.com"后按 Enter 键即可，如图 3-9 所示。

图 3-9　百度

2）使用百度进行网页搜索

因为百度主要是以搜索中文网站为主，所以搜索中文网页的效率和准确性都不错。例如，在百度的主页面中输入"重庆"，单击"百度一下"或按 Enter 键，结果如图 3-10 所示，不难发现，使用百度对国内网站进行搜索是非常高效的。

3）使用百度的高级搜索

在百度的高级搜索中，搜索的范围精确到国内的每个省，因此查询区域新闻更加方便。

（1）在百度的主页面中单击右上角的"设置"，如图 3-11 所示，进入高级搜索设置界面，在"包含全部关键词"文本框中输入"重庆市人大会议"。在"文档格式"中用户可以选择搜索"所有网页和文件",或者是指定格式的文档,选定后单击"高级搜索"按钮,如图 3-12 和图 3-13 所示。

图 3-10　百度搜索

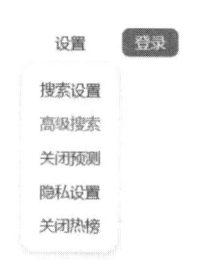

图 3-11　百度搜索设置

图 3-12　高级搜索 1

图 3-13　高级搜索 2

（2）列出搜索条目，如图 3-14 所示。单击主题合适的条目，即可浏览相关新闻。

图 3-14　高级搜索结果

4）百度的个性设置

（1）在百度主页面中单击右上角的"设置"，选择"搜索设置"选项，如图 3-15 和图 3-16 所示。

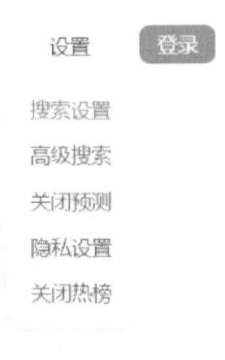

图 3-15　百度"搜索设置"选项

图 3-16　百度"搜索设置"

（2）在"搜索设置"选项中，用户可以对一些默认值进行修改，例如，用户只需要对简体中文进行搜索，选中"仅简体中文"单选按钮即可，设置完毕后，单击"保存设置"按钮。

2．百度特色功能

1）百度"知道"

用户在生活中遇到的疑问，都可以通过"百度"的"知道"搜索功能寻找答案，它就像是一本电子版的百科全书。

例如，现在想知道"搜索引擎的使用"这个问题，可以进入百度主页面，单击"知道"链接，如图 3-17 所示，切换至百度"知道"的页面，在文本框中输入"搜索引擎的使用"，单击"百度一下"按钮或按 Enter 键，如图 3-18 所示。

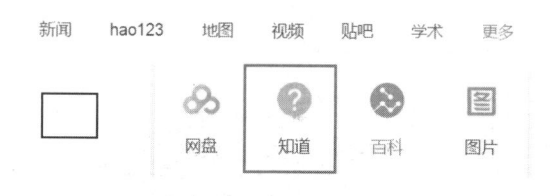

图 3-17　百度"知道"

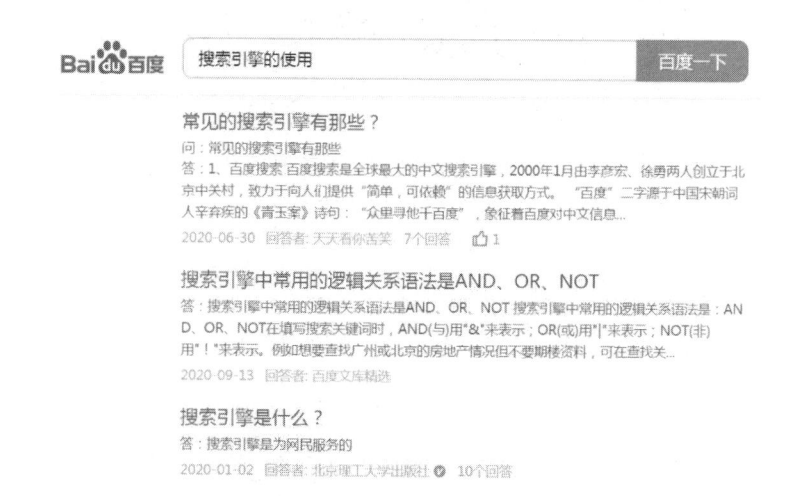

图 3-18　百度"知道"搜索答案

2）百度音乐

百度音乐的搜索是百度在每天更新的中文网页中提供的音乐链接，从而建立的庞大音乐链接库。百度音乐搜索拥有自动验证有效性的卓越功能，总是把最优的链接排在前列，最大化保证用户的搜索体验。同时，用户还可以进行百度歌词搜索，通过歌曲名或歌词片段，都可以搜索到需要的歌词。

3. 百度文库

百度文库是百度为网友提供的信息存储空间，是供网友在线分享文档的开放平台。在这里，用户可以在线阅读和利用分享文档获取的积分下载资料（包括课件、习题、论文报告、专业资料、各类公文模板，以及法律法规、政策文件等多个领域的资料）。百度文库平台上所累积的文档，均来自热心用户的积极上传，百度自身不编辑或修改用户上传的文档内容。当然，百度文库的用户应自觉遵守百度文库协议。

当前平台支持主流的 doc（docx）、ppt（pptx）、xls（xlsx）、pot、pps、vsd、rtf、wps、et、dps、pdf、txt 等文件格式。

（1）进入百度文库的方法非常简单，进入百度主页面右边单击"更多产品"→"文库"链接，如图 3-19 所示，或者在地址栏中输入"https://wenku.baidu.com"，按 Enter 键即可进入百度文库。

图 3-19 百度文库链接

百度文库页面如图 3-20 所示。

图 3-20 百度文库页面

（2）在文本框中输入想要搜索的内容的关键字，即可出现相关链接。例如，输入"internet 基础"，如图 3-21 所示。

4. 百度百科

百度百科是一部内容开放、自由的网络百科全书，旨在打造一部涵盖所有领域知识、服务所有互联网用户的中文知识性百科全书。百度百科强调用户的参与和奉献精神，充分调动互联网用户的力量，汇聚上亿用户的头脑智慧，积极进行交流和分享。同时，百度百科实现与百度搜索、百度知道的结合，从不同的层次上满足用户对信息的需求。

图 3-21　百度文库搜索

（1）打开浏览器，单击右边的"全部产品"链接，如图 3-22 所示，单击"百科"即可进入百度百科页面。

图 3-22　百度"全部产品"链接

也可以在地址栏中输入"https://baike.baidu.com/"，按 Enter 键进入百度百科，如图 3-23 所示。

图 3-23 百度百科页面

（2）搜索内容。例如，在搜索框中输入"黑洞"，单击"进入词条"按钮，即可显示相关百科信息内容，如图 3-24 所示。

图 3-24 进入词条

3.2.2 图片纹理搜索

百度图片拥有来自几十亿中文网页的大量图库，收录数亿张图片，并在不断增加中。用户可以搜索想要的壁纸、素材、动漫、图标等各式各样的图片。

可以在地址栏输入"https://image.baidu.com"进入百度图片，也可以单击百度首页右边的"更多产品"→"图片"进入百度图片页面，如图 3-25 所示。

图 3-25　百度图片页面

在文本框中输入想要查找的图片的关键字，如输入"重庆美食"，单击搜索图标或者按 Enter 键后，即可搜索出重庆美食的相关图片，如图 3-26 所示。

图 3-26　搜索"重庆美食"图片

可以通过单击图 3-27 所示选项，个性化筛选图片。

图 3-27　筛选图片

3.2.3 智能语音搜索

语音技术实现了人机语音交互，使人与机器之间的沟通变得像人与人沟通一样简单。

对比文本键盘输入，语音搜索更自然，符合移动设备的交互方式。语音搜索基于强大的语音识别能力，支持通过语音命令快速发起搜索，让搜索更快捷、更智能。能够实现语音搜索的软、硬件很多，每一款的侧重点也有差别，这里以天猫精灵和华为 AI 音箱为例进行讲解。

1. 天猫精灵

天猫精灵（TmallGenie）是阿里巴巴人工智能实验室（Alibaba A.I.Labs）于 2017 年 7 月 5 日发布的 AI 智能产品。

天猫精灵采用专门为智能语音行业开发的芯片，在解码、降噪、声音处理、多声道的协同等方面做了专门的优化处理。它内置 AliGenie 操作系统，能够听懂中文普通话语音指令，还可以实现智能家居控制、语音购物、音频音乐播放等功能。依靠阿里云的机器学习技术和计算能力，天猫精灵能够不断进化成长，了解使用者的喜好和习惯，成为人们的智能助手。

2. 华为 AI 音箱

华为 AI 音箱是华为在 2018 年 10 月 26 日发布的首款智能音箱，定位是"专业调音的智慧管家"。

华为 AI 音箱拥有海量互联网内容，接入了华为音乐、腾讯娱乐等，提供千万曲库，可以点播小说、相声、新闻、戏曲等有声资源，以及课程同步辅导、古诗词等儿童内容。

华为 AI 音箱不仅能听，还能让用户和音箱之间有一个交流。华为 AI 音箱拥有非常出色的三频均衡音质表现，实现了"失真小，还原度好，声音更加逼真"的音质效果。

华为 AI 音箱具备"亲情通话"功能，无论拨打还是接听电话，均可以轻松简便地让 AI 音箱瞬间变为智能电话。

华为 AI 音箱还可以作为智能家居的控制中心。它可轻松开关灯、调节亮度与空调温度，更可定制回家、阅读、睡眠、离家等多种模式，只需一句话即可控制多款家电，一语完成。

3.3 保存网络资源

3.3.1 使用收藏夹

1. 添加网址到收藏夹

使用浏览器中的收藏夹，可以将常用的网址收藏起来，这样，就可以在浏览该网站时直接从收藏夹中查找网址。

启动 IE 浏览器，单击菜单栏中的"收藏"五角星按钮，选择"添加到收藏夹"命令，如图 3-28 所示。

在"添加到收藏夹"对话框中输入当前网页的名称，单击"确定"按钮。

图 3-28 添加到收藏夹

2. 收藏夹的使用

（1）单击菜单栏中的"收藏"五角星按钮，打开下拉菜单。

（2）单击下拉菜单中要浏览的网站名称，浏览器即可找到该网站对应的网址，并自动打开网页。

3. 删除收藏夹地址

对于不需要的网址，可以将该网址从收藏夹中删除。

（1）单击菜单栏中的"收藏"五角星按钮，打开下拉菜单。

（2）将鼠标光标指向要删除的网址选项。

（3）单击鼠标右键，打开快捷菜单。

（4）选择快捷菜单中的"删除"命令。

（5）在弹出的对话框中单击"是"按钮，即可将选定的网址删除。

4. 分类整理收藏夹

当收藏夹中的网址过多时，需要将同一类的网址进行整理，便于浏览时的查找。

（1）单击菜单栏中的"收藏"五角星按钮，打开下拉菜单。

（2）选择下拉菜单中的"整理收藏夹"命令，如图 3-29 所示。

（3）在对话框中单击"新建文件夹"按钮，创建一个新的文件夹，如图 3-30 所示。

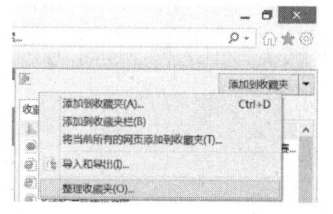

图 3-29　整理收藏夹 1　　　　　　　　图 3-30　整理收藏夹 2

（4）将新的文件夹命名为"学习网站"。

（5）选择对话框中有关学习网站的网址。

（6）单击对话框中的"移至文件夹"按钮。

（7）选择对话框中的"学习网站"文件夹。

（8）单击"确定"按钮，即可将选中的网址整理到"学习网站"文件夹中。

3.3.2　保存网页

当前的网页内容对我们有价值时，可以保存下来。IE 可以保存当前网页的全部内容，包括图像、框架和样式等。

1. 完整保存当前网页的全部内容

（1）进入待保存的网页，单击，选择"文件"→"另存为"菜单，进入"保存网页"对话框，如图 3-31 和图 3-32 所示。

（2）指定文件保存位置、文件名称和文件类型。文件类型是指保存文件为网页全部（*.html,*.htm）、Web 档案，单个文件（*.mht）、网页，仅 HTML（*.html,*.htm）、文本（*.txt）。通常我们选择网页全部。

（3）文件编码一般选择"简体中文（GB2312）"即可。

（4）单击"保存"按钮，这样一个完整的页面就保存到自己的硬盘上了。

图 3-31　保存网页 1　　　　　　　　　　图 3-32　保存网页 2

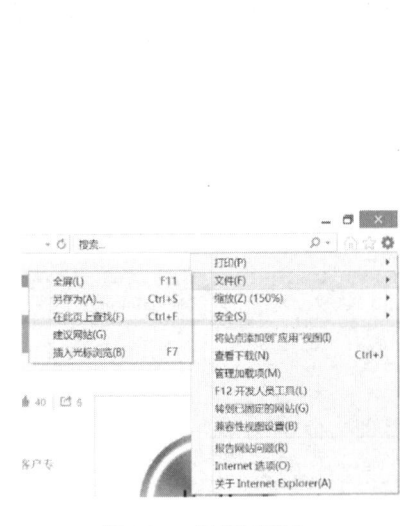

2. 保存网页图片

选择要保存的图片，单击鼠标右键，如图 3-33 所示，在弹出的菜单中选择"图片另存为"，然后设置好要保存的路径和文件名就可以了。

图 3-33　图片另存为

3.3.3　FTP 的使用方法

下载网络资源，还可以从 FTP 服务器上下载。FTP（File Transfer Protocol，文件传输协议）是 Internet 上用来传送文件的协议。它是为了用户能够在 Internet 上互相传送文件而制定的文件传送标准，规定了 Internet 上文件如何传送。也就是说，通过 FTP 协议，用户就可以跟 Internet 上的 FTP 服务器进行文件的上传（Upload）或下载（Download）等操作。下载文件就是从远程主机复制文件至自己的计算机上；上传文件是将文件从自己的计算机中复制到远程主机上。用 Internet 语言来说，用户可通过客户端程序向（从）远程主机上传（下载）文件。

在使用 FTP 之前，首先必须登录，在远程主机上获得相应的权限以后，方可上传或下载文件。也就是说，要想同某一台计算机传送文件，就必须具有该台计算机的适当授权。换言之，除非有用户 ID 和密码，否则无法传送文件。

(1)打开"我的电脑"窗口,在地址栏输入 FTP 地址,按 Enter 键确认,如图 3-34 所示,这时会弹出"登录身份"对话框,输入用户名及密码,单击"登录"按钮,如图 3-35 所示。

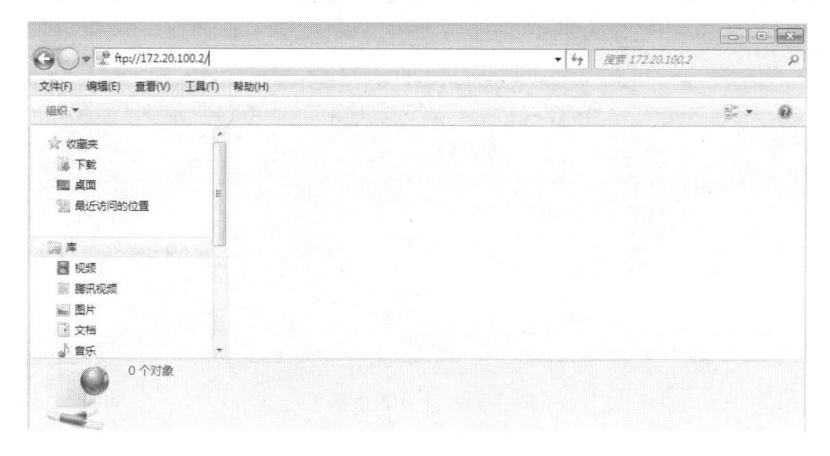

图 3-34　FTP 登录

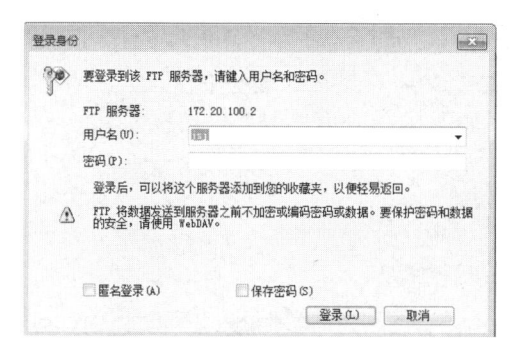

图 3-35　"登录身份"对话框

(2)如果需要下载资源,则选择要下载的文件或文件夹。如图 3-36 所示,在选择的目标资源上单击鼠标右键,选择"复制到文件夹"或"复制"命令,然后选择自己想要下载到的目的地址,如图 3-37 所示。

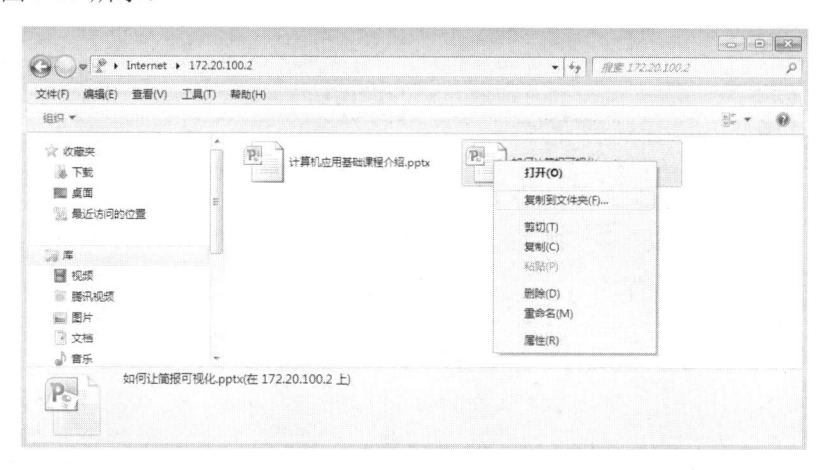

图 3-36　选择目标资源并单击右键

图 3-37　选择目的地址

（3）如果需要上传资源，则把上传的文件或文件夹复制、粘贴到图 3-37 所示的位置即可。

（4）Internet 的原则之一是具有开放性，Internet 上的 FTP 主机何止千万，不可能要求每个用户在每一台主机上都拥有账号，因而就衍生出了匿名 FTP。也就是说，有的 FTP 主机可以不需要用户 ID 和密码就能下载资源。直接在地址栏中输入 FTP 地址，不用输入用户 ID 和密码即可访问 FTP 服务器资源，如图 3-38 所示。

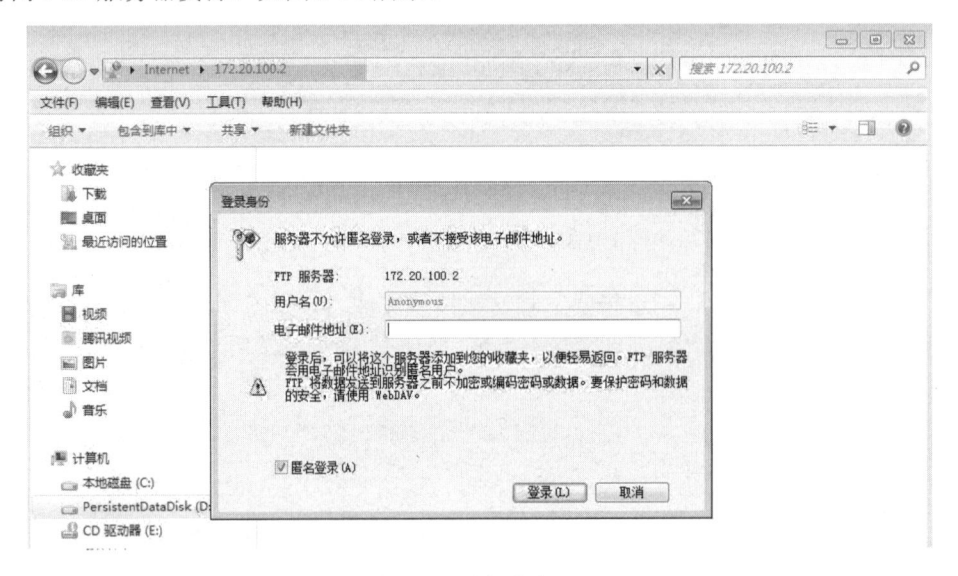

图 3-38　匿名登录 FTP

3.3.4　百度网盘的使用

百度网盘是百度推出的一项云存储服务，首次注册即有机会获得 2TB 的空间，已覆盖主流 PC 和手机操作系统，包含 Web 版、Windows 版、Mac 版、Android 版、iPhone 版和 Windows Phone 版。用户可以轻松将自己的文件上传到网盘上，并可跨终端随时随地查看和分享。

1．进入百度网盘

在浏览器地址栏中输入"https://pan.baidu.com"，进入百度网盘首页，如图 3-39 所示。

图 3-39　百度网盘首页

2. 注册账号

单击右下角的"立即注册",即可进入注册百度账号页面,输入个人信息后,单击"注册"按钮,如图 3-40 所示。

图 3-40　注册页面

3. 登录账号

可采用手机扫描二维码或输入账号、密码两种登录方式。使用账号、密码登录时,输入个人信息,并通过手机验证,如图 3-41 和图 3-42 所示。

图 3-41　输入账号、密码登录　　　　　　　图 3-42　账号验证

进入百度网盘，如图 3-43 所示。

图 3-43　百度网盘

4．上传文件

单击"上传"按钮，即可弹出"选择要加载的文件"对话框，如图 3-44 所示。选择需要上传的文件，单击"打开"按钮即可。

图 3-44　上传文件

5．下载文件

选择想要下载的文件或文件夹，单击"下载"图标即可，如图 3-45 所示。

图 3-45　下载文件

3.3.5　使用 Thunder（迅雷）下载资源

1．使用 Thunder 下载资源的方法

进入迅雷下载的界面，单击左上角的 图标，弹出"新建任务"对话框，如图 3-46 所示。输入或粘贴链接地址，单击"立即下载"按钮即可开始下载。

图 3-46 "新建任务"对话框

也可以把想要下载的文件，用鼠标拖入如图 3-47 所示的悬浮图标上。

还可以直接用右键单击想要下载的文件，在弹出的菜单里选择"使用迅雷下载"，如图 3-48 所示。

图 3-47 迅雷悬浮图标　　　　　　　图 3-48 选择右键菜单

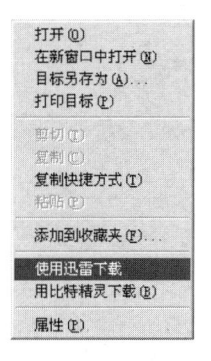

2．Thunder 设置

单击 Thunder 右上角的"设置"图标，选择"设置中心"，如图 3-49 所示，即可对 Thunder 进行设置，如图 3-50 所示。

图 3-49 选择"设置中心"　　　　　　图 3-50 Thunder 设置

3.3.6 使用央视影音下载资源

央视影音 CBox，是一款通过网络收看中央电视台及全国几十套地方电视台节目最权威的视频客户端。它的节目来源依托中国最大的网络电视台——中国网络电视台，海量节目随意看，直播、点播任意选。

1. 下载并安装央视影音客户端

根据之前所讲的搜索引擎使用方法，利用百度搜索引擎搜索央视影音，如图 3-51 所示。

图 3-51　搜索央视影音

单击有"央视影音客户端-移动版下载官网"提示的搜索链接，即可进入央视影音客户端下载页面，如图 3-52 所示。

图 3-52　央视影音客户端下载页面

找到对应当前计算机的系统版本,例如,要下载 PC 版的央视影音,单击菜单栏中的"PC 版",如图 3-53 所示。

图 3-53 央视影音客户端 PC 版

单击对应 Windows 系统版本的央视影音下载按钮,如图 3-54 所示。

浏览器弹出"运行或保存"提示框,单击"保存"按钮上的三角形,选择"另存为",选择存放央视影音软件的目录文件,然后单击"保存"按钮,开始下载央视影音。

央视影音软件下载完成后,双击该软件,如图 3-55 所示,开始安装央视影音。

图 3-54 央视影音下载按钮 图 3-55 央视影音安装文件

弹出"央视影音安装"界面,选择好安装目录,然后单击"立即安装"按钮,如图 3-56 所示。

图 3-56 央视影音安装界面

等待一会儿,央视影音安装完成,如图 3-57 所示。

图 3-57　央视影音安装完成

2. 使用央视影音在线观看节目和下载资源

打开央视影音,在搜索栏中搜索节目,例如,搜索"中国诗词大会",如图 3-58 所示。

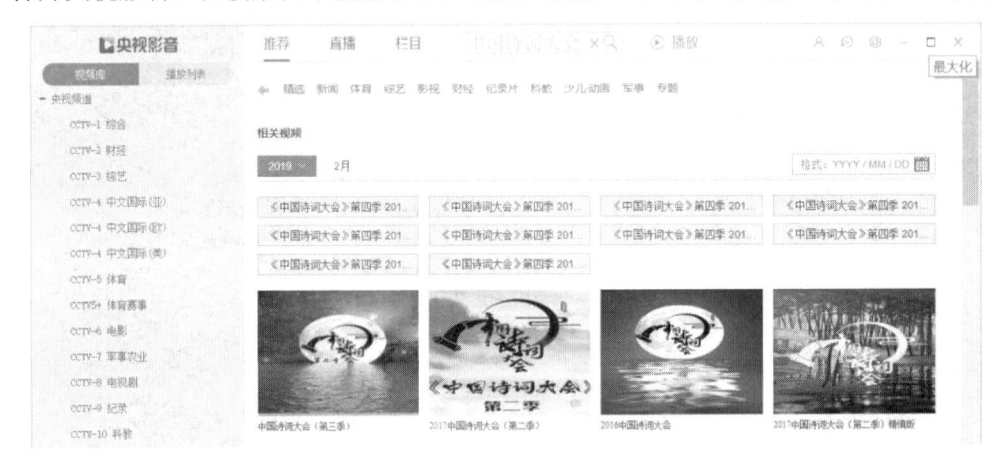

图 3-58　搜索"中国诗词大会"

选择相应的年份和月份,单击一个节目链接,即可在线观看该节目,如图 3-59 所示。

图 3-59　在线观看"中国诗词大会"

单击右上角的"下载"图标，如图 3-60 所示，选择相应的时间和要下载的某一期或全部节目，单击"开始下载"按钮，即可下载相关资源，如图 3-61 所示。

图 3-60 "下载"图标

图 3-61 下载资源

之后单击右上角的"用户中心"图标，如图 3-62 所示。

图 3-62 "用户中心"图标

进入用户中心，单击左侧列表"我的下载"字样，即可看到所下载的资源，如图 3-63 所示。

图 3-63 我的下载

3.3.7 使用 BT 下载资源

BitTorrent（BT，俗称 BT 下载、变态下载）是一个多点下载的源码公开的 P2P 软件，使用非常方便，就像一个浏览器插件，很适合新发布的热门下载。其特点简单来说就是，下载的人越多，速度越快。

BT 下载工具软件可以说是一个最新概念的 P2P 下载工具，它采用了多点对多点的原理。该软件相当特殊，一般用户下载档案或软件，大都由 HTTP 站点或 FTP 站台下载，若同一时间下载人数较多，基于服务器频宽的因素，速度会减慢许多，而该软件却不同，恰巧相反，同一时间下载的人数越多下载的速度便越快，因为它采用了多点对多点的传输原理。

3.4 RSS 资讯订阅

使用 RSS（简易信息聚合）阅读器可以有针对性地订阅自己感兴趣的多个网站信息，通过定时或不定时的方式获取更新信息，并在同一界面下阅读信息，而不必使用浏览器频繁地访问多个网站。RSS 是一种全新的网络信息获取方式，更代表着一场网络阅读的新革命，它带来了 Web 浏览的新方式。有专家预言，RSS 将会引发互联网之后最大的一次革新。

3.5 知识拓展

3.5.1 其他常用的浏览器

1. Microsoft Edge 浏览器

2015 年 4 月 30 日，微软在旧金山举行的 Build 2015 开发者大会上宣布，其最新操作系统——Windows 10 内置的代号为"Project Spartan"的新浏览器被正式命名为"Microsoft Edge"。

Edge 浏览器支持内置 Cortana（微软小娜）语音功能，内置了阅读器、笔记和分享功能，设计注重实用和极简主义，渲染引擎被称为 EdgeHTML。

Edge 浏览器使用一个"e"字符图标，这与微软 IE 浏览器自 1996 年以来一直使用图标有点类似。

微软新浏览器"Microsoft Edge"此前代号为"Project Spartan"，之所以命名为 Edge，官方给出的解释为"Refers to being on the edge of consuming and creating"（指的是在消费和创造的前沿），表示新的浏览器既贴合消费者又具备创造性。

2. Mozilla Firefox 浏览器

Mozilla Firefox，中文俗称"火狐"，是一个自由及开放源代码的网页浏览器，支持 Windows、Mac OS X 及 GNU/Linux 等多种操作系统。它以安全、快速、强大的自定义能力和跨平台等特点备受网民喜爱。

3. Google Chrome 浏览器

Google Chrome 浏览器，也称谷歌浏览器，是由 Google 开发的一款设计简单、高效的 Web 浏览工具。软件的名称来自又称作"Chrome"的网络浏览器图形使用界面（GUI），以简洁、快速为特点。

4. 猎豹安全浏览器

猎豹安全浏览器，是由猎豹移动公司（原金山网络公司）推出的一款浏览器，以安全和极速为特色。其对 Chrome 的 Webkit 内核进行了超过 100 项的技术优化，访问网页速度更快，在极速浏览的同时也保证了兼容性。

3.5.2 其他知名的搜索引擎

在国内知名的搜索引擎有很多，除了 Google、百度外，还有搜狗、有道等。

1. 搜狗（Sogou）

搜狗是互动式搜索引擎，包括新闻、购物、图片搜索等，尤其在音乐搜索方面具备一定优势。在网页游戏、购物等方面提供了专项的加速技术。

2. 有道（Youdao）

网易有道搜索引擎包括网页搜索、博客搜索和海量词典。另外，网易有道的博客搜索也相当有特色，会对搜索出的博客进行分析进而得出一份统计报告。和其他的博客搜索相比，网易有道的博客搜索功能较为全面、更新较为及时，不过在准确度上还有上升空间。

3.5.3 其他下载工具

1. 利用专门的下载软件保存网页

如果网页中的图片比较大，利用专门的下载软件可以加快下载的速度。方法是先在计算机中安装下载软件，如网络蚂蚁（NetAnts）或网际快车（FlashGet）等，然后右键单击网页中要下载的图片，在弹出的菜单中选择"Download by NetAnts"或"使用网际快车下载"命令，最后选择好要保存的路径即可。

2. 保存网页中的加密图片

网页中有些图片是经过加密处理的，不能直接通过鼠标右键来下载，也不能把网页保存到硬盘中，有的甚至连工具栏都没有。这样的加密图片该怎么保存呢？很简单，可以先后打开两个 IE 窗口，其中一个用来显示要下载图片的网页，另一个用来保存图片。用鼠标左键按住想要保存的图片不放，往另外一个 IE 窗口中拖动，图片就会到该窗口中，然后可以使用鼠标右键的图片"另存为"命令，这样就得到加密图片了。

3.5.4 RSS 拓展工具

1. RSS 第一印象

打开人民网（http://www.people.com.cn）和计算机世界网（http://www.ccw.com.cn），在首页的分类栏目区中，可以发现它们有一个共同的栏目链接——RSS，说明它们都支持 RSS 服务。

其实，除了人民网和计算机世界网之外，新浪、搜狐、网易、新华网、百度等众多国内门户网站也都开始支持 RSS 服务。门户网站的大量使用，使 RSS 和 Blog 一道成为 Web 2.0 时代互联网上最热门的两个应用。

实际应用 RSS，离不开 RSS Feed 文件与 RSS 阅读器。RSS Feed 文件反映网站最新的更新信息，RSS 阅读器则用于订阅、读取和分析 RSS Feed 文件，进而获取及时的网站更新信息。

1）RSS Feed 文件

提供 RSS 服务的网站，通常采用以下两种方式向用户提供 RSS Feed 文件的相关信息。

（1）单独放置方式。在网站（栏目、频道或板块）首页的显要位置标注 RSS Feed 文件的网络链接，一般采用有 XML 或 RSS 字样的橙色小图标进行标记。不过，随着 RSS 的逐步普及，这种 RSS Feed 的单独放置方式越来越少。

（2）集中放置方式。这是目前支持 RSS 的网站普遍采用的一种 RSS Feed 提供方式，即将网站所有的 RSS Feed 链接图标按照类别集中放置在同一个页面，统一向用户提供。

提示：绝大多数的 RSS 阅读器内嵌了大量的 RSS Feed 资源，另外，通过 RSS 搜索工具也可以获得更多的 RSS Feed 资源。

每一个使用 RSS Feed 文件来描述其内容更新情况的栏目（或板块）称为频道，同一个网站中多个栏目（或板块）组合在一起，就构成了频道组。例如，国内新闻是一个频道，而新闻中心则是包括多个频道的频道组。多个主题相近的频道组又可以构成更高一级的频道组。

另外，网站所有的 RSS Feed 文件可以统一保存为扩展名是 OPML（Outline Processor Markup Language，大纲处理标记语言）的列表文件。这样，既方便了用户对 RSS Feed 资源的备份，也实现了用户之间 RSS Feed 资源的有效共享。

2）RSS 阅读器

RSS 阅读器是读取 RSS Feed 和 RSS OPML 文件的工具。根据功能特点的不同，RSS 阅读器可以分为专用 RSS 阅读器、附带 RSS 阅读功能的浏览器和 RSS 在线阅读器三类。如表 3-1 所示，列举了 RSS 阅读器的主要优点。

表 3-1　RSS 阅读器的主要优点

直接获取有用信息	使用 RSS 阅读器可以直接获取有用的网络信息，不会受到广告等无用信息的干扰
及时获取更新信息	RSS 阅读器可以订阅和自动获得网站的更新信息，内容及时性和实时性得到了保证
同时订阅不同信息	使用 RSS 阅读器，可以订阅多个网站的 RSS Feed 文件，并聚合在一个界面下阅读
方便管理信息	RSS 阅读器提供了信息的管理功能，能够方便地管理下载的所有信息资源

2. 精彩 RSS 工具一览

RSS 工具主要包括 RSS 阅读器和 RSS 搜索工具。前者用于订阅、读取和分析 RSS Feed 文件，后者则提供了对 RSS Feed 文件资源的搜索服务。

3.6　小结

本章主要描述了浏览器、搜索引擎、百度网盘、央视影音、Thunder（迅雷）、BT 下载软件的使用，读者应该掌握浏览器的常用设置，以及如何搜索和保存网上资料等能力。

3.7　习题

一、选择题

1．一般的浏览器用（　　）来区别访问过和未访问过的链接。

A．不同的字体　　　　　　　　B．不同的颜色
C．不同的光标形状　　　　　　D．没有区别

2．工业和信息化部要建立 WWW 网站，其域名的后缀应该是（　　　）。

A．com.cn　　　　　　　　　B．edu.cn
C．gov.cn　　　　　　　　　D．ac

3．在浏览 Web 时系统常常会询问是否接收一种称为"cookie"的东西，cookie 是（　　　）。

A．在线订购馅饼

B．馅饼广告

C．一种小文本文件，用以记录浏览过程中的信息

D．一种病毒

4．用户在网上最常用的一类信息查询工具称为（　　　）。

A．ISP　　　　　　　　　　B．搜索引擎
C．网络加速器　　　　　　　D．离线浏览器

5．Web 检索工具是人们获取网络信息资源的主要检索工具和手段。以下（　　　）不属于 Web 检索工具的基本类型。

A．目录型检索工具　　　　　B．搜索引擎
C．多元搜索引擎　　　　　　D．语言应答系统

6．IE 的收藏夹中存放的是（　　　）。

A．最近浏览过的一些 WWW 地址　　B．用户增加的 E-mail 地址
C．最近下载的 WWW 地址　　　　　D．用户增加的 WWW 地址

7．目前最大的中文搜索引擎是（　　　）。

A．新浪　　　　B．雅虎　　　　C．百度　　　　D．搜狐

二、简答题

1．搜索引擎通常应该具备哪些基本的检索功能？

2．比较几种搜索引擎的优、缺点。

3．什么是 RSS？

4．RSS 与传统 Web 浏览有哪些不同？

5．RSS Feed 文件是什么？

第4章 网上交流

学习目标
- 掌握收发电子邮件操作
- 掌握即时通信工具的使用
- 了解网络电话
- 了解社交网站的服务

步入信息化时代，计算机已经遍及全球。人与人之间思想、感情、观念、态度的交流过程，是情报相互交换的过程。上网可以让我们获得更多的信息，让我们更加博学，提高我们的社交能力，让我们学会更多的沟通方式和更强的表达能力。网上交流是指通过基于信息技术（IT）的计算机网络来实现信息沟通活动。

4.1 收发电子邮件

4.1.1 电子邮件基本知识

1. 什么是电子邮件

电子邮件（Electronic Mail，简称 E-mail，标志是@，又被大家亲昵地称为"伊妹儿"）又称电子信箱、电子邮政，它是一种用电子手段提供信息交换的通信方式。电子邮件是 Internet 应用最广的服务：通过网络的电子邮件系统，用户可以用非常低廉的价格（不管发送到哪里，都只需负担电话费和网费即可），以非常快速的方式（几秒钟之内可以发送到世界上任何指定的目的地），与世界上任何一个角落的网络用户联系，这些电子邮件可以是文字、图像、声音等各种方式。同时，用户可以得到大量免费的新闻、专题邮件，并实现轻松的信息搜索。这是任何传统方式都无法相比的。正是由于电子邮件的使用简易、投递迅速、收费低廉、易于保存、全球畅通无阻，使得电子邮件被广泛地应用，它使人们的交流方式得到了极大的改变。另外，电子邮件还可以进行一对多的邮件传递，同一邮件可以一次发送给许多人。最重要的是，电子邮件是整个网间网以至所有其他网络系统中直接面向人与人之间信息交流的系统，它的数据发送方和接收方都是人，所以极大地满足了大量存在的人与人通信的需求。

电子邮件综合了电话通信和邮政信件的特点，它传送信息的速度和电话一样快，又能像信件一样使收信者在接收端收到文字记录。电子邮件系统又称基于计算机的邮件报文系统。它承担从邮件进入系统到邮件到达目的地的全部处理过程。电子邮件不仅可以利用电话网络，而且可以利用任何通信网传送。在利用电话网络时，还可采用在其非高峰期间传送信息，这对于商业邮件具有特殊价值。

2．怎样选择电子邮箱

选择电子邮件服务商之前，我们要明白使用电子邮件的目的是什么，根据自己不同的目的有针对性地选择。

如果是想当网络硬盘使用或经常存放一些图片资料等，那么就应该选择存储量大的邮箱，如网易 163 mail、126 mail 等都是不错的选择。

如果自己有计算机，则最好选择支持 POP/SMTP 协议的邮箱，可以通过 Outlook、Foxmail 等邮件客户端软件将邮件下载到自己的硬盘上，这样就不用担心邮箱的大小不够用，同时还能避免别人窃取密码以后偷看你的信件。当然，前提是不在服务器上保留副本，这么做主要是从安全角度考虑。

QQ 邮箱也是很好的选择，拥有"QQ 号码@qq.com"的邮箱地址能让你的朋友通过 QQ 和你发送即时消息。当然，你也可以使用别名邮箱。现在腾讯在电子邮件领域的技术得到了很大的加强，所以使用 QQ 邮箱应该是很放心的。

使用收费邮箱的朋友要注意邮箱的性价比，要考虑是否值得花钱购买，还要看自己能否长期支付其费用。目前网易 VIP 邮箱、新浪 VIP 邮箱都很不错，尤其是能提供多种名片设计方案，非常人性化。

关于支持发送/接收的附件的大小很多人都有一个误解，都认为一定要大。其实一般来说发送的一些资料附件都不超过 3MB，大附件可以通过 WinZip、WinRAR 等软件压缩以后再发送。现在的邮箱基本上都支持 4MB 以上的附件，知名的邮箱都已提供超过 10MB 的附件收发空间。还有一个不容忽视的问题是：你的邮箱支持大的附件，但你朋友的邮箱是否也支持大的附件呢？如果你能发送大的附件而你朋友的邮箱不支持接收大的附件，那么你的邮箱支持再大的附件也毫无意义，所以这个问题并不是很重要。

4.1.2 申请网易 163 邮箱

1．网站申请注册

（1）登录网址 http://mail.163.com，进入"网易 163 免费邮"主页，如图 4-1 所示。

（2）如果你还没有 163 邮箱，就需要注册一个新的邮箱，单击"注册"按钮。

（3）注册时如图 4-2 所示，可以选择注册免费邮箱，也可以选择注册 VIP 邮箱。输入自己的邮件地址（最好由好记的字母和数字组成），如果你输入的用户名已经被其他人使用了，就会弹出提示信息，如图 4-3 所示。重新输入或使用系统推荐给你的用户名。如果你的用户名还没有被其他人使用，就可以继续填写邮箱注册信息。

图 4-1　登录、注册界面 　　　　图 4-2　注册界面

图 4-3　注册失败提示

（4）在注册界面中，详细填写相关信息。前面有"*"符号的项目必须填写，"校验码"输入右边的提示字符即可，再输入手机号以确保实名制，最后还有一个服务条款，建议阅读一下，同意则勾选。输入完成一定要记住自己所填写的信息，特别是邮件地址和登录密码，以便以后登录使用。最后单击"已发送短信验证，立即注册"按钮。

（5）若一切正常，邮箱就申请成功了。

（6）提示用户一定要记住申请到的邮箱名，朋友之间发邮件前告诉对方这个邮箱地址。

2．手机申请注册

（1）使用微信或易信扫描如图 4-4 所示二维码，直接下载网易邮箱大师手机客户端。

（2）找到注册入口，完成邮箱安全注册。首次登录网易邮箱大师，可自由添加任何邮箱账号，单击"注册新邮箱"按钮。

（3）单击"我"→"设置"按钮，选择"添加邮箱账号"进入，单击右下角的"注册新邮箱"按钮。

图 4-4　网易邮箱大师二维码

（4）使用安全注册通道注册手机号码邮箱或者字母邮箱。

4.1.3　登录网易 163 邮箱收发邮件

1．登录网易 163 邮箱

（1）在浏览器地址栏中输入邮件服务器地址"http://mail.163.com"，打开网易 163 登录邮箱界面，如图4-1所示。

（2）在用户名和密码输入框中输入自己邮箱的用户名和密码，或者使用手机扫描二维码。

注意： 邮箱的用户名就是邮箱地址的前半部分。

（3）单击"登录"按钮就进入了自己邮箱的主页。要退出，只需单击页面顶部的"退出"就可以了，如图4-5所示。

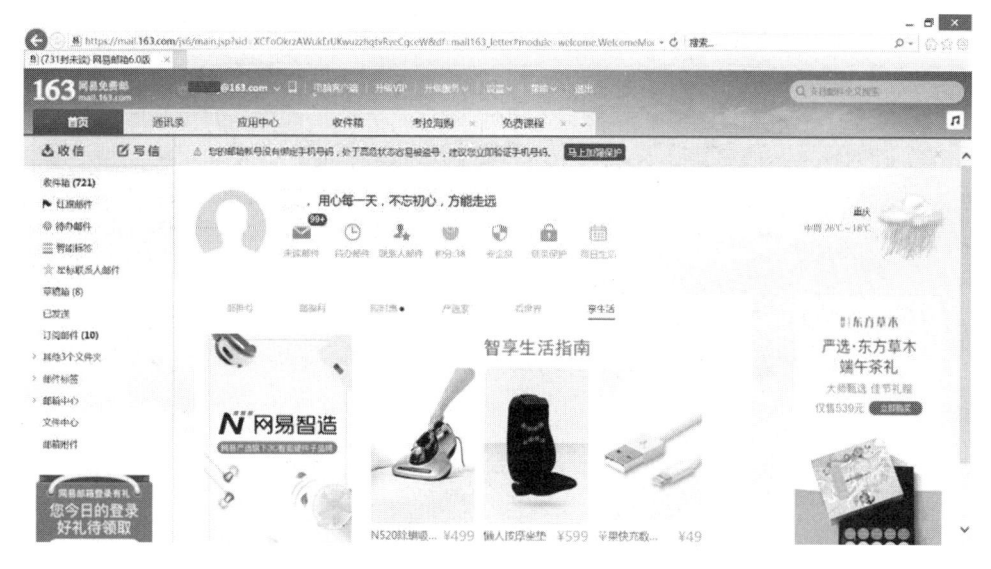

图 4-5　网易邮箱主页

2．收发邮件

1）发送邮件

单击左边主菜单上方的"写信"按钮，打开写信窗口，如图4-6所示。

图 4-6　写信窗口

（1）在"收件人"栏填写对方的邮箱地址，在"主题"栏输入邮件内容的标题。在正文窗口书写邮件正文，不但可以编写纯文本邮件，还可以利用编写窗口上面的一些功能使邮件丰富多彩，如进行格式设定，插入超级链接、图片、表情符、签名等，如图4-7所示，这些功能大家可以自己试着使用。

图4-7　信件格式设置界面

（2）很多时候，我们还需要在发送文字邮件的同时发送其他附带的资料。单击"添加附件"按钮，打开"选择文件"窗口，选择要附带的文件，单击"确定"按钮完成附件添加。附件可以反复添加多个，如果添加了错误的附件，单击附件后面的"删除"，即可删除该附件，如图4-8所示。

（3）信件撰写好后，可以单击"发送"按钮发送邮件，也可以单击"存草稿"按钮保存信件，在以后恰当的时候发送邮件，如图4-9所示。

图4-8　附件操作界面　　　　　　　　图4-9　信件操作界面

2）收取邮件

每次登录邮箱时，邮件系统会自动收取邮件。收到的邮件都存放在"收件箱"中，如果有未读的新邮件，在收件箱后面的括号里就会显示出未读邮件的数量，如图4-10所示。

在邮件列表中单击想查看的邮件，即可阅读邮件。

3. 管理邮箱

邮件服务器提供给用户的管理功能很多，而且不同的服务器有所区别。这里我们罗列一些主要的操作。

图4-10　收件箱未读邮件数

1）删除邮件

选中要删除的邮件（在邮件前面打钩），单击页面上方的"删除"按钮，即可将邮件移动到"已删除"文件夹，此时邮件还保存在"已删除"文件夹中，并没有彻底删除。如果要彻底删除邮件，可进入"已删除"文件夹，选中要彻底删除的邮件，单击"彻底删除"按钮，即可彻底删除邮件，如图4-11所示。也可单击"清空"按钮将"已删除"文件夹中的所有邮件彻底删除。

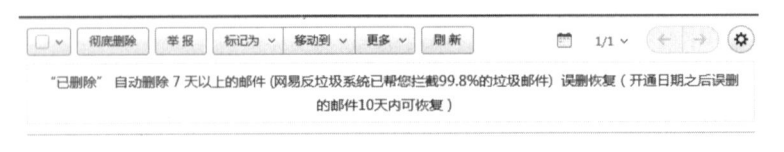

图4-11　"已删除"文件夹

2）移动邮件

选中要移动的邮件，单击页面上方的"移动到"按钮，从弹出的菜单中选择要移动到的目标文件夹，即可将邮件移动到所选文件夹中，如图 4-12 所示。

3）设置邮件标记

通过设置邮件标记，可以将邮件进行简单的分类，具体操作如下。

打开要设置标记的文件夹，选中要设置标记的邮件，选择"设置"→"标记为"→"已读"（或"未读"）菜单，将选中邮件设置为已读状态（或未读状态），如图 4-13 所示。

图 4-12 移动邮件

图 4-13 设置邮件标记

还可设置邮件的优先级和标签，操作方法与设置阅读状态类似。

4）邮件排序

当查看某个文件夹的邮件时，文件夹内的邮件会自动按照发送的日期排序。也可以单击"更多"按钮，选择"排序"，将邮件按要求进行排序，如图 4-14 所示。

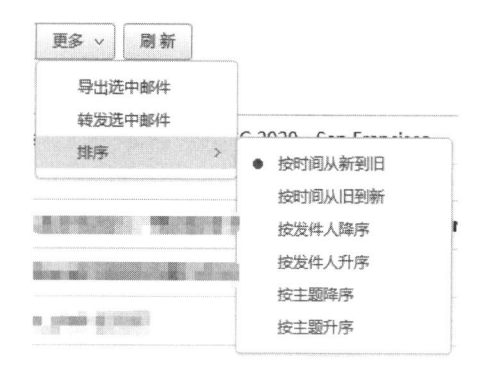

图 4-14 邮件排序

5）搜索邮件

在邮箱页面右上方的"搜索邮件"处，输入要搜索的字或词条，然后按 Enter 键，就可以轻松找到要搜索的邮件了，如图 4-15 所示。

图 4-15 搜索邮件

6）拒收垃圾邮件

单击疑似垃圾邮件,进入阅读界面,鼠标滑过"发件人"信息,选择"更多"→"拒收该地址"命令,系统会自动拒收此垃圾邮件发送人的再次来信,如图4-16所示。

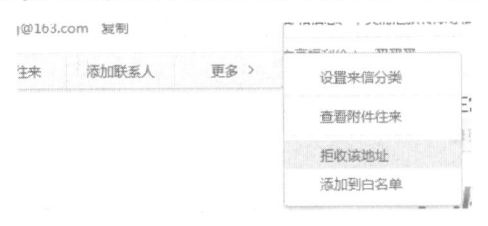

图4-16 拒收垃圾邮件

也可以设置黑名单,将发送人直接加入黑名单中。具体方法:选择邮箱页面上方的"设置"→"常规设置"菜单,单击左侧"反垃圾/黑白名单"栏,再单击"+添加黑名单",弹出如图4-17所示对话框,进行设置即可。

图4-17 设置黑名单

为了防止收到垃圾邮件,应注意以下几点:
(1) 不要将邮箱地址在 Internet 页面上到处登记。
(2) 不要把邮箱地址告诉不太信任的人。
(3) 不要订阅一些非正式的、不健康的电子杂志,以防止被垃圾邮件收集者收集。
(4) 不要在某些收集垃圾邮件的网页上登记邮箱地址。
(5) 发现收集或出售电子邮箱地址的网站或消息,请告诉相应的主页提供商或主页管理员,将自己的邮箱地址删除,以避免邮箱地址被利用,卖给许多商业及非法用户。
(6) 建议用户用专门的邮箱进行私人通信,而用其他邮箱订阅电子杂志。
(7) 在垃圾邮件的读信页面中单击"垃圾投诉"按钮,网易方面查实后,会将其过滤。

4.1.4 离线邮件管理 Foxmail

Foxmail 是由华中科技大学(原华中理工大学)张小龙开发的一款优秀的国产电子邮件客户端软件,2005年3月16日被腾讯收购。新的 Foxmail 具备强大的反垃圾邮件功能。它使用多种技术对邮件进行判别,能够准确识别垃圾邮件与非垃圾邮件。垃圾邮件会被自动分拣到垃圾邮件箱中,有效地降低垃圾邮件对用户的干扰,最大限度地减少用户因为处理垃圾邮件而浪费的时间。其具有数字签名和加密功能,可以确保电子邮件的真实性和保密性。通过安全套接层(SSL)协议收发邮件使得在邮件接收和发送过程中,传输的数据都经过严格的加密,有效防止黑客窃听,保证数据安全。其他改进还包括:阅读和发送国际邮件(支持

Unicode)、地址簿同步、通过安全套接层(SSL)协议收发邮件、收取 Yahoo 邮箱邮件、提高收发 Hotmail 和 MSN 电子邮件速度、支持名片(vCard)、以嵌入方式显示附件图片、增强本地邮箱邮件搜索功能等。

1. 安装 Foxmail

(1)登录网址 https://www.foxmail.com,下载适合自己计算机操作系统的 Foxmail 安装程序,如图 4-18 所示。

图 4-18 下载 Foxmail

(2)单击"立即下载"按钮,即可下载 Foxmail 安装程序,进行必要的设置并安装 Foxmail 程序,如图 4-19 所示。

图 4-19 安装 Foxmail

2. Foxmail 启动与设置

1)新建账号

安装完 Foxmail 程序后,第一次启动 Foxmail 会启动新建账号向导,在"E-mail 地址"文本框中输入自己的邮箱地址,在"密码"文本框中输入该邮箱的密码,单击"创建"按钮即可进入 Foxmail 界面,如图 4-20 和图 4-21 所示。

图 4-20　新建账号

图 4-21　Foxmail 界面

2)Foxmail 设置

Foxmail 可轻松管理多个邮箱,将多个不同邮箱汇聚在 Foxmail 中,无须登录各个邮箱的网页就能同时管理 163 邮箱、126 邮箱、QQ 邮箱、雅虎邮箱等多个邮箱账号。

选择右上角的　按钮,单击"账号管理...",打开"系统设置"对话框,如图 4-22 所示,可对用户账号进行新建、导入、删除等操作。

单击对话框左下方的"新建"按钮,可打开如图 4-20 所示新建账号向导,按上面的方法新建账号,新建账号成功后,会出现在按钮上方的窗口中。

选中某一账号后,可在账号的"程序""邮件""信纸""语言""字体""邮件过滤""黑名单""白名单""插件""快捷操作"等方面进行账号配置,使该账号更符合自己的使用习惯。

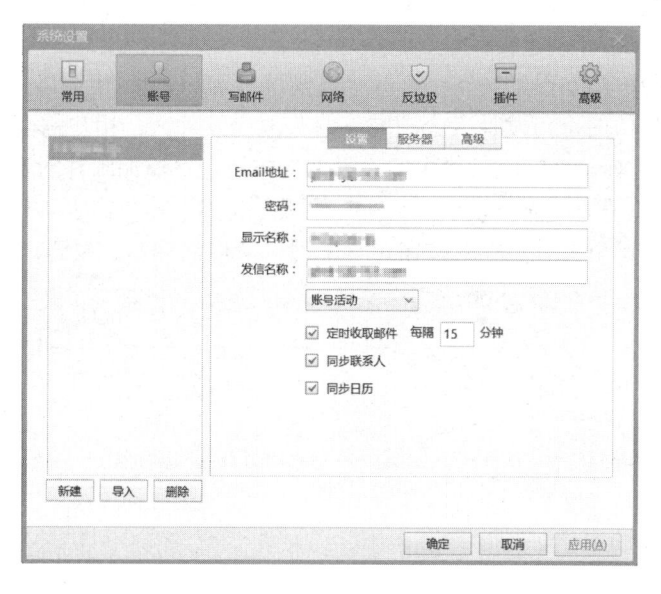

图 4-22 账号管理

注意：①"常用"中的账号名称是 Foxmail 程序中的标识符，命名应唯一。
②"服务器"中的收件服务器和发送服务器一般不要修改，除非该邮箱提供商有特别说明。
③"本地备份"中可设置服务器删除邮件后，本地是否保留该邮件。

3）收取信件

单击左上角工具栏"收取"旁的三角形，选中某一账号，Foxmail 会自动连接邮件服务器，收取本账号的信件，并放入"收件箱"文件夹中，同时收入 Foxmail 的"常用文件夹"中，方便用户阅读，如图 4-23 所示。

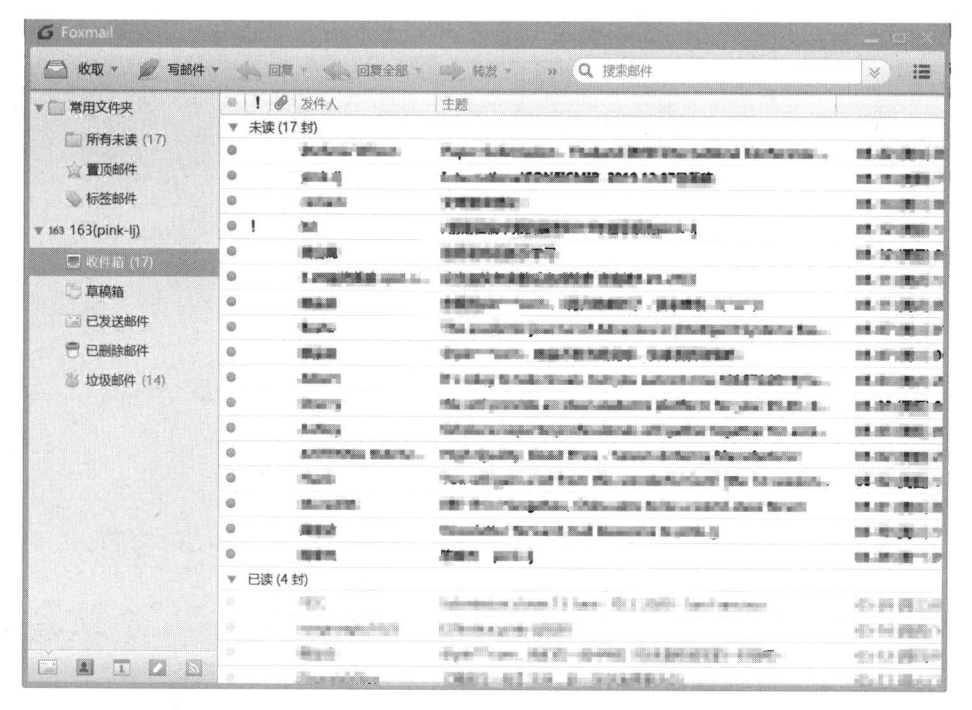

图 4-23 收取信件

4）写邮件

单击工具栏中的"写邮件"按钮，打开"写邮件"窗口，如图 4-24 所示。发件人已经自动填写，可单击该窗口右上角发件人旁的向下箭头改变发件人；用户需要填写"收件人""抄送""主题"和信件内容，单击工具栏中的"附件"按钮，可添加邮件附件，可单击"收件人""抄送"按钮，打开地址簿，选择联系人。新邮件撰写完成后，单击工具栏中的"发送"按钮，可立即发送邮件，也可单击"保存"按钮保存邮件，待以后编辑、发送。

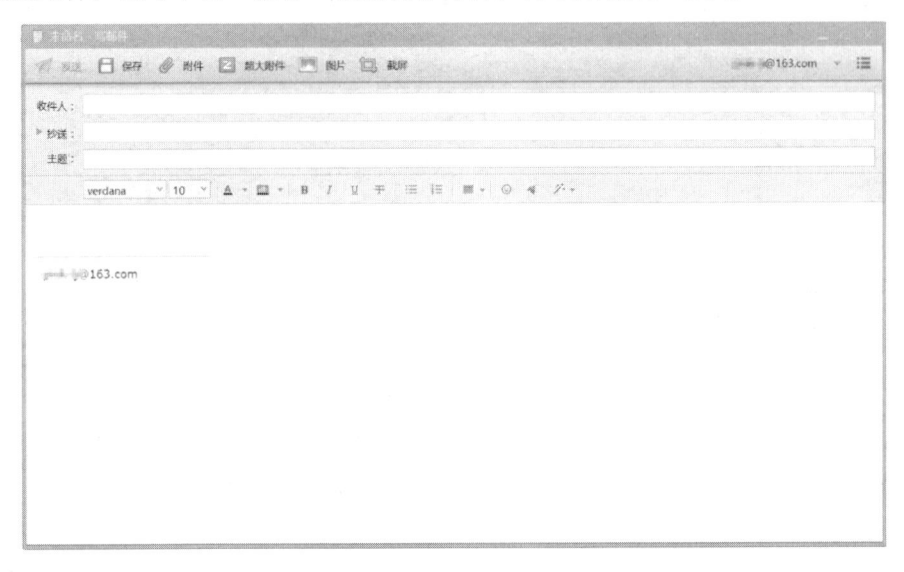

图 4-24　写邮件

5）地址簿管理

单击 Foxmail 界面左下角的 图标，打开地址簿窗口，可对联系人进行管理，如图 4-25 所示。

图 4-25　联系人管理

Foxmail 对地址簿的管理按文件夹的方式进行。用户可根据自己的需求，新建联系人、新建组、新建文件夹。Foxmail 还可按组来管理联系人，可在文件夹内建立组，可将不同文件夹的联系人加入同一组。更新某文件夹内的联系人信息，将自动更新该联系人在其他文件夹（组）的信息。还可以右击某一联系人，进行删除操作，如图 4-26 所示。

图 4-26　删除联系人

4.2　网络即时通信

4.2.1　什么是即时通信

Internet 已经成为真正的信息高速公路，即时通信（Instant Message，IM）是指能够即时发送和接收互联网消息等的业务。即时通信是目前 Internet 上最为流行的通信方式，各种各样的即时通信软件也层出不穷。

1999 年 2 月，腾讯推出基于互联网的即时通信工具——腾讯 QQ，支持在线收发消息、即时传送语音、视频和文件，并且整合移动通信手段，可通过客户端发送信息给手机用户。腾讯 QQ 支持在线聊天、视频聊天及语音聊天、点对点断点续传文件、共享文件、远程控制、QQ 邮箱、传送离线文件等多种功能，并可与多种通信方式相连。

4.2.2　安装 QQ 客户端程序

安装 QQ 客户端程序的操作方法如下：
（1）登录网址 https://im.qq.com，下载适合自己计算机操作系统的 QQ 客户端安装程序。
（2）双击下载的 QQ 客户端安装程序，进行必要的设置并安装 QQ 客户端程序。

4.2.3　申请 QQ 号码

用户使用腾讯 QQ，首先应该安装腾讯 QQ 程序，再申请 QQ 号码，QQ 号码一般是免费的，不过腾讯公司同时提供了有特色的 QQ 号码，需要付费使用。申请一个免费 QQ 号码，可按以下操作进行：

（1）双击桌面上的 QQ 图标，运行 QQ 程序。
（2）进入腾讯 QQ 登录界面，单击"注册账号"按钮，如图 4-27 所示。
（3）在注册账号界面中，输入昵称、密码和手机号码，并勾选"我已阅读并同意相关服务条款和隐私政策"，单击"立即注册"按钮，如图 4-28 所示。

也可以在如图 4-28 所示注册界面单击"免费靓号"按钮，进入 QQ 免费靓号注册界面，如图 4-29 所示，申请注册特殊寓意的号码。

图 4-27　QQ 用户登录界面

图 4-28　QQ 用户注册界面 　　　　图 4-29　QQ 免费靓号注册界面

（4）切换至"填写基本资料"页面中，用户输入昵称、年龄、性别、密码，设置机密问题和更多密码保护信息（选填）等，在"验证码"文本框中输入验证码，单击"下一步"按钮。

注意：要牢记机密问题和密码保护信息，它们是 QQ 号被盗后申诉取回的必要信息。

（5）切换至"验证密码保护信息"页面中，用户可以在此回答刚刚设置的机密问题，回答正确后，单击"下一步"按钮。

（6）系统提示申请成功。用户需要牢记申请的 QQ 号码和对应的密码。

（7）切换至"我的账号"页面中，在此可以对"机密问题""安全电子邮箱""安全手机""个人身份信息"进行修改、验证。

（8）单击"安全电子邮箱"链接，在打开的"安全电子邮箱未验证"窗口中单击"立即验证"按钮，系统会发送一封标题为"确认安全邮箱"的邮件到你设定的邮箱中，请根据邮件中的提示完成剩余操作。如果没有收到邮件可以重新设置邮箱地址。

用相同的方法可以设置安全手机和个人身份信息。

当 QQ 号被别人盗取或是忘了密码，用户可以取回密码。在取回密码的过程中，首先向腾讯公司提供需要取回的 QQ 机密问题的答案，确认正确后，系统会将 QQ 的密码发送到密码保护指定的邮箱中，用户可登录邮箱查收 QQ 密码，所以用户必须牢记提示问题和邮箱。

4.2.4　QQ 客户端基本设置

1. 登录 QQ

用户申请 QQ 号码后，就可以使用该号码登录 QQ，进行畅快的沟通了，具体的登录方法如下。

（1）重新运行 QQ，在"QQ 号码"文本框中输入 QQ 号码、手机号或邮箱，在"QQ 密码"文本框中输入对应密码，单击"登录"按钮。

（2）弹出 QQ 登录程序，并提示 QQ 正在登录中。

（3）如果确定 QQ 号码和对应密码无误，稍等片刻便可登录成功。

2. 修改个人资料

登录 QQ 后，用户可以修改 QQ 的个人信息。在众多 QQ 好友中，大多数人都是通过查看用户的 QQ 资料对用户有个大致了解的，个人资料类似于网络身份证的功能。修改个人资料的操作如下。

（1）进入个人设置界面。在 QQ 主界面中单击头像图标，可进入个人设置界面，如图 4-30 所示。

单击左下角的头像图标，可更换头像，如图 4-31 所示。

图 4-30　个人设置界面　　　　　　　　图 4-31　更换头像

还可以单击头像右侧的"编辑个性签名"按钮，进行个性签名设置。

（2）修改个人资料。用户可以在个人设置界面单击右上角的"编辑资料"按钮，打开编辑资料界面修改个人信息，如图 4-32 所示。

图 4-32　修改个人信息

3. 其他设定

QQ 附带的功能很多，用户可以通过更改设置中的其他选项设置相关参数。例如，进行系统设置。

单击 QQ 主面板左下角的主菜单按钮 ≡，选择"设置"菜单，进入系统设置界面，如图 4-33 所示。

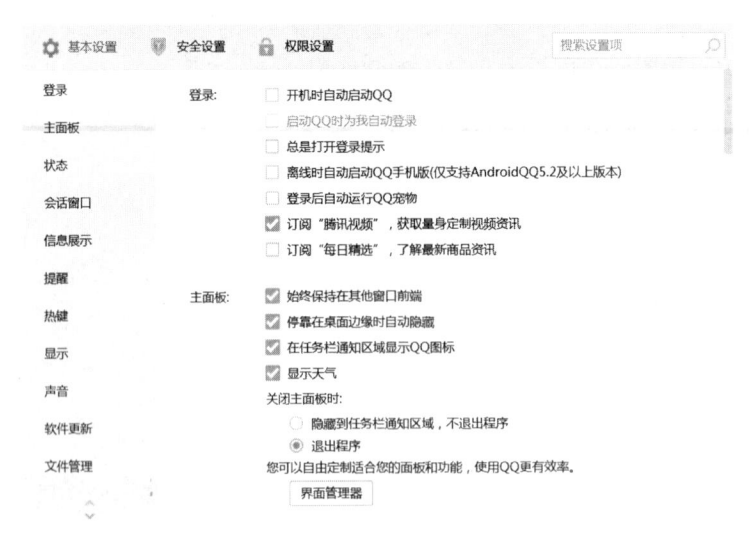

图 4-33 系统设置界面

如果需要修改个人密码，可单击"安全设置"按钮展开详细功能模块，再选择"密码"选项，单击"修改密码"按钮，在打开的页面中进行修改，如图 4-34 所示。

图 4-34 安全设置

4.2.5 使用 QQ 与好友通信

1. 查找和添加好友

用户登录 QQ 后，新申请的 QQ 号码中没有好友，可以通过以下方法来添加好友。

(1) 精确查找好友并添加。

如果知道好友准确的 QQ 号码，可以通过准确查找 QQ 号码，将其添加为好友，方法如下。

① 在 QQ 的主界面中单击"加好友"按钮，弹出如图 4-35 所示查找界面。

图 4-35　查找界面

② 在"关键词"文本框中输入对方的 QQ 号码，单击"查找"按钮。

③ 用户通过 QQ 号码进行查找，查找到的好友是唯一的，可单击"+好友"按钮发送添加好友的请求。

如果用户当前不在线，则头像显示为灰色，如果在线则头像显示为彩色。

用户还可以通过单击"查看资料"按钮或者双击该好友的头像，查看该好友的详细资料。

④ 在"选择分组"下拉列表中选择分组，单击"确定"按钮。

⑤ 如果对方需要验证，则必须输入验证信息，如输入自己的姓名，一般认识的朋友就会通过验证加为好友。

(2) 查找在线好友并添加。

在查找对话框中还可以直接查看当前在线的用户，并选择添加为好友，方法如下。

① 在查找对话框中，勾选"在线"，单击"查找"按钮进行搜索。

② 用户可以通过单击"下页"按钮进行翻页，选中合适的好友，单击"+好友"按钮发送添加好友的请求。

(3) 通过 QQ 交友中心搜索好友并添加。

除了以上两种查找方法，用户还可以通过 QQ 交友中心添加指定地区的好友，操作方法如下。

① 在查找对话框中，选中"QQ 交友中心搜索"单选按钮，并在"精确条件"选项区中选择搜索范围，单击"查找"按钮。

② 在弹出的网页中可以浏览 QQ 交友中心的朋友，单击"开始聊天"按钮。

③ 输入 QQ 号码和密码，并输入验证码，单击"登录"按钮。

通过 QQ 交友中心添加好友是收费服务，用户可以选择使用。

(4) 接受加为好友的申请。

在 QQ 中，用户除了加别人为好友，也有被别人加为好友的时候，这时可以进行如下操作。

① 当他人申请加用户为好友时，在 QQ 的主界面中会有个"小喇叭"在闪动。

② 单击"小喇叭"即可弹出对话框查看信息，可以选择"接受请求"或者"拒绝"，选中相应的单选按钮即可，然后单击"确定"按钮。

2. 好友分组

用户在添加好友后可以将好友进行分类，QQ 的默认分类包括"我的好友""陌生人"和

"黑名单"，用户还可以添加自定义的组，如"家人""朋友""同学"等，这样在以后的使用中，可以很方便地进行管理，操作方法如下。

（1）新建组。

① 将鼠标光标移至"我的好友"上，单击右键，弹出快捷菜单，选择"添加组"命令。

② 在 QQ 好友栏的下部文本框中输入新建组的名称，如"我的朋友"，再按回车键。

（2）将好友归组。

方法 1：选中需要归组的好友头像，按住鼠标左键不放，拖动至需要的组内。

方法 2：在好友的头像上单击鼠标右键，在弹出的快捷菜单中选择"把好友移动到"→"我的朋友"菜单。

3. 使用 QQ 收发即时消息

在 QQ 联系人中添加好友后，用户即可使用 QQ 的即时消息收发功能与好友聊天或交流信息等。其中包含很多 QQ 的特色功能，通过下面的学习，我们将学会如何有技巧地使用 QQ 的收发功能，让发送的消息与众不同，更显个人的色彩。

（1）发送消息。

在需要发送消息的好友头像上双击，通常在使用过程中大多数用户都采用这种快捷的方法。

（2）消息窗口。

① 在文本框中输入需要发送的消息，单击"发送"按钮发送。

② 当好友回复消息后，其动态也将同时显示在窗口中，如图 4-36 所示。

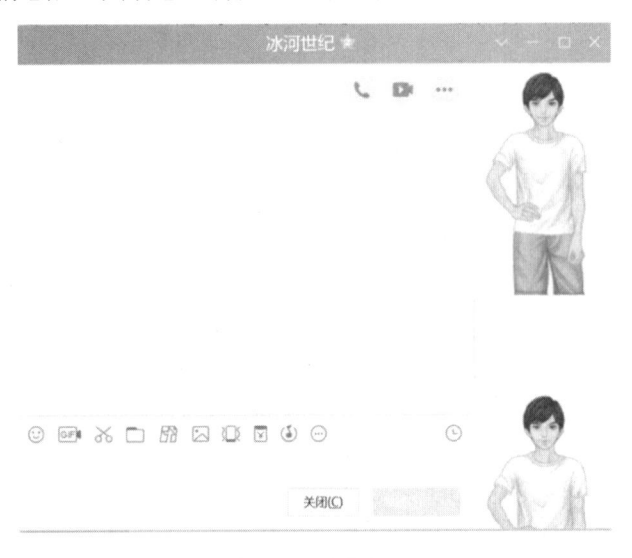

图 4-36　消息窗口

以上是基本的收发消息的方法，当然用户还可以发送特别的消息。

（3）改变消息中的字体。

① 改变字体。单击窗口中的 按钮，单击"字体选择"菜单，弹出"字体"工具栏，用户可以在此选择气泡模式或者文本模式。

② 改变字体颜色。单击"字体"工具栏中的"文本模式"按钮，选择"个性字体"，用户可进行个性化设置。

(4)在消息中添加表情。

单击窗口中的😊按钮,弹出可选表情列表,单击选择的表情,即可添加到发送消息文本框中,如图4-37所示。

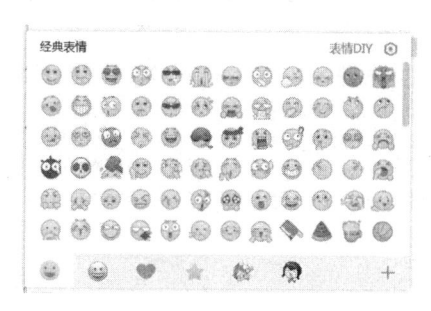

图4-37 添加表情

(5)发送图片文件。

① 单击窗口中的🖼按钮。

② 选择图片的路径,单击"打开"按钮,系统自动将该图片添加到文本框中,单击"发送"按钮即可将该图片发送给对方。

(6)捕捉屏幕发送。

① 单击窗口中的✂按钮。

② 鼠标指针会自动变为彩色,单击需要截图的起始点,拖动至终节点。

提示:系统还会弹出"图片编辑"按钮,可以完成简单的图片编辑,如添加矩形框、椭圆框、文字、箭头等图形元素,最后还可以另存为图像文件,也可以直接发送给好友。

③ 在已选中的区域中双击。

④ 被选中的区域自动添加到文本框中,单击"发送"按钮,即可将截下的图片发送给好友。

4. 使用QQ进行语音聊天

如果用户需要和对方进行语音对话,可以使用QQ提供的语音聊天功能,进行即时的语音通话,这对于不愿意打字的用户来说非常方便。同样,使用该功能需要将麦克风与计算机连接起来,操作方法如下。

(1)双击需要进行语音聊天的好友,弹出聊天窗口,单击窗口右上角的🎤按钮。

(2)系统向对方发送语音聊天的请求,等待对方应答,如图4-38所示。

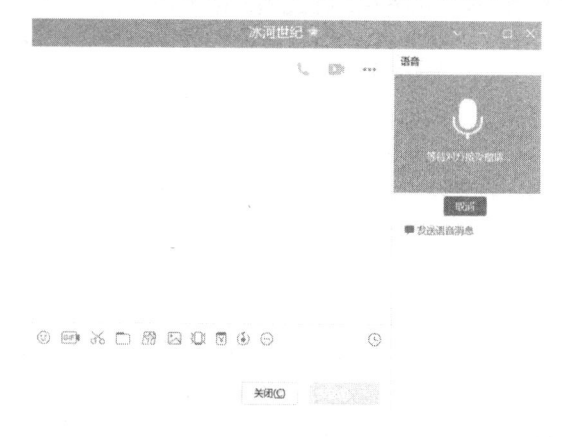

图4-38 语音聊天请求

（3）对方通过以后，窗口提示已经连接，这时用户就可以通过麦克风和音响与对方展开语音聊天了。

语音聊天需要麦克风的支持，在对话窗口中单击"挂断"按钮可结束语音聊天。

5. 使用 QQ 进行视频聊天

如果用户还想和好友面对面地聊天，可以使用 QQ 的视频聊天功能，但首先需要用户将摄像头正确连接并安装驱动程序，操作方法如下。

① 单击聊天窗口右上角的摄像头图标 ▶️，弹出摄像头设置对话框，开启摄像头。

② 对方通过以后，窗口提示已经连接，这时用户就可以通过摄像头、麦克风与对方展开视频聊天了。

6. QQ 群的使用

"群"是腾讯 QQ 的特点之一，在群里的用户可以一起聊天，群的使用就像一个聊天室，一群人在一个固定的组内自由发言，而且发出的信息对群内每位好友公开。建立和加入群的操作如下。

（1）群的建立。

① 单击 QQ 主面板上的 ➕ 按钮，选择"创建群聊"菜单，打开"创建群聊"对话框，如图 4-39 所示。

图 4-39　创建群聊

② 首先选择群类型，之后填写群信息，如图 4-40 所示，再邀请成员入群，一个群就创建好了。

图 4-40　填写群信息

(2) 在群内发言。

① 双击群的图标。

② 弹出群聊窗口，在信息文本框中输入需要发送的消息，单击"发送"按钮发送消息。

(3) 群内的资源共享使用。

① 上传至群内共享。打开群聊窗口后，单击 📁 标签，选择文件路径，选中文件，单击"打开"按钮，上传至群内共享。

② 从群内共享中下载。在共享中选中需要下载的文件，单击文件名右侧的 ⬇ 标签，选择保存路径，单击"确定"按钮即可。

4.2.6 微信的安装

微信是腾讯公司于 2011 年 1 月 21 日推出的一个为智能终端提供即时通信服务的免费应用程序。微信提供公众平台、朋友圈、消息推送等功能，用户可以通过"摇一摇""搜索号码""附近的人"、扫描二维码方式添加好友和关注公众平台，还可以将内容分享给好友并将自己看到的精彩内容分享到微信朋友圈。

微信是一款数亿人都在使用的手机聊天软件，它不仅可以在手机上使用，也可以在计算机上安装使用。

在计算机上安装微信的操作方法如下。

(1) 登录网址 https://weixin.qq.com，如图 4-41 所示。

图 4-41 微信首页

(2) 单击"免费下载"按钮，在如图 4-42 所示页面，选择下载适合自己的微信客户端安装程序。

(3) 如果希望下载到计算机 Windows 下使用，可单击"Windows"进入微信 Windows 版安装界面。

(4) 根据操作提示安装完成即可。微信 PC 版如图 4-43 所示。

图 4-42　选择微信客户端安装程序

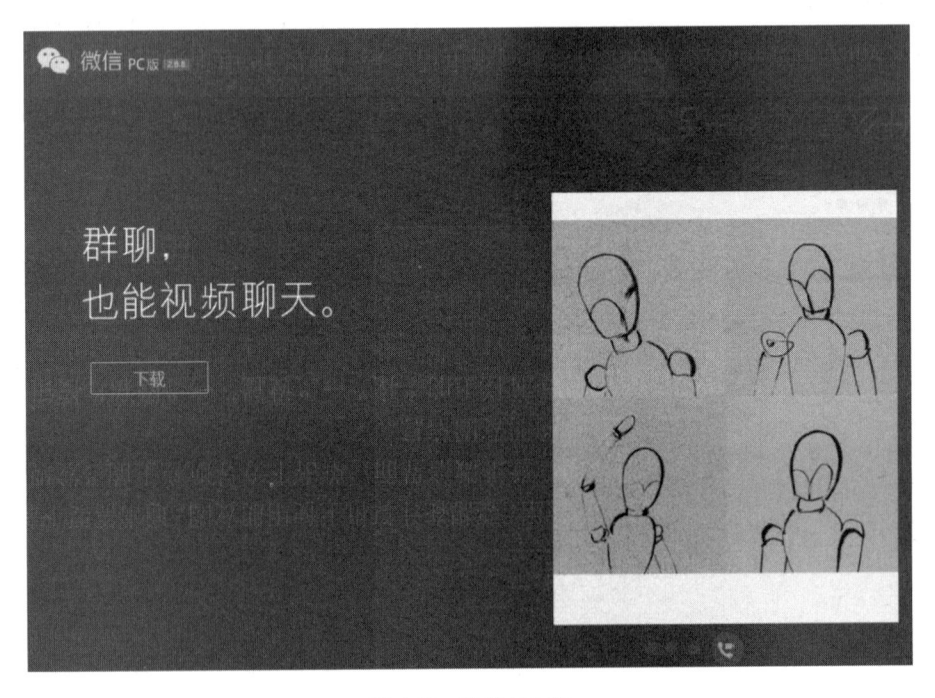

图 4-43　微信 PC 版

4.2.7　微信的使用

在这里我们主要介绍微信在计算机上的使用方法，即计算机版微信的使用。

双击桌面上的 图标，打开登录界面，输入自己的用户名和密码，或者使用手机扫描二维码，即可进入微信界面，此时就可以在计算机上使用微信了，如图 4-44 所示。

图 4-44　微信使用界面

4.2.8　微信朋友圈的使用及管理

微信朋友圈主要是在手机版微信上使用，要想在计算机上使用朋友圈，通常需要下载模拟器。

手机版微信上朋友圈的使用很方便。登录微信界面，单击下方导航栏上的"发现"→"朋友圈"按钮，即可看到微信好友们分享的朋友圈信息。

想要管理自己的朋友圈，单击下方导航栏上的"我"→"设置"→"隐私"按钮，即可对朋友圈进行具体的设置和管理。

4.3　网络电话

4.3.1　什么是网络电话

VoIP（Voice over Internet Protocol）即网络电话，是一种以 IP 电话为主，并推出相应的增值业务的技术。它依托互联网宽带与光纤电信网络的互接，降低了电信通信的成本，并提供比传统业务更多、更好的服务。VoIP 网络电话是未来发展的趋势，在美国和日本有 60%的普及率，其优势主要在于资费比传统电话便宜很多。

网络电话是一项革命性的产品，它可以让用户通过网络进行实时的传输及双边的对话，并且能够通过当地的网络服务提供商（ISP）或电话公司以市内电话费用的成本打给世界各地的其他网络电话使用者。网络电话提供一个全新的、容易的、经济的方式给用户和世界各地的朋友及同事通话。

网络电话大致可以分成 PC to PC、PC to Phone 和 Phone to Phone 三种。PC to PC 与一般电话的最大差异在于传输的过程不同，它利用 Internet 作为传输媒体，因而可以省下一大笔日常的通信费用。而后两者则是通过一种 IP 语音闸道器的机制，把在网上传输的数字封包传送到接收方当地电信局的公共电信交换网，最后再把解开的语音传送到接收方的电话中，现在的 IP

公话超市，就是利用了这种技术。下面通过 PC to PC 和 PC to Phone 两种连接方式介绍网络电话的使用方法。

4.3.2 钉钉网络电话

钉钉网络电话是阿里巴巴集团专为中国企业打造的免费沟通和协同的多端平台，提供计算机版、网页版和手机版，支持手机和计算机间的文件互传。

钉钉因中国企业而生，帮助中国企业通过系统化的解决方案（微应用），全方位提升中国企业的沟通和协同效率。

在钉钉中可以查看到群里用户的电话号码、邮箱等信息，还可以使用钉钉中的免费通话功能打电话。

4.3.3 UUCall

UUCall 网络电话是全球最小的网络电话，采用点对点通话方式实现全球性的清晰通话，可在全球范围内以超低资费拨打固定电话、手机。

软件短小精悍，无须安装，直接运行，使用简单方便；语音清晰，无论用户所在的网络是电信还是联通，UUCall 都将连接到距离用户最近的服务器，通话效果一样优质，打座机和手机一样清晰；在线通信簿，随时随地登录软件即可同步；操作人性化，根据输入的号码逐渐人性化提示所拨打的号码；通话录音，可以将用户间的通话录下作为永久的纪念。UUCall 网络电话，打造了一个最简单、最易用、最优质的网络电话。

用户安装 UUCall 软件，安装完毕便可以通过以下方法实现网络电话功能。

1. 启动 UUCall

用户在拨打网络电话前，需要首先启动 UUCall 软件，双击桌面上的"UUCall"图标，启动 UUCall。

2. 申请 UUCall 账号

（1）启动 UUCall 后弹出登录窗口，单击"注册新的账号"链接，如图 4-45 所示。

（2）弹出"UUCall 账户免费注册"页面，填写好注册信息后，单击"提交"按钮，完成注册。

3. 登录 UUCall

用户使用注册的用户名和密码，便可以成功登录到 UUCall 中，具体操作方法如下。

（1）输入用户名和密码，单击"登录"按钮，如图 4-45 所示。

（2）如果用户名和密码无误，稍后将登录到 UUCall 主界面，如图 4-46 所示。

4. 申请免费通话时间

用户如果需要体验网络电话，可以通过以下方法获得免费通话时间。

（1）在地址栏中输入 http://www.uucall.cn/download.html，打开 UUCall 的网页。

（2）弹出 UUCall 网页，在网页中的用户入口处输入用户名和密码，单击"登录"按钮。

5. 使用 UUCall 拨打电话

（1）输入用户名和密码，单击"登录"按钮。

（2）打开拨号盘拨号，用户可以选择使用鼠标单击拨号盘按钮拨号，也可以使用小键盘数字键进行拨号。

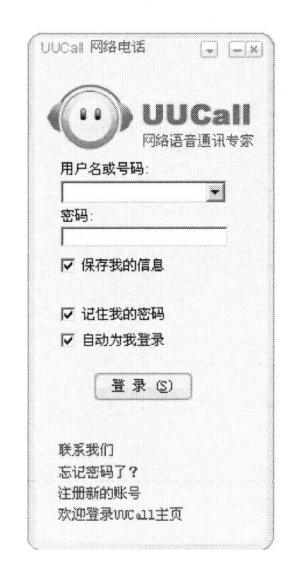

图 4-45　申请 UUCall 账号 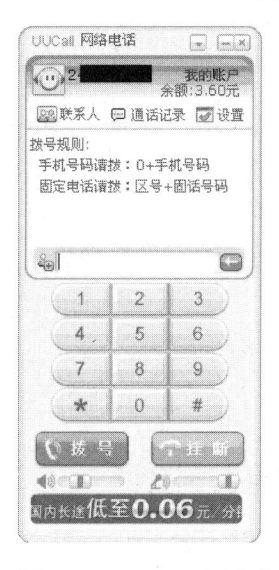　　　　图 4-46　UUCall 主界面

（3）拨打国内普通电话，直接输入电话号码（含区号），单击"拨号"键，稍后就会拨通，听到长音"嘟"后表示接通，通话完毕，单击"挂断"按钮挂机。

（4）拨打手机号码，需要在对方手机号码前加拨 0，如需要拨打 13888888888 这个号码，应拨打 013888888888。

6. 拨打 UUCall 号码

用户注册完毕，会得到一个 UUCall 号码，可以免费同所有注册 UUCall 的用户进行网络电话交流，方法很简单。

在拨号盘区直接输入对方的 UUCall 号码后，单击"拨号"按钮。

提示：以 PC to PC 方式拨打对方号码需要对方同时在线，否则无法接通，所以在通话前需双方事先约定。

7. 添加联系人

单击"联系人"标签进入通信簿以后，用户可以将常拨打的电话存入通信簿，操作如下。

（1）单击鼠标右键，选择"添加联系人"命令，如图 4-47 所示。

（2）在弹出的对话框中填好联系人的名字和号码后，单击"确定"按钮。

（3）利用通信簿拨打电话，首先选中需要拨打电话的用户，然后单击"拨号"按钮即可。

8. UUCall 系统设置

用户可以根据个人喜好对该软件进行设置，以符合用户的使用习惯。

（1）在 UUCall 主界面中单击"设置"标签。

（2）弹出"UUCall 参数设置"对话框，在"一般设置"中可以对"启动设置"和"综合设置"选项进行配置。

图 4-47　添加联系人

选中"随系统自动启动"复选框后，在系统启动后将自动启动该软件，建议用户取消选中该复选框。

（3）选择"快捷操作"选项，可以对该软件的热键进行配置，更改后单击"应用"按钮。

（4）选择"黑名单设置"选项，可以对来电号码进行自动拒绝。

9. UUCall 充值

用户在使用完免费使用分钟数后，如果选择继续使用，需要对该账号进行充值。

4.4 社交网站

4.4.1 社交网络服务介绍

社交网络服务（Social Networking Service，SNS）的主要作用是为一群拥有相同兴趣与活动的人创建在线社区。这类服务往往基于互联网，为用户提供各种联系、交流的交互通路，如电子邮件、实时消息服务等。此类网站通常通过朋友，一传十、十传百地把网络延展开去，非常类似树叶的脉络。

多数社交网络会提供多种让用户交互的方式，如聊天、寄信、影音、文件分享、博客、讨论组群等。

社交网络为信息的交流与分享提供了新的途径。作为社交网络的网站一般会拥有数以百万的登记用户，使用该服务已成为用户们每天的生活。社交网络服务网站目前有许多，知名的包括人人网、QQ 空间、微博等。

4.4.2 QQ 空间

QQ 空间（Qzone）是腾讯公司于 2005 年开发出来的一个个性空间，具有博客（Blog）的功能，自问世以来受到众多人的喜爱。在 QQ 空间上可以书写日记，上传用户个人的图片，听音乐，写心情，通过多种方式展现自己。除此之外，用户还可以根据个人的喜爱设定空间的背景、小挂件等，从而使每个空间都有各自的特色。当然，QQ 空间还为精通网页的用户提供了高级的功能，可以通过编写各种各样的代码来打造自己的空间个人主页。

1. 进入 QQ 空间

注册 QQ 号后，登录 QQ 客户端程序，在 QQ 客户端界面上部有一个五角星图标，单击五角星图标即可进入 QQ 空间，如图 4-48 所示。

图 4-48 进入 QQ 空间

2. 主要功能与栏目导航

QQ 空间主要的栏目有主页、日志、相册、说说、留言板、音乐、分享、礼物、投票、个人档、时光轴、个人中心、设置等。

（1）进行空间装扮。

① 背景设置。用户可以使用免费背景，有 Q 币或开通黄钻的用户可使用漂亮背景：单击"装扮"按钮，进入背景设置页面，选择自己喜欢的背景主题，然后单击页面上部的"保存"按钮，即可完成，如图 4-49 所示。

图 4-49　空间装扮

② 自定义的风格设置。选定喜欢的风格，单击"保存"按钮。

（2）单击栏目中的"日志"，可以撰写或转发文章。

（3）单击栏目中的"相册"，可以分享图片。在创建相册后，填写相册名称，选择分类，即可上传保存在计算机里的照片。

（4）单击栏目中的"留言板"，对留言板进行回复或管理。

（5）单击栏目中的"说说"，可以发布你的心情和感悟。

（6）单击栏目中的"个人档"，更改个人档案资料。

（7）单击栏目中的"音乐"，可以选择音乐；也可以用发表文章的方法，链接"百度"搜索的 MP3 网址。

（8）单击栏目中的"更多"，可以进行更多设置。

装扮 QQ 空间是年轻人最喜欢的事情，对于新手来讲也不难。最简单的装扮 QQ 空间的方法就是 QQ 空间克隆，即看到好看、喜欢的 QQ 空间，就将其克隆过来，方法是查询出该 QQ 空间代码，然后登录自己的 QQ 空间，把查询到的 QQ 空间代码复制到自己的 QQ 空间。

QQ 空间克隆步骤如下。

① 登录 QQ 空间克隆网站，找到 QQ 空间克隆菜单。

② 输入想克隆的 QQ 号码，单击查询 QQ 空间代码按钮，然后就可以看到这个 QQ 空间使用的所有 QQ 空间代码了，复制想要的 QQ 空间代码。

③ 登录自己的 QQ 空间，进行 QQ 空间克隆，单击"装扮空间"按钮，然后把步骤②复制的 QQ 空间代码粘贴到登录了自己 QQ 空间的浏览器的地址栏中，最后按 Enter 键。

3. 空间相册

空间相册是 QQ 用户的个人相片展示、存放平台，所有 QQ 用户免费享用相册，QQ 黄钻用户和会员用户可免费享用超大空间。

（1）性能体验。

相册数目：可创建 256 个相册，每个相册可存放 512 张照片。

相册容量：普通用户拥有 1GB 基本相册容量。

照片质量：新上传的照片不压缩质量，上传后的照片和原图一样清晰。

照片大小：最大可上传宽为 1280 像素的大图（使用极速上传不选择自动压缩）。

照片浏览：照片显示速度不断优化，提供键盘左、右键翻页功能，查看照片更方便。

（2）操作体验。

功能集成：小小工具条集所有功能于一身，提供强大功能的简单集合，查找功能更方便。

表现丰富：动感影集、个性相册、幻灯片、大头贴，可用多种方式表现照片。

批量操作：在相册管理模式下实现对各类照片信息的一次性批量编辑。

分类清晰：各类功能相册形成独立导航，查找方便无干扰。

交流顺畅：评论回复功能，你来我往，沟通更便捷。

（3）上传照片。

极速上传：速度快，一次可上传 300 张照片（黄钻用户 500 张），还可上传高清图（最大可选择 1600 像素大图）、打上空间地址水印、排序、预览原图等。

批量上传：轻量的批量上传，可一次上传 15 张照片。

简版上传：照片单张上传，提供最基本的上传功能，无须安装任何工具。

迷你空间上传：安装最新版的 QQ 后，双击好友列表中自己的头像，即可打开迷你空间编辑器，在这里可以直接拖曳照片到编辑器中上传。

QQ 影像上传：安装 QQ 桌面版照片管理工具，可在不登录空间的情况下直接上传照片到相册。

4．QQ 日志

QQ 日志指在 QQ 空间中写文章。和博客中写文章类似，可用来表达个人思想、存储文件，也可以以此交友。日志和 Blog 是同一个含义，而国内经常讲的博客（Blogger）就是写日志的人。从理解上讲，博客是"一种表达个人思想和网络链接、内容按照时间顺序排列，并且不断更新的出版方式"。简单来说博客是一类人，这类人习惯于在网上写日记。这样说，写 QQ 日志的人，也就是指那些在 QQ 上写博客的人。

写博客更多是想表达个人思想、学习、工作经验等，而写 QQ 日志更多是为了交友，记下自己的生活点滴。

单击"日志"链接，进入日志页面，单击"写日志"按钮，进入日志书写界面，如图 4-50 所示。写完日志可以对文字进行简单的排版，使文章更加漂亮、美观。

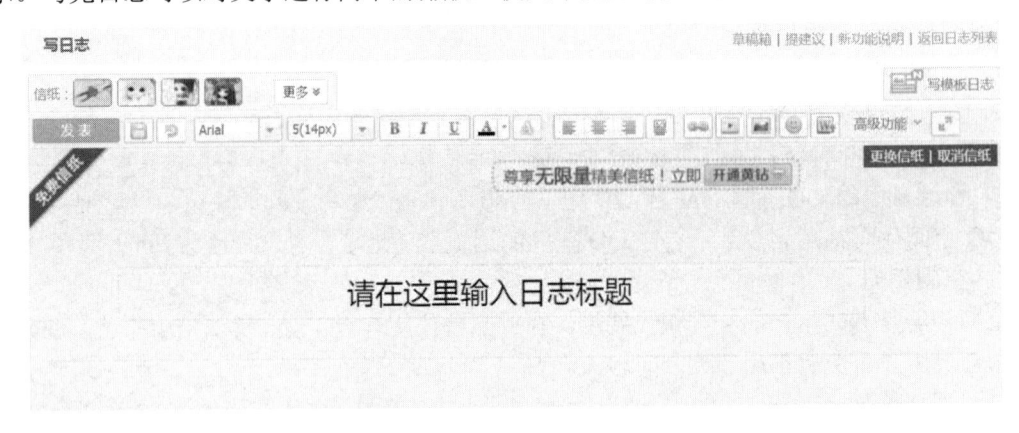

图 4-50　写 QQ 日志

5．QQ 说说

QQ 说说是在 QQ 空间中记录自己的"心情"、感情、感想，它比 QQ 日志更加简明扼要，更加方便快捷。

单击"说说"链接，进入"说说"页面，可在此诉说自己的心情，如图 4-51 所示。说说可以设置可见范围，敏感话题可设置为"仅自己"可见，可作为自己的生活记录。

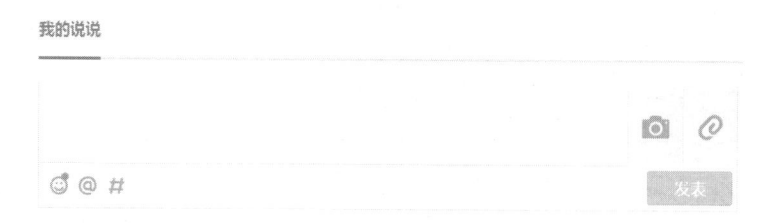

图 4-51　撰写 QQ 说说

6. 留言板

留言板是在 QQ 空间中给好友留言的，让好友登录后了解用户的有关信息。

单击"留言板"链接，进入"留言板"页面，其和 QQ 说说的编辑器非常类似，如图 4-52 所示。

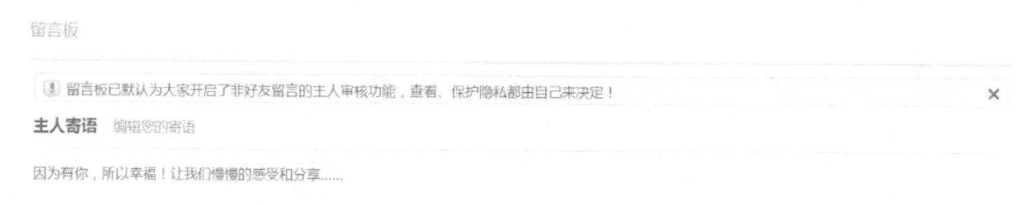

图 4-52　书写留言板

4.4.3　知乎

知乎是中文互联网知名的问答社区，连接各行各业的用户，构建一个人人都可以便捷接入的知识分享网络，让人们便捷地与世界分享知识、经验和见解，发现更大的世界。

在知乎上可以关注感兴趣的话题、感兴趣的人以及提问和回答问题。

登录网址 https://www.zhihu.com，打开如图 4-53 所示知乎页面。

图 4-53　知乎页面

用户可以注册或登录，也可以下载知乎 App。

4.4.4 大众点评

大众点评于 2003 年 4 月成立于上海。它是中国领先的本地生活信息及交易平台，也是全球最早建立的独立的第三方消费点评网站。大众点评不仅为用户提供商户信息、消费点评及消费优惠等信息服务，同时还提供团购、餐厅预订、外卖及电子会员卡等 O2O（Online to Offline）交易服务。

登录网址 https://www.dianping.com，即可进入大众点评网页面，如图 4-54 所示。

图 4-54 大众点评网页面

用户可以通过网站或手机移动客户端注册、登录，随时查询包含衣、食、住、行等多个方面的各个地区商家的口碑和网友推荐。比如你在一个陌生的城市，不知道吃什么时，就可以直接在大众点评上查询，各个饭店都有相应的食客的评价。

4.5 知识拓展

1. 电子邮件 E-mail 的工作原理

电子邮件的工作过程遵循客户端/服务器模式。每份电子邮件的发送都要涉及发送方与接收方，发送方构成客户端，而接收方构成服务器，服务器含有众多用户的电子信箱。发送方通过邮件客户程序，将编辑好的电子邮件向邮局服务器（SMTP 服务器）发送。邮局服务器识别接收者的地址，并向管理该地址的邮件服务器（POP3 服务器）发送消息。邮件服务器将消息存放在接收者的电子信箱内，并告知接收者有新邮件到来。接收者通过邮件客户程序连接到服务器后，就会看到服务器的通知，进而打开自己的电子信箱来查收邮件。

通常，Internet 上的个人用户不能直接接收电子邮件，而是通过申请 ISP 主机的一个电子信箱，由 ISP 主机负责电子邮件的接收。一旦有用户的电子邮件到来，ISP 主机就将邮件移到用户的电子信箱内，并通知用户有新邮件。因此，当发送一封电子邮件给另一个客户时，电子邮件首先从用户计算机发送到 ISP 主机，再到 Internet，再到收件人的 ISP 主机，最后到收件人的个人计算机。

ISP 主机起着"邮局"的作用，管理着众多用户的电子信箱。每个用户的电子信箱实际上就是用户所申请的账号名。每个用户的电子邮件信箱都要占用 ISP 主机一定容量的硬盘空间，由于这一空间是有限的，因而用户要定期查收和阅读电子信箱中的邮件，以便腾出空间来接收新的邮件。

电子邮件在发送与接收过程中都要遵循 SMTP、POP3 等协议，这些协议确保了电子邮件在各种不同系统之间的传输。其中，SMTP 负责电子邮件的发送，而 POP3 则用于接收 Internet 上的电子邮件。

2．电子邮件地址的构成

电子邮件地址的格式是"user@server.com"，由三部分组成。第一部分"user"代表用户信箱的账号，对于同一个邮件接收服务器来说，这个账号必须是唯一的；第二部分"@"是分隔符；第三部分"server.com"是用户信箱的邮件接收服务器域名，用以标识其所在的位置。

3．其他网络即时通信软件介绍

（1）MSN：微软开发的即时通信软件，MSN Messenger 有近 30 种语言的不同版本，可让用户查看朋友谁在联机并交换即时消息，在同一个对话窗口中可同时与多个联系人进行聊天。用户还可以使用此免费程序拨打电话、用交谈取代输入、监视新的电子邮件、共享图片或其他任何文件、邀请朋友玩 DirectPlay 兼容游戏等。之后，MSN 推出了它的后继版本，在功能和外观上都有很大的变化，功能进一步得到加强，还增加了一些更实用的功能，在外观上，也比以前的版本变得更加生动。

（2）ICQ：国外即时通信软件的元老，4 位以色列籍的年轻人，在 1996 年 6 月成立 Mirabilis 公司，并于同年 11 月推出了全世界第一个即时通信软件 ICQ，取意为"我在找你"——"I Seek You"，简称 ICQ。直到现在，ICQ 已经推出了 ICQ v6.0 Build 5400 版本，在全球即时通信市场上占有非常重要的地位。

（3）网易泡泡：是由中国领先的互联网技术公司网易开发的功能强大、方便灵活的即时通信工具，集即时聊天、手机短信、在线娱乐等功能于一体，除具备目前一般即时聊天工具的功能外，还拥有许多更加贴近用户需要的特色功能，如邮件管理、自建聊天室、自设软件皮肤等。它的注册用户必须申请网易通行证，或者是 163 邮箱的使用者才可以注册。

4．即时通信的原理

我们经常听到 TCP（文件传输控制协议）和 UDP（用户数据报协议）这两个术语，它们是建立在更低层的 IP 协议上的两种通信传输协议。前者是以数据流的形式，将传输数据经分割、打包后，通过两台机器之间建立起的虚电路，进行连续的、双向的、严格保证数据正确性的文件传输协议；而后者是以数据报的形式，对拆分后的数据的先后到达顺序不做要求的文件传输协议。

QQ 就是使用 UDP 协议发送和接收"消息"的。当你的机器安装了 QQ 以后，实际上，你既是服务器（Server），又是客户端（Client）。当你登录 QQ 时，你的 QQ 作为 Client 连接到腾讯公司的主服务器上，当你"看谁在线"时，你的 QQ 又一次作为 Client 从 QQ Server 上读取在线网友名单。当你和你的 QQ 伙伴聊天时，如果你和对方的连接比较稳定，则你和他的聊天内容都是以 UDP 的形式在计算机之间传送的；如果你和对方的连接不是很稳定，QQ 服务器将为你们的聊天内容进行"中转"。其他的即时通信软件原理与此大同小异。具体的通信过程如下：

(1) 用户首先从 QQ 服务器上获取好友列表，以建立点对点的联系。

(2) 用户（Client 1）和好友（Client 2）之间采用 UDP 方式发送信息。

(3) 如果无法直接进行点对点联系，则用服务器中转的方式完成。

5. 社交服务网站的优势

通过社交服务网站我们与朋友保持了更加直接的联系，建立了大交际圈，其提供的寻找用户的工具帮助我们找到了失去联络的朋友们。

网站上通常有很多志趣相同并相互熟悉的用户群组。相对于网络上的其他广告而言，商家在社交服务网站上针对特定用户群组打广告更有针对性。

6. 社交服务网站的发展

网络社交已经成为现代网络达人们必不可少的交往方式，通过一个好的社交网站，网友可以实现在线分享图片、生活经验、开心趣事、在线交友、在线解答生活难题，甚至可以通过一个比较好的社交类网站实现在线求职，解决自己工作的燃眉之急。

新型网络招聘平台是广大应届毕业生了解职场的很好的窗口，应届毕业生除了在网站上搜集招聘信息，还可以了解行业动态、结识行业朋友、参与行业讨论，甚至在站内直接联系到负责职位招聘的负责人本人，因此，不仅有助于提高求职成功率，更是对其日后的职业发展有很大的帮助。

网络招聘平台发布最具时效性、真实性的招聘信息，使广大求职者在最短的时间内得到想要的信息，是较好地做到了集社交、招聘为一体的新型网络平台。

7. 社交服务网站的基本功能

不同的社交网站提供的服务各有侧重点，但基本功能都包括记录个人数据、私信功能、用户相互链接的功能、用户检索的功能、日记（博客）的功能、社区的功能［包括公开的社区（Open Group）、不公开的社区（Not Open Group）、秘密社区（Closed Group）等］。

8. 社交网络服务的商业模式

社交网络服务的商业模式，大体上可以区分为"广告收入模式""向用户收费的模式""第三方网站诱导模式"和"游戏模式"等。

- 广告收入模式：通过互联网广告取得收益。通过用户的登录习惯、发言内容、发言频率，加上海量数据的挖掘，决定对哪些用户投放广告。其中的佼佼者是开心网、人人网。
- 向用户收费的模式：直接向用户收取利用网站的服务费。
- 第三方网站诱导模式：例如，餐厅找上 Facebook 协助其进行推广或促销，为了提高能见度，餐厅会设法通过 Facebook 的服务给消费者一些优惠，或直接付给 Facebook 广告费。
- 游戏模式：研发游戏的设计厂商在一些社交网站构筑平台，内置购买机制，除了为自己构建收入，也提供社交网站营利的来源。

4.6 小结

本章描述了电子邮件的申请及收发邮件，即时通信工具 QQ、微信，网络电话和社交服务网站的主要功能与使用方法，读者应形成通过网络与他人快速、即时交流的能力。

4.7 习题

一、选择题

1. 下列哪项是可以用于文件压缩的软件？（　　）
   A．WinRAR　　　B．Windows 优化大师　　　C．Winamp　　　D．Foxmail
2. 下列哪项是用户上网时可以用于下载资料的软件？（　　）
   A．WinRAR　　　B．Flashget　　　C．Winamp　　　D．Foxmail
3. 发送邮件时，如果设置了多个收件人，不同收件人的地址之间应该用什么符号隔开？（　　）
   A．句号　　　　B．逗号　　　　C．分号　　　　D．下画线
4. 下列关于 E-mail 地址的名称中，正确的是（　　）。
   A．shjkbk@online.sh.cn　　　　　　B．shjkbk.online.sh.cn
   C．online.sh.cn@shjkbk　　　　　　D．cn.sh.online.shjkbk
5. 电子邮件能传送的信息（　　）。
   A．是压缩的文字和图像信息　　　　B．只能是文本格式的文件
   C．是标准 ASCII 字符　　　　　　　D．是文字、声音和图形图像信息
6. 申请免费电子信箱必须通过（　　）。
   A．写信申请　　　　　　　　　　　B．电话申请
   C．电子邮件申请　　　　　　　　　D．在线注册申请
7. 免费电子信箱申请后提供的使用空间是（　　）。
   A．没有任何限制　　　　　　　　　B．根据不同的用户有所不同
   C．所有用户都使用一样的有限空间　D．使用的空间可自行决定
8. 使用免费电子信箱时如果忘记了密码，一般系统都提供（　　）。
   A．强制修改密码　　　　　　　　　B．密码提示问题
   C．发电子邮件申请修改密码　　　　D．到服务单位申请修改密码
9. 电子邮件的发件人利用某些特殊的电子邮件软件在短时间内不断重复地将电子邮件寄给同一个收件人，这种破坏方式称为（　　）。
   A．邮件病毒　　　B．邮件炸弹　　　C．特洛伊木马　　　D．蠕虫 6
10. 预防"邮件炸弹"的侵袭，最好的办法是（　　）。
    A．使用大容量的邮箱　　　　　　　B．关闭邮箱
    C．使用多个邮箱　　　　　　　　　D．给邮箱设置过滤器
11. 关于电子邮件不正确的描述是（　　）。
    A．可向多个收件人发送同一消息
    B．发送消息可包括文本、语音、图像、图形
    C．发送一条由计算机程序给予应答的消息
    D．不能用于攻击计算机
12. 小李很长时间没有上网了，他很担心电子信箱中的邮件会被网管删除，但是实际上（　　）。

A．无论什么情况，网管始终不会删除信件
B．每过一段时间，网管会删除一次信件
C．除非信箱被撑爆了，否则网管不会随意删除信件
D．网管会看过信件之后，再决定是否删除它们

13．电子邮件的管理主要是对邮件进行分类、移动或（　　）。
A．剪切　　　　B．粘贴　　　　C．撤销　　　　D．删除

14．使用（　　），不仅可以帮助我们管理众多的电子邮件地址，同时也简化了输入信箱地址的操作。
A．电子信箱　　B．邮件　　　　C．邮件编码　　D．通信簿

15．在发送电子邮件时，在邮件中（　　）。
A．只能插入一个图形附件
B．只能插入一个声音附件
C．只能插入一个文本附件
D．可以根据需要插入多个附件

16．ICQ 是一个（　　）类型的软件。
A．聊天　　　　B．浏览器　　　C．图像处理　　D．电子邮件

17．许多网友利用 ICQ 在线呼叫找人，因此，ICQ 又被称为"网络 BP 机"。ICQ 这个看来比较古怪的名字实际上是一句英文的谐音，这句英文的含义是（　　）。
A．我在找你　　B．互相呼叫　　C．现在我在线　　D．你在哪里

18．利用 QQ 与好友通信时，能传送的信息（　　）。
A．是压缩的文字和图像信息　　　B．只能是文本格式的文件
C．是标准 ASCII 字符　　　　　　D．是文字、声音和图形图像等信息

19．在网上传输音乐文件，以下格式中最高效、简捷的是（　　）。
A．MP3 格式　　B．MID 格式　　C．MPEG 格式　　D．AVI 格式

20．以下邮件程序中，最著名的国产软件是（　　）。
A．Outlook Express　　　　　　　B．Foxmail
C．EudoraPro　　　　　　　　　　D．Netscape Communicator

二、填空题

1．互联网中 URL 的中文意思是＿＿＿＿＿＿。

2．通过收藏夹，用户可以将其中收录的内容进行分类整理，方法是选择"收藏夹"菜单的＿＿＿＿＿＿命令。

3．要将 IE 的主页设置成空白页，可在"Internet 选项"对话框的"常规"选项卡中，单击＿＿＿＿按钮。

4．目前网络即时通信主要有＿＿＿＿、＿＿＿＿、＿＿＿＿等方式。

5．QQ 申请密码保护有＿＿＿＿、＿＿＿＿、＿＿＿＿、＿＿＿＿等手段。

6．查找 QQ 号码有＿＿＿＿、＿＿＿＿等方法。

7．网络电话目前有＿＿＿＿、＿＿＿＿、＿＿＿＿三种模式。

三、简答题

1．网络即时通信工具有哪些？

2．怎样申请 QQ 号码？
3．怎样保证 QQ 的安全？具体有哪些手段？
4．怎样修改 QQ 个人资料？
5．描述查找和添加 QQ 好友的过程。
6．网络电话大致可以分成哪些种类？UUCall 属于哪一类？
7．描述微信的使用。
8．电子邮件地址的格式分为哪两部分，各是什么意思？
9．IP 地址和域名地址有什么联系和区分？
10．社交服务网站的基本功能包括哪些？
11．社交服务网站的未来发展方向是什么？

第 5 章 电子商务初步

学习目标
- 了解网上银行的开通
- 了解网上购物和理财的步骤
- 掌握网上订票、网上缴费的方法
- 掌握网上求职的方法

电子商务通常是指以网络通信为技术手段，使用电子工具，通过网络平台，买卖双方不谋面情况下在全球各地进行各种商业贸易活动，实现消费者的网上购物、商户之间的网上交易和在线电子支付，以及各种商务活动、交易活动、金融活动和相关的综合服务活动的一种新型的商业运营模式。

中国的电子商务发展迅速，从《中国电子商务发展报告 2018—2019》可见，电子商务在壮大数字经济、共建"一带一路"、助力乡村振兴、带动创新创业等方面均发挥了积极作用。

5.1 网上银行

网上银行是指银行利用 Internet 技术，通过 Internet 向客户提供开户、销户、查询、对账、行内转账、跨行转账、信贷、网上证券、投资理财等传统银行服务项目，使客户可以通过网络安全便捷地使用银行的各项服务。网上银行是信息时代的产物，它的诞生使原来必须到银行柜台办理业务的客户，通过 Internet 便可直接进入银行，随意进行账户查询、转账、外汇买卖、网上购物、账户挂失等业务办理，客户真正做到足不出户即可办妥一切银行业务。网上银行服务系统的开通，对银行和客户来说，都将大大提高工作效率，让资金创造最大效益，从而降低生产经营成本。

5.1.1 开通网上银行

网上银行系统分为个人网上银行、手机银行和企业网上银行。个人网上银行可为个人注册客户提供以下服务：账户余额查询、密码修改、网上临时挂失、内部转账、支付转账及理财服务。注册网上银行账户必须已经是该银行的活期或定期储蓄用户。

为了保障用户信息安全，在办理网上银行业务时都要求用户出示数字证书。数字证书是客户在网上进行交易及商务活动的身份证明，网上银行系统还可以利用数字证书对数据进行加密和签名。经过数字签名的网上银行交易数据不可修改，具有唯一性和不可否认性，从而可以防止他人冒用证书持有者名义进行网上交易，维护用户及银行的合法权益，减少和避免经济及法律纠纷。目前网上银行需要的数字证书有四种：浏览器证书、U 盘证书、密码卡和电子密码器。浏览器证书存储于 IE 浏览器中，可进行任意备份。客户端不需要安装驱动程序（根据情况可能需要下载安装最新的签名控件），且无须证书成本，它比较适合有固定上网地点的客户。U 盘证书（在不同的银行通常有不同的名称，工商银行称 U 盾）存储于 USBKey 介质中，介质中内置了智能芯片，并有专用安全区来保存证书私钥，证书私钥不能导出，因而备份的文件无法使用，其安全性高于浏览器证书。U 盘证书容易随身携带，但使用时需要安装驱动程序，并且 U 盘证书需要支付证书成本。密码卡实际上是一张印刷有二维表格的普通卡片，同张卡的每个行列单元格中印刷有随机产生的验证字符，不同用户密码卡的内容不同，它具有比浏览器证书更高的安全性和比 U 盘证书更方便的可用性，但安全性比 U 盘证书要差，而且也只适用于小额交易，目前各银行基本已经不再使用密码卡。电子密码器是现在银行常用的安全工具，具有内置电源和密码生成芯片，外带显示屏和数字键盘，无须安装任何程序即可在电子银行等多渠道使用。

1. 申请网上银行

各个银行对开通网上银行都有相似的要求和步骤，这里以中国工商银行为例进行讲解。如果要开通网上银行功能，可以通过网点开通和自助开通。网点开通：请携带本人有效身份证件及账户，到全国任意工商银行营业网点办理。自助开通：登录工商银行门户网站（www.icbc.com.cn），选择"注册"功能办理。当然，如果已开通手机银行，网上银行会同步开通，只需要使用手机银行信息登录即可。自助开通的网上银行可通过短信认证支付方式办理小额转账、缴费等业务，如需大额支付，还需要到营业网点申领 U 盾或电子密码器。

中国工商银行的网上银行分为两大业务，如果仅查询自己的账户余额，可直接登录银行网站查询，或者关注工商银行公众号即可，但涉及转账业务就需要开通网上银行功能。

（1）账户查询。登录中国工商银行首页，在地址栏中输入"http://www.icbc.com.cn/"按回车键即可，如图 5-1 所示。

图 5-1　中国工商银行首页

（2）在网站首页中单击"个人网上银行登录"按钮，出现如图 5-2 所示页面。用户根据提示在相应的地方输入自己的银行卡号、密码和验证码，单击"登录"按钮，就进入银行的公共客户服务系统了。注意：如果是第一次登录该网站，应该先安装"网银安全控件工具"。

图 5-2　个人网上银行登录页面

（3）登录成功后，在页面左边的"全部"菜单栏中可以选择对银行卡账户、汇款、信用卡等进行操作。其中，"银行卡"→"账户"包括对余额、明细等的查询，操作非常方便快捷，如图 5-3 所示。

图 5-3　个人用户页面

（4）开通网上银行的用户，手机银行也随之开通。只需要在手机上安装"中国工商银行"App 即可登录管理银行账户，手机银行页面如图 5-4 所示。

目前，利用网上银行可以跨行转账，而且不会收取手续费，实现了足不出户轻松管理账目的便捷方式。

2. 银行数字证书下载

（1）在银行网点申请网上银行成功后，工作人员会给用户电子密码器及激活码。如果在银行柜台没有即时激活,事后又忘记激活码,则需要重新去银行找工作人员展示激活码,否则电子密码器不可用,自然也不能在网上进行账户管理。在网上登录银行账户需要在电子密码器上确认动态验证码。

图 5-4 手机银行页面

(2)浏览器数字证书下载。初次在网上登录中国工商银行,需要安装"工行网银助手"。下载并安装网银助手及一系列安全证书,以保障账户安全。在安装过程中需要注意系统提示,如果没有安装成功,应重新安装。

5.1.2 使用网上银行

登录网上银行步骤如下。

(1)如果是 U 盘证书用户,须将证书硬件插入 USB 接口;如果是浏览器数字证书用户,则要将网上下载的证书文件导入浏览器。

(2)导入浏览器证书。在操作系统桌面上打开浏览器,选择"工具"→"Internet 选项"→"内容"选项卡,然后单击"证书"按钮,打开"证书"对话框。在对话框中单击"导入"按钮,会出现数字证书导入向导,用户根据向导内容将从银行网上下载的数字证书 cer 文件导入浏览器即可。

(3)用电子密码器登录银行网站。在网站首页中单击"个人网上银行"→"登录"按钮,没有安装"工行网银助手"的要单击安装,然后在登录界面输入卡号/手机号/用户名、密码及验证码,单击"登录"按钮。在不同的计算机上使用网页登录网上银行,除了要安装安全证书,还需要使用电子密码器进行动态验证码确认。

(4)用户进入如图 5-5 所示个人客户服务系统页面后,根据自己的需要选择相应的栏目,便可充分利用网上银行的各项功能。

(5)账户余额查询。如果用户需要查询自己银行账户的余额,可单击"我的账户"菜单,下方会显示出已经开通的银行卡及余额,如图 5-6 所示。

Internet 应用（第3版）

图 5-5　个人客户服务系统页面

图 5-6　账户余额查询

（6）账户明细查询。如果用户需要查询自己银行账户的使用明细，可单击右边的"明细"按钮，会出现如图 5-7 所示的查询条件输入页面。当用户输入相应内容后，单击"查询"按钮，随即会出现该用户在查询起止时间范围内的账户资金进出情况。如果单击"下载"按钮，则可以将账户明细保存到计算机中。

图 5-7　账户明细查询

（7）网络转账。如果需要将自己账户中的金额转到其他账户中，不需要到银行柜台去办理，直接通过网上银行即可完成。选择"转账汇款"，会出现如图 5-8 所示界面。汇款分为境内汇款和跨境汇款。如果是在中国境内银行账户之间转账，就选择境内汇款。在对应的输入框中准确无误地输入"收款姓名""收款卡号""汇款金额"等信息，单击"下一步"按钮。操作成功后，系统会出现交易成功的信息提示，用户也可以将转账内容打印出来。

（8）网上银行转账完成后，单击菜单栏中的"退出"按钮，退出网上银行系统。

图 5-8　境内汇款信息输入页面

5.1.3　银行 App 的使用

（1）下载 App。用手机扫描银行门户网站的二维码或者在手机应用市场搜索对应银行名称，如"中国工商银行"，如图 5-9 所示。下载并安装 App 后即可登录。

（2）登录账号。在用户名输入框输入事先在银行网点申请开通手机银行的卡号或者绑定的手机号，在密码框输入登录密码，单击"登录"按钮。

（3）使用手机银行。个人手机银行可操作的项目和网上银行差不多，同样可以对开通的银行账户进行转账汇款、明细查询、生活缴费、投资理财等操作，如图 5-10 所示。

图 5-9　在手机应用市场下载 App　　　　图 5-10　手机银行界面

5.1.4 阅读材料

1. 常用网上银行

网上银行又称为"3A银行",因为它不受时间、空间限制,能够在任何时间(Anytime)、任何地点(Anywhere)、以任何方式(Anyhow)为客户提供金融服务。

网上银行发展的模式有两种:一种是完全依赖于互联网的无形的电子银行,又称"虚拟银行",是指没有实际的物理柜台作为支持的网上银行,这种网上银行一般只有一个办公地址,没有分支机构,也没有营业网点,采用国际互联网等高科技服务手段与客户建立密切的联系,提供全方位的金融服务,目前中国没有此类银行;另一种是在现有传统银行的基础上,利用互联网开展传统的银行业务交易服务,即传统银行利用互联网作为新的服务手段为客户提供在线服务,实际上是传统银行服务在互联网上的延伸,这是目前网上银行存在的主要形式,也是绝大多数商业银行采取的网上银行发展模式。

目前中国较大的网上银行如下。

中国工商银行:http://www.icbc.com.cn

中国建设银行:http://www.ccb.com/

中国银行:http://www.boc.cn

中国农业银行:http://www.abchina.com/cn/

2. 常见网上银行业务

一般来说,网上银行的业务品种主要包括基本业务、网上投资、网上购物、个人理财助理、企业银行及其他金融服务。

(1)基本业务。商业银行提供的基本网上银行服务包括在线查询账户余额及交易记录、下载数据、转账和网上支付等。

(2)网上投资。由于金融服务市场发达,因此可以投资的金融产品种类众多,如国内很多网上银行都提供包括股票、基金买卖等在内的多种金融产品服务。

(3)网上购物。商业银行的网上银行设立的网上购物协助服务,大大方便了客户网上购物,为客户在相同的服务品种上提供了优质的金融服务及相关的信息服务,加强了商业银行在传统竞争领域的竞争优势。

(4)个人理财助理。个人理财助理是国外网上银行重点发展的一个服务品种。各大银行将传统银行业务中的理财助理转移到网上进行,通过网络为客户提供理财的各种解决方案,提供咨询建议,或者提供金融服务技术的援助,从而极大地扩展了商业银行的服务范围,并降低了相关的服务成本。

(5)企业银行。企业银行服务是网上银行服务中重要的部分之一。其服务品种比个人客户的服务品种更多,也更为复杂,对相关技术的要求也更高,所以能够为企业提供网上银行服务是商业银行实力的象征之一,一般中小网上银行或纯网上银行只能部分提供,甚至完全不提供这方面的服务。

企业银行服务一般提供账户余额查询、交易记录查询、总账户与分账户管理、转账、在线支付各种费用、透支保护、储蓄账户与支票账户资金自动划拨、商业信用卡等服务。此外,还包括投资服务等。部分网上银行还为企业提供网上贷款业务。

(6)其他金融服务。除了银行服务,大的商业银行的网上银行均通过自身或与其他金融服务网站联合的方式,为客户提供多种金融服务产品,如保险、抵押和按揭等,以扩大网上银行的服务范围。

3. 网上交易安全提示

银行卡持有人的安全意识是影响网上银行安全性的不可忽视的重要因素。目前,我国银行卡持有人的安全意识普遍较弱:不注意密码保密,或将密码设为生日、电话号码等易被猜测的数字。一旦卡号和密码被他人窃取或猜出,用户账号就可能在网上被盗用,如进行购物消费等,从而造成损失,而银行技术手段对此却无能为力。因而一些银行规定:客户必须持合法证件到银行柜台签约才能使用"网上银行"进行转账支付,以此保障客户的资金安全。

另一种情况是,客户在公用的计算机上使用网上银行,可能会使数字证书等机密资料落入他人之手,从而直接使网上身份识别系统被攻破,网上账户被盗用。

安全性作为网上银行赖以生存和得以发展的核心及基础,从一开始就受到各家银行的极大重视,都采取了有效的技术和业务手段来确保网上银行安全。但安全性和方便性又是互相矛盾的,越安全就意味着申请手续越烦琐,使用操作越复杂,影响了方便性,使客户使用起来感到困难。因此,必须在安全性和方便性上进行权衡。到目前为止,国内网上银行交易额已达数千亿元,银行方还未出现过安全问题,只有个别客户由于保密意识不强而造成资金损失。

在使用网上银行时应注意防范以下事项。

(1) 防备假冒网站。使用网上银行时要注意该行的网址,不要通过不明网站、电子邮件或论坛中的网页链接登录网上银行。登录成功后,请详细认真检查网站提示的内容。

(2) 防止黑客攻击。用户在使用网上银行时要保证自己的计算机是安全的,需要在计算机上安装防病毒软件和防火墙软件,并及时升级更新。定期下载安装最新的操作系统和浏览器安全程序或补丁。不要在网吧等公共场所的计算机上使用网上银行。使用网上银行完毕或使用过程中暂离时,请勿忘退出网上银行,取走自己的 USBKey。

(3) 注意密码安全。要妥善选择网银登录密码和 USBKey 的密码,避免使用生日、电话号码、有规则的数字等容易猜测的密码,建议不要与取款密码设为一致。

(4) 其他事项。不要将银行颁发的密码器或 USBKey 交给其他人。若相关安全设施遗失,应尽快到银行柜台办理证书恢复或停用手续。

5.2 网上购物

20世纪90年代,国际互联网迅速走向企业和家庭,其功能也从信息共享演变为一种大众化的信息传播手段,商业贸易活动逐步进入这个领域。通过使用互联网,既降低了成本,也造就了更多的商业机会,电子商务技术从而得以发展,使其逐步成为互联网应用的最大热点。据第44次《中国互联网络发展状况统计报告》统计,截至2019年6月,我国网络购物用户规模达6.39亿,较2018年年底增长2871万,占网民整体的74.8%。网络购物市场保持较快发展,下沉市场、跨境电商、模式创新为网络购物市场提供了新的增长动能。网络购物已经成为人们生活中不可或缺的重要部分。

为适应电子商务这一市场潮流,电子支付随之发展起来。电子支付,是指从事电子商务交易的当事人,包括消费者、厂商和金融机构,通过信息网络,使用安全的信息传输手段,采用数字化方式进行的货币支付或资金流转。电子支付的业务类型按电子支付指令发起方式分为网上支付、电话支付、移动支付、销售点终端交易、自动柜员机交易和其他电子支付。其中网上支付是网络购物的常用支付方式，主要是银行在提供清算和结算服务，而银行出于服务能力和成本的考虑，通常只面向有规模的企业。由此第三方支付应运而生，通过更有针对性的平台和产品服务于中小企业和个人用户。

第三方支付，就是一些和产品所在国家及国外各大银行签约并具备一定实力和信誉保障的第三方独立机构提供的交易支持平台。在通过第三方支付平台的交易中，买方选购商品后，使用第三方平台提供的账户进行货款支付，由第三方通知卖家货款到达，进行发货；买方检验物品后，就可以通知付款给卖家，第三方再将款项转至卖家账户。这样对商家而言，通过第三方支付平台可以规避无法收到客户货款的风险，同时能够为客户提供多样化的支付工具。对客户而言，不但可以规避无法收到货物的风险，而且货物质量在一定程度上也有了保障，增强了客户网上交易的信心。对银行而言，通过第三方平台可以扩展业务范畴，同时也节省了为大量中小企业提供网关接口的开发和维护费用。

在第三方支付交易流程中，支付模式使商家看不到客户的信用卡信息，同时又避免了信用卡信息在网络上多次公开传输而导致信用卡信息被窃。以通常的网络购物交易为例：第一步，客户在电子商务网站上选购商品，最后决定购买，买卖双方在网上达成交易意向；第二步，客户选择利用第三方作为交易中介，客户用信用卡将货款划到第三方账户；第三步，第三方支付平台将客户已经付款的消息通知商家，并要求商家在规定时间内发货；第四步，商家收到通知后按照订单发货；第五步，客户收到货物并验证后通知第三方；第六步，第三方将其账户上的货款划入商家账户中，交易完成。目前较热门的第三方支付产品有支付宝、微信支付、银联支付、京东支付等。

5.2.1　开通网络支付工具

1. 开通支付宝

本节以网络购物中常用的支付宝为例讲解第三方支付业务的申请。在支付宝网站注册个人账户，可以用手机号码或电子邮箱注册申请。本文以电子邮箱为用户名进行申请。

（1）打开网址 http://www.alipay.com/，进入支付宝首页，找到并单击"免费注册"按钮，进入注册页面，如图 5-11 所示。

图 5-11　支付宝注册页面

（2）填写注册信息。进入注册页面后，可以看到共有三个注册步骤提示，先是系统检查即将申请的账号是否被使用，如未被使用，就会向注册手机号或者邮箱发送验证信息。将手机或邮箱收到的验证码输入对话框，单击"下一步"按钮。不过，出于安全考虑，现在即使用邮箱注册也会要求绑定手机号。

（3）设置身份信息。单击"下一步"按钮后进入个人信息填写页面，如图 5-12 所示。后面根据页面提示填写相应的信息，完成后单击"确定"按钮提交，当提交的密码等信息满足要求后，会出现注册成功的界面，支付宝的账号开通工作完成。

图 5-12 填写支付宝注册信息

2．支付宝充值

（1）打开支付宝网站，先用以前注册的账号登录。登录成功后会出现如图 5-13 所示页面，然后单击"充值"按钮进入支付宝的充值页面。

图 5-13 我的支付宝页面

（2）选择充值/付款方式。支付宝付款可以使用转账到支付宝、快捷支付（含卡通）、支付宝余额付款、储蓄卡付款、信用卡付款、余额宝付款、花呗付款等多种支付手段，目前采用银行卡、信用卡、余额宝支付的较多。如果采用银行卡支付，就在"储蓄卡"选项卡中选择相应的服务银行，再单击"下一步"按钮，进入转账额度选择。当然，支付宝是网上支付交易平台，不一定非要把钱充到支付宝余额中，只要支付宝能够和银行卡等绑定，就可以顺利完成网上购物交易。

注意： 信用卡不能给支付宝账户充值。

（3）输入充值金额，单击"登录到网上银行充值"按钮，会自动打开相关银行的网上业务办理页面，按照页面的提示，先选择安全加密方式（数字证书或插入加密 U 盘并选中），然后输入银行账户和密码等信息即可完成充值。

5.2.2 网络购物与交易

网上购物跨越了时空的限制，给商业流通领域带来了非同寻常的变革。网上购物的真正受益者是消费者，用户根本不用为找不到商品而烦恼，小到一副眼镜，大到一台洗衣机，应有尽有。另外，网上购物还有两个好处：一是开阔了视野，可以货比三家。逛商店只能一个一个地逛，用户即使拿出一天的时间也只能跑自己附近的几个店，而在 Internet 上情况就大不一样了，用户调出一类商品，就可以浏览成百上千个网上商店的商品。二是价格便宜，因为网上商店使商家与消费者直接沟通，省去了中间环节，也省去了商场和销售人员的费用。

中国电子商务研究中心发布的《2018 年（上）中国网络零售市场数据监测报告》显示：2018 年上半年国内网络零售市场交易规模达 40 810 亿元，同比增长 30.1%；上半年中国社会消费品零售总额为 180 018 亿元，也就是说，网络零售市场交易规模占据了社会消费品零售总额的 22%。阿里天猫拿下国内 B2C 市场 55%的交易份额；排在第二位的是京东，占据了 25.2%的交易份额。天猫+京东两者吞下了网络交易市场八成交易份额。

网上购物给用户提供了方便的购买途径，足不出户，即可送货上门。目前常见的购物网站有两大类：一类为 B2C，另一类为 C2C。本文选择 B2C 代表京东商城和 C2C 代表淘宝网进行讲述。

1. 京东商城

京东商城是中国最大的综合网络零售商，是中国电子商务领域最受消费者欢迎和最具有影响力的电子商务网站之一，在线销售家用电器、手机数码、计算机、家居百货、服装服饰、母婴玩具、图书、食品、理财、出行服务等 13 大类数万个品牌百万种优质商品。在京东商城购物，要先在该网站注册成为会员。

（1）在浏览器地址栏中输入 http://www.jd.com，打开京东商城的主页面，然后单击页面顶部的"免费注册"链接，进入注册页面（见图 5-14）。

（2）输入注册基本信息。在新用户注册页面中填写用户名、密码、邮箱等个人信息，然后阅读《用户注册协议》，最后单击"同意以下协议，提交"按钮，完成注册。

（3）商品选购。通过商品分类或搜索等方式选择好自己需要的商品，单击"加入购物车"按钮，商品会自动添加到购物车里，如图 5-15 所示。当本次购买行为不需要再选择其他商品时，就在"商品已成功加入购物车"页面单击"去购物车并结算"按钮，进入"购物车"网页。如果需要更改商品数量，可在商品所在栏目后的商品数量框中输入购买数量。当检查所购商品无误后，单击"去结算"按钮进入订单确认网页。

图 5-14　京东商城新用户注册

图 5-15　京东商城商品选购

（4）填写并核对订单信息。进入如图 5-16 所示的填写订单页面后，根据提示进行详细填写，需要填写的信息包括收货人信息、付款方式、发票信息、配送方式等。在上述信息确认无误后单击"提交订单"按钮，表示提交的订单生效，网商就开始进行备货等后面一系列事宜。

（5）订单修改/取消。由于某些原因需要对前面提交的订单进行修改或取消时，通过京东网首页登录系统，进入"我的京东"，单击"订单中心"，进入"查看"界面。如果商品未完成出库操作，可以对订单进行修改和取消，系统会显示修改/取消的按钮，此时可以自行修改或取消订单。

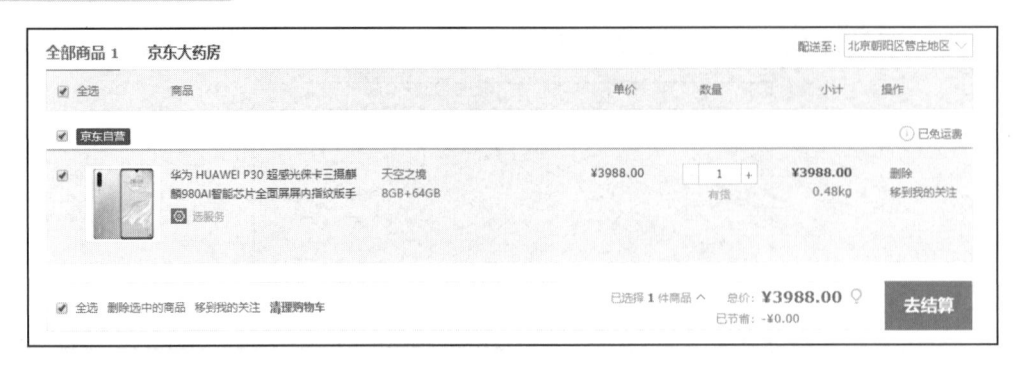

图 5-16　订单信息确认

2. 淘宝网

淘宝网是亚太地区较大的网络零售平台，由阿里巴巴集团在 2003 年 5 月创立。为了最大限度地消除由于虚假注册信息带来的交易安全隐患，淘宝网已经于 2015 年之后，实行实名认证+实人认证。淘宝网和京东商城一样属于综合性购物网站，是阿里巴巴打造的 C2C 购物平台。它与京东商城的不同之处在于阿里巴巴只提供了一个网上集市，所有商品由租赁商户按照商城的管理规定进行销售。据统计，淘宝网拥有注册会员近 5 亿，日活跃用户超 1.2 亿，在线商品数量达到 10 亿，在 C2C 市场，淘宝网占 95.1%的市场份额。

在淘宝网进行购物需要开通网上银行业务和第三方支付工具如支付宝，实现网上银行对支付宝充值，然后用支付宝进行支付。

（1）在淘宝网注册。阿里巴巴、天猫和淘宝共用一个账号，在购物之前需要进行注册。注册方法和京东商城类似，先打开淘宝网站 http://www.taobao.com，在网页顶部单击"免费注册"链接，然后输入手机号进行验证，没有支付宝的注册用户还可以同时选择开通支付宝。之后填写账号信息，系统会给手机发送一个注册码，输入这个注册码即完成账号注册。

（2）返回淘宝网，浏览或搜索自己喜欢的物品，如图 5-17 所示。搜索结果和京东商城不同的是，会出现来自不同销售商的多条相同商品的信息，这就需要买家进行评价和衡量了，考量的方面有官方旗舰店、专营店、其他个人店等，以及产品的价格、销量和好评率。可以单击产品详细页面进行查看和筛选。购买前如对商品信息有任何疑问，可以通过阿里旺旺咨询，或者通过商家客服电话进行询问。确定需要购买时，单击页面中的"立即购买"按钮，进入交易流程。现在，很多淘宝网的商品已经自动链接到天猫商城了。

图 5-17　在淘宝网选购商品

(3) 确认订单。进入订单确认页面（见图 5-18）后，再完善这笔交易的收货地址及购买数量，运送方式可以按自己的需要选择货到付款或普通配送方式，最后单击"提交订单"按钮进入付款页面。

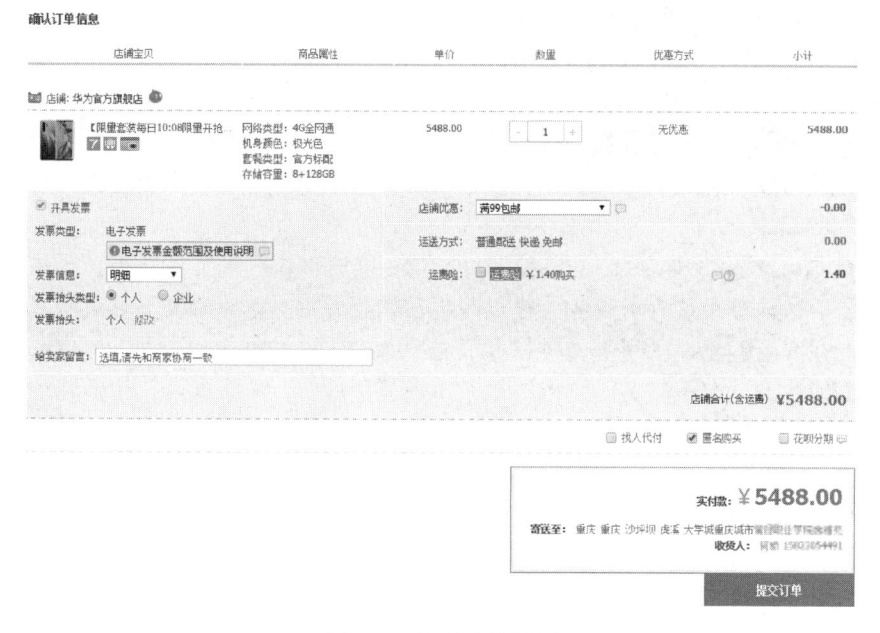

图 5-18　订单确认页面

(4) 支付款项，完成订单手续。进入付款页面，选择付款方式并进行款项支付。此时商品货款是支付给管理者阿里巴巴的，由其托管至收到商品无纠纷时，再由买家确认付款给卖家。

(5) 关注物流信息，等待收货。当完成商品的选购和款项支付后，可以进入淘宝网，在页面顶部选择"我的淘宝"→"已买到的宝贝"查看商品的交易信息和物流信息。

(6) 收货并完成交易的后续手续。当收到商品后觉得满意，就可以确认收货了，同时阿里巴巴也会把这笔交易的款项移交给卖家，交易结束。当然，还可以对商品和卖家的服务态度进行评价，将产品质量和服务质量展示给其他购买者。

5.2.3　阅读材料

1. 电子商务概述

电子商务源于英文 Electronic Commerce，简写为 EC。顾名思义，其内容包含两个方面：一是电子方式，二是商贸活动。电子商务指的是利用简单、快捷、低成本的电子通信方式，买卖双方不谋面地进行各种商贸活动。电子商务可以通过多种电子通信方式来完成。现在人们所探讨的电子商务主要是以 EDI（电子数据交换）和 Internet 来完成的。尤其是随着 Internet 技术的日益成熟，电子商务真正的发展将是建立在 Internet 技术上的。

从贸易活动的角度分析，电子商务可以在多个环节实现，因此，也可以将电子商务分为两个层次：较低层次的电子商务如电子商情、电子贸易、电子合同等；最完整也是最高级的电子商务应该是利用 Internet 能够进行全部的贸易活动，即在网上将信息流、商流、资金流和部分的物流完整地实现。也就是说，你可以从寻找客户开始，一直到洽谈、订货、在线付（收）款、开具电子发票甚至电子报关、电子纳税等，都通过 Internet 一气呵成。

要实现完整的电子商务还要涉及很多方面，除了买家、卖家，还要有银行或金融机构、政府机构、认证机构、配送中心等机构的加入才行。由于参与电子商务的各方在物理上是互不谋面的，因此，整个电子商务过程并不是物理世界商务活动的翻版，网上银行、在线电子支付等条件和数据加密、电子签名等技术在电子商务中发挥着重要的作用。

2. 电子商务类型

（1）B2B（Business to Business，商家对商家），是指进行电子商务交易的供、需双方都是商家（或企业、公司），它们使用了 Internet 的技术或各种商务网络平台，完成商务交易的过程。电子商务是现代 B2B marketing 的一种主要的具体表现形式。具有代表性的网站有阿里巴巴（http://china.alibaba.com）。

（2）B2C（Business to Customer，商家对顾客），即通常说的商业零售，直接面向消费者销售产品和服务。这种形式的电子商务一般以网络零售业为主，主要借助于互联网开展在线销售活动。消费者在网上购物、在网上支付。由于这种模式节省了客户和企业的时间与空间，大大提高了交易效率。B2C 电子商务网站由三个基本部分组成：为顾客提供在线购物场所的商场网站；负责为客户所购商品进行配送的配送系统；负责顾客身份确认和货款结算的银行及认证系统。具有代表性的网站有天猫（http://www.tmall.com）、京东商城（http://www.jd.com）、苏宁易购（http://www.suning.com）等。

（3）C2C（Customer to Customer，顾客对顾客），消费者与消费者之间的电子商务。C2C 概念最早在国外是指个人处理个人多余物品，不能是营利性的商业经营活动，否则不能免税。不过在中国 C2C 概念扩大化了，C 除了指消费者，也可以是利用 C2C 平台出售商品的商家。具有代表性的网站有淘宝网（http://www.taobao.com）、拍拍网。B2C 和 C2C 的区别在于，B2C 是自主商场向消费者直接销售商品，而 C2C 网站相当于一个集市，任何自然人和商家都可以借这个集市来销售商品。

（4）团购网，是团购的网络组织平台。互不认识的消费者，借助互联网的"网聚人的力量"来聚集资金，加大与商家的谈判能力，以求得最优的价格。根据薄利多销、量大价优的原理，商家可以给出低于零售价格的团购折扣和单独购买得不到的优质服务。具有代表性的网站有美团、大众点评等。

3. 网上购物安全原则

（1）持卡人身份认证。为了进一步提高网上购物的安全性，信用卡机构正通过发卡银行推出持卡人身份验证服务，以让消费者在使用信用卡签账时多一个用来验证身份的个人密码，从而为消费者提供更加安全的交易保障，同时，也能帮助消费者确认商户的身份。

（2）使用安全的网上浏览器。网上购物者一定要留意网址的"http"或 URL 之后是否有一个"s"字母，如果网址是以"https"开头的，则它使用的信息传输方式是经过加密的，提高了安全保障。

（3）切勿泄露个人密码。在密码设置上要和网上银行的密码一样不要设置得太简单了，另外要注意保护自己的密码，不要向别人透露。

（4）保护好支付卡信息。除了购物付账，不要向其他人提供自己的支付卡资料。切勿用电子邮件传送支付卡信息，这样做极有可能被第三者截取。信誉良好的商户会在网站上使用加密技术，以保障在网上交易的个人信息不被别人看到或盗取。

（5）送货与退货条款。当消费者在计算网上购物的总费用时，一定要加上运费和手续费。如果商户在海外，可能还需要加上相关的税金和其他费用。购物前，应通过相关网站了解所有的收费标准。在完成每一笔网上购物交易之前，应该先阅读商户网页上有关送货与退货的条款，明确是否能退货，以及由谁承担相关费用。

（6）保存交易记录。保存所有交易记录，如发生退货或需要查询某项交易时，这些记录会非常有用。应保存或打印一份网上订单的副本，这些记录与百货商场的购物收据具有同样的意义。

5.3 网上理财

5.3.1 网上理财主要种类

网上理财是指通过互联网进行理财投资的业务。随着网络在国内的普及和经济的飞速发展，网上理财的概念逐渐为人们所接受，越来越多的金融服务单位已经在网上开展起了它们各自的网上理财服务，传统的股票、基金、保险、债券服务的购买和交易都已经可以在网上进行。此外，新型的理财产品在网上也越来越多，人们可以通过网络进行虚拟贵金属买卖、期货买卖、P2P 网络借贷等。网上理财已经显示出了巨大的发展空间。正确运用网络的快捷性，理财会更加顺畅。

网上理财的种类很多，比如定期存款、股票、期货、现货、基金、国债、年化收益的理财产品、储蓄型的商业保险、P2P 理财、互联网金融理财产品，等等。还有就是利率稍微低一点，但存取很方便，适合零花钱理财的方式，如支付宝推出的余额宝、京东小金库、腾讯的理财通等。

1. 基础知识

证券账户卡（股东卡）：是交易所发放的、用以存放股票的股票账户（卡）。我国目前有两个证券交易所，分别是上海证券交易所和深圳证券交易所。

资金账户：是证券公司发放的、用于存放股民资金的账户。

第三方存管：是指证券公司将投资者的证券交易保证金委托商业银行单独立户进行存管，存管银行负责完成投资者的资金存取、保证金（资金）账户与银行存款账户之间的封闭式资金划转。一个资金账户只能对应一个银行的第三方存管，一个银行账户也只能对应一家券商的第三方存管。

证券公司（券商）：买股票必须委托代理交易的金融企业。股民不可以直接到上海或深圳证券交易所买卖，所以股民必须找一家合法的证券公司代理交易开户。

交易所与证券公司的关系：交易所是为证券集中交易提供场所和设施，主要由证券商组成的组织，本身不能买卖证券；证券公司具有证券交易所的会员资格。

2. 开通手续

（1）开设股东账户。股民先要确定好一家规模较大的证券公司，然后到证券公司营业部的柜台办理，或者通过证券公司的金融 App 办理，工作人员会帮助办理相关事宜。具体流程可参考下面步骤：首先提供本人有效身份证及复印件开立上海证券账户卡和深圳证券账户卡，这项工作通常证券公司可以帮助办理。如果是通过 App 开通，则要自己上传身份证复印件并通过视频确认身份。不同的证券公司收取的交易佣金额度不同。

（2）开立资金账户证。投资者办理沪、深证券账户卡后，到证券营业部买卖股票前，需先在证券营业部开户，开户主要是在证券公司营业部的营业柜台或指定银行代开户网点。个人开户需提供身份证原件及复印件，沪、深证券账户卡原件及复印件。在开户时需要填写开户资料并与证券营业部签订《证券买卖委托合同》（或《证券委托交易协议书》），同时签订第三方存管开立协议。当手续齐全后，证券营业部会为投资者开设资金账户。一个身份证号码只对应一组股东卡号，资金账户可在不同证券公司同时开立，但不跨公司通用。开立资金账户需设置6位密码及资金数交易密码；交易密码可通过电话及网上交易修改；当天开立的证券账户卡，在第二个工作日才能办理指定交易。

（3）开设第三方存管业务。当在证券公司开通资金账户时，需要设立与之相关联的银行账户用于股票和银行储蓄资金的划转。证券公司会提供合作银行名单，用户可自行选择。第三方存管需要本人带身份证、银行账户原件在股票交易时间内办理。在券商端办理第三方存管后还需要到对应的银行网点进行确认才能开通。

5.3.2 网络炒股

1. 下载软件

网络炒股可以在计算机中安装炒股软件客户端或者在手机安装炒股的App。在工作日内，可随时打开软件客户端进行股票的委托下单、查询操作。软件一般是免费下载的。

一般的炒股软件对计算机配置要求不是很高，普通的家用计算机就可以完全满足炒股需求。计算机需要接通宽带，在网上下载并按照软件提示完成安装，用预先申请的交易账号接入该证券网站之后就可以收看即时行情、做实时分析、盘后分析、浏览最新的证券信息等。下面以大智慧证券信息平台为例，介绍如何下载安装证券信息平台。

大智慧证券信息平台是一套用来进行行情显示、行情分析并同时进行信息即时接收的证券信息平台。面向证券决策机构和各阶层证券分析、咨询、投资人员，适合广大股民的使用习惯和感受。它是一套免费软件，可以在大智慧官方网站（http://www.gw.com.cn/）上找到。

打开IE浏览器，在地址栏中输入大智慧的网址，进入大智慧官方网站，根据情况下载手机版或电脑版，这里我们选择电脑版。单击"电脑版免费下载"图标（见图5-19）进入下载页面，选择下载或运行软件，根据提示步骤完成软件安装。

图5-19 大智慧网站首页

2. 查看股票即时行情

股市行情变幻莫测，及时掌握股市的最新动态对于股民来说非常重要。要在大智慧证券信息平台查看股票的即时行情，可按照下面的操作步骤实现。

（1）双击桌面上的"大智慧365"快捷图标运行大智慧证券行情软件。如果是第一次登录，单击"注册新用户"按钮进入注册对话框，根据提示输入账号、密码及确认密码、邮件地址等相关信息完成注册。

（2）完成注册后，系统返回登录对话框，输入刚才注册成功的用户名和密码进入大智慧证券信息登录界面，如图 5-20 所示。

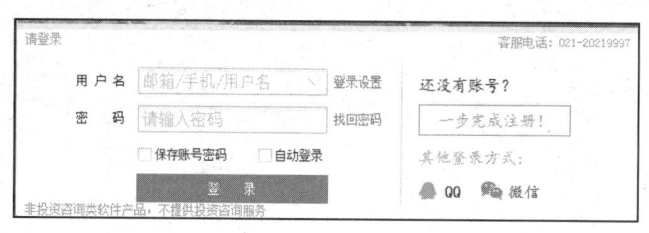

图 5-20　登录界面

（3）启动系统，进入大智慧信息平台，主界面包括自选股、指数、港美股、基金、债券等信息，如图 5-21 所示。如果要查看自己中意的股票，可以在上方的搜索栏输入股票的首字母或代码，然后在下方筛选出来的股票中双击打开，如图 5-22 所示。

图 5-21　优选主站

（4）查看大盘分时走势。大盘当日动态走势的主要内容包括当日指数、成交总额、成交手数、委买/卖手数、委比、上涨/下跌股票总数、平盘股票总数等。另有"指标曲线图"窗口，可显示多空指标、量比等指标曲线图。查看大盘分时走势的操作如下：

① 按 Enter 键切换到大盘 K 线图画面。

② 按 Page Up 键查看上一个类别指数，按 Page Down 键查看下一个类别指数。

③ 按 1+Enter 组合键或 F1 键，查看分时成交明细；按 2+Enter 组合键或 F2 键，查看分价成交明细；按 10+Enter 组合键或 F10 键，查看当天的资讯信息。

④ 按"/"键切换走势图的类型，并调用各个大盘分析指标。

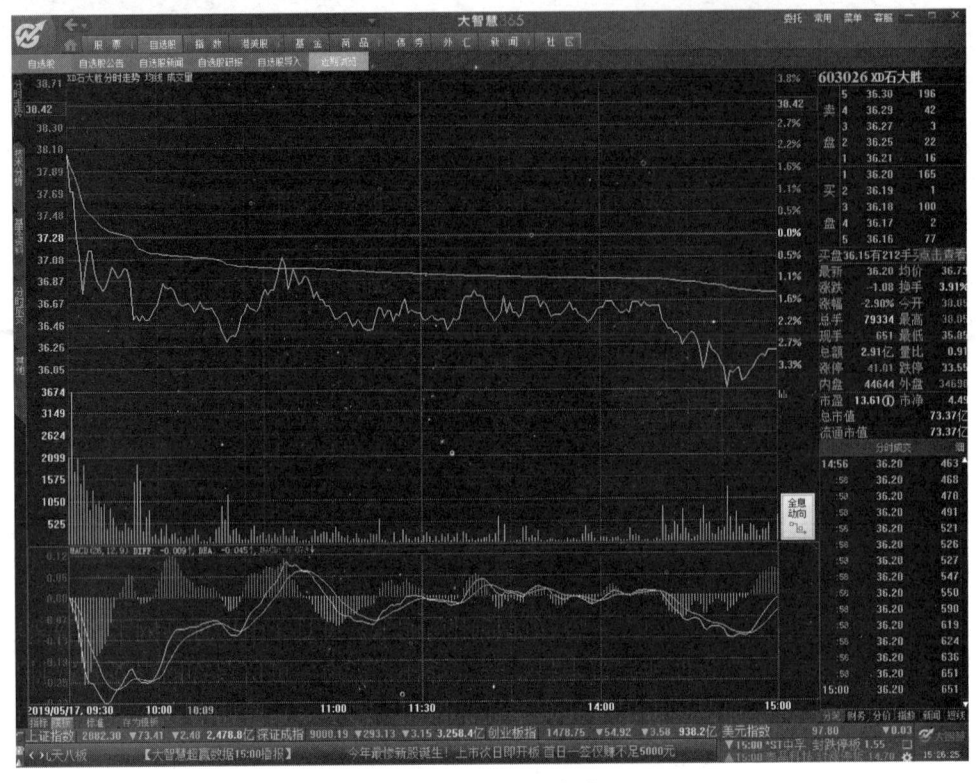

图 5-22 自选股查看

⑤ 进入大盘的分时图或日线图后，可以发现在右下角新增了"大单"这项功能，按小键盘的"+"键就能切换到大单揭示页面。它在沪、深大盘分时走势页面提供了个股大单买卖的数据。用鼠标双击某个股票名称，可以切换到该股票的分时图界面。

（5）查看个股行情。直接输入个股代码或个股名称拼音首字母，然后按 Enter 键确认即可执行操作，如"石大胜华"输入"603026"或"sdsh"，如图 5-23 所示。需要退出时按 Esc 键回到大盘行情。

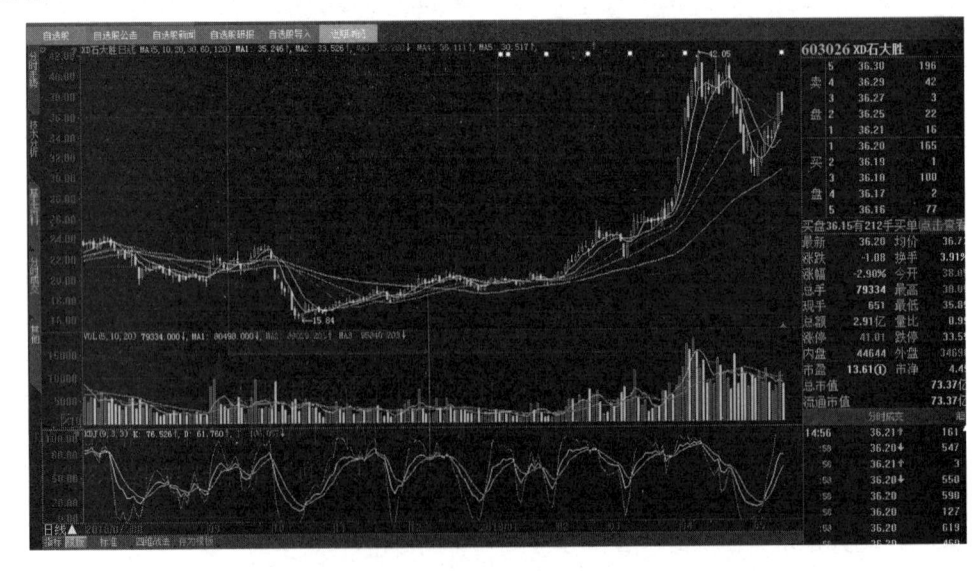

图 5-23 个股行情

3. 网上委托下单

大智慧证券信息平台的委托下单功能需要自己的代理证券公司与该系统有合作关系才能启用。如果他们有合作关系，可以将委托下单功能链接到大智慧证券信息平台，链接方法就是进行委托设置。具体操作如下：

（1）安装网络交易软件。将证券商提供的网络交易软件安装到计算机中（如中信证券的"中信证券网上交易系统"），通常在证券公司网站的下载栏目中提供。安装过程根据软件的提示可轻松完成。

注意：网络交易软件来源必须可靠，且应有相关的安全保证，如数字证书、密钥盘等。

（2）进行委托设置。运行"大智慧证券信息平台"，选择上方的"委托"菜单，弹出"自助委托设置"对话框，如图 5-24 所示，选择委托公司并下载委托程序。

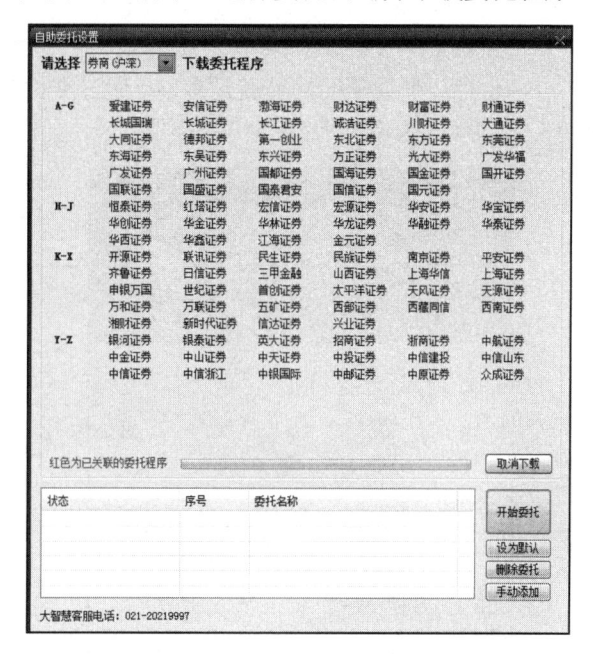

图 5-24 "自助委托设置"对话框

（3）委托程序下载成功后，单击"开始委托"按钮，输入客户号码及交易密码，就可以实现网络交易了。选择"大智慧证券信息平台"→"委托"菜单，可以启动网络交易软件，以后的具体操作可根据券商提供的《网络交易软件使用说明书》进行（中信证券网上交易系统的启动界面如图 5-25 所示）。

图 5-25 中信证券网上交易系统的启动界面

进入交易界面，用户可以买入、卖出、撤单股票，查询资金余额、证券余额、委托、成交状况、股票市值等，还可以修改交易密码、进行银证转账等。

注意：
（1）当前默认的交易市场和股东代码显示在下方，如果用户需要可手工切换。
（2）用户进入交易界面后，如果在 2 分钟内没有任何操作，系统会自动退出。
（3）网上交易密码与客户柜台交易、电话委托交易密码联动，修改其一将引起其他密码变化，请注意牢记。
（4）在进行网上交易时，一定要保证用户计算机无病毒，否则可能带来严重后果。

5.3.3　支付宝理财

在中国，出门只要有手机就可以享受付款、乘车、购票等一系列生活便利。而支付宝除了可以提供一系列生活服务外，还有一个重要的功能就是理财。通过支付宝的"财富"可以看到，分类非常详细，如"定期""基金""余额宝""黄金""股票"等，如图 5-26 所示。

图 5-26　支付宝理财

1. 余额宝理财

余额宝，顾名思义就是把你多余的钱放在里面，每天都会有利息存入你的余额账户。不过，余额宝的利率会随着金融市场的变化而变化。目前余额宝的税率和银行的定期存款差不多，但比活期利率要高。

2. 定期

定期是指按一定的时间期限购买理财产品，比如 30 天、60 天、365 天等。购买定期产品成功后，在该时间范围内不能赎回。

5.3.4 阅读材料

常见股票类网站

证券之星（www.stockstar.com）：证券之星网站于 1996 年开通，是中国最早为股民提供信息增值服务的金融证券类网站。在各项权威调查与评比中，证券之星多次获得第一，连续 4 年蝉联权威机构评选的"中国最优秀证券网站"榜首，注册用户超过 1000 万，是国内注册用户最多、访问量最大的证券财经站点。

中国银河证券网（www.chinastock.com.cn）：提供全国范围的网上炒股、实时股票行情、财经新闻、股评、个股推荐、投资资讯，以及个性化社区服务。

中信建投证券网（www.csc108.com）：中信建设证券网提供证券资讯和在线交易的服务，如果你对股票投资不太了解，可使用中信建设证券网的模拟炒股先预练习一下。中信建设证券网还提供经纪人留言和经纪人推荐股等信息，给投资者提供专家级的信息。

5.4 网上订票

为了合理安排自己的出行，事先在网上预订飞机票、火车票显得非常必要。通过网上订票业务，就再也不用在售票厅排着长长的队伍等候买票了，从而节约宝贵的时间。

5.4.1 网上订飞机票

网上订飞机票的平台很多，如淘宝网、携程旅行网等。除此之外，航空公司的网站也提供网上购票功能，并且，不同航空公司还会不定期推出低折扣机票及里程兑换机票等优惠活动。下面以四川航空为例，介绍如何在网上订购飞机票。

四川航空飞机票预订客户有两种形式：一是川航会员身份，二是非会员身份。会员身份可以累计里程，并且有更多的折扣。如果喜欢川航的服务和质量，可以注册成为会员，享受更多便捷服务。

（1）打开 IE 浏览器，在地址栏输入 http://www.sichuanair.com/并按回车键，打开四川航空网站主页，如图 5-27 所示。

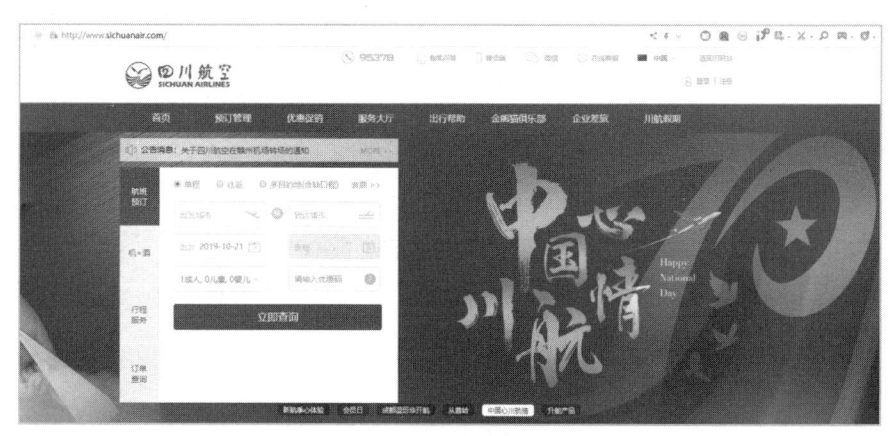

图 5-27　川航网站主页

（2）若要订购机票，可单击页面上方的"单程"或者"往返"，选择出发城市和到达城市及出发时间。如果选择的是"往返"，还需要确定返程时间。单击"立即查询"即可看到航班列表信息，如图5-28所示。

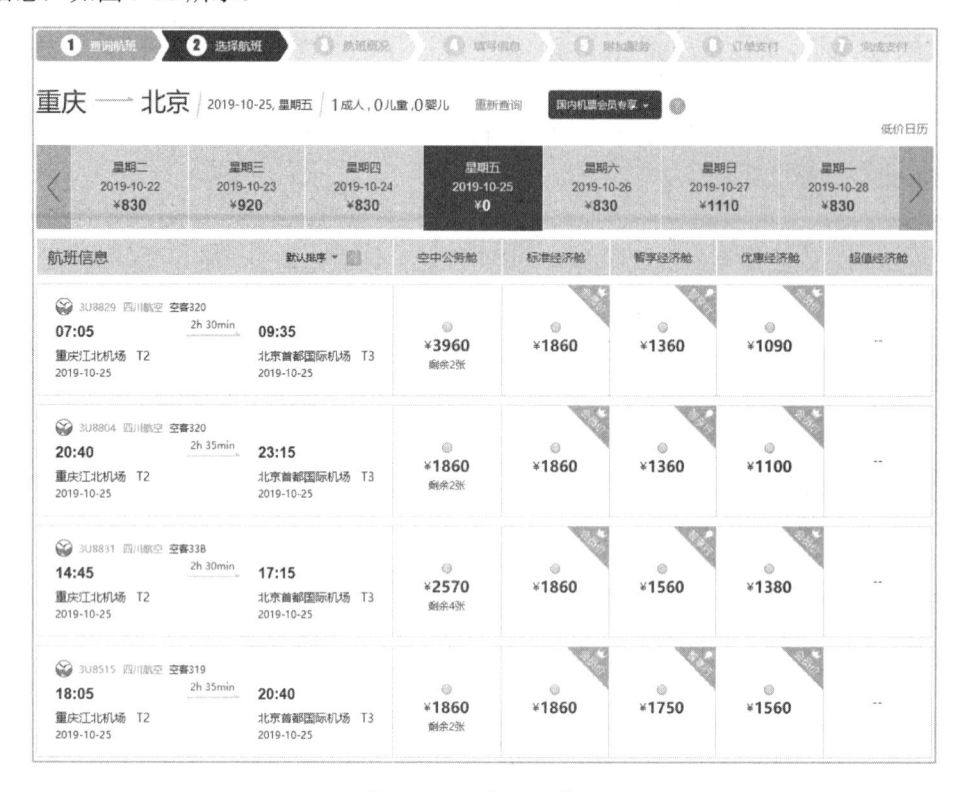

图5-28　航班列表信息

（3）选择适合自己的航班，单击对应的舱型，如图5-29所示，单击"预订"按钮。此时会弹出登录信息，如果是会员可享受优惠。

图5-29　选择航班

（4）川航还提供机票+酒店服务，在选择飞机班次的同时，可选择入住酒店，相比单程机票性价比高很多。不过，要购买此类型机票需要登录会员账号。

（5）已经购买机票的旅客可以登录行程服务挑选座位。目前川航网站只提供成人及有成人陪伴的儿童的"选座值机"服务，如图5-30所示。

图 5-30　行程服务

5.4.2　网上订火车票

旅客可以通过铁路售票窗口（包括铁路车站售票窗口、自动售票机和铁路客票代售点）购买火车票，还可以登录中国铁路客户服务中心网站 http://www.12306.cn 注册后购票。

1. 注册购票用户账号

（1）在浏览器中打开铁路客户服务中心官方网站（http://www.12306.cn），如图 5-31 所示。单击右上角的"注册"按钮，进入新用户注册页面。

图 5-31　铁路客户服务中心官方网站

（2）按要求填写注册信息。当打开新用户注册页面后，会看到如图 5-32 所示界面。此时按要求填写个人信息，尤其是证件号码等信息需要准确填写，姓名要与身份证上的保持一致。带红色"*"的项目为必填项。填写完毕后勾选下方的"我已阅读并同意遵守……"项，单击"下一步"按钮。

（3）激活账号。提交注册信息成功后，系统会给刚才注册的手机号发送一条验证短信，正确输入验证码即可激活该账号。

图 5-32　注册 12306 网站账号

2. 网上购票

（1）进行车票查询。在 12306 网站如果只是查询车票可以不用登录账号，直接输入"出发地""到达地"和"出发日期"即可查询指定时间的车票情况和车次。但是如果要购买车票则需要登录。用注册的账号登录后，可以查看车次是否有余票，如图 5-33 所示，显示"有"的车次表示对应的座位有票。单击对应车次的"预订"链接进入车票预订界面。

图 5-33　车票查询

（2）提交订单。进入车票预订界面，如图 5-34 所示。在此界面中，从乘客信息中选择乘客或直接录入乘车人信息。当身份信息填写完整后，单击"提交订单"按钮申请车票，进行订单确认。然后核对申请成功的车票信息,确认无误后进行网上支付,选择支付方式完成网上支付手续。网银支付成功后系统会提示网上购票成功,同时也会发短信到填写的手机号中。网购成功后需要凭身份证去火车站领取纸质火车票。

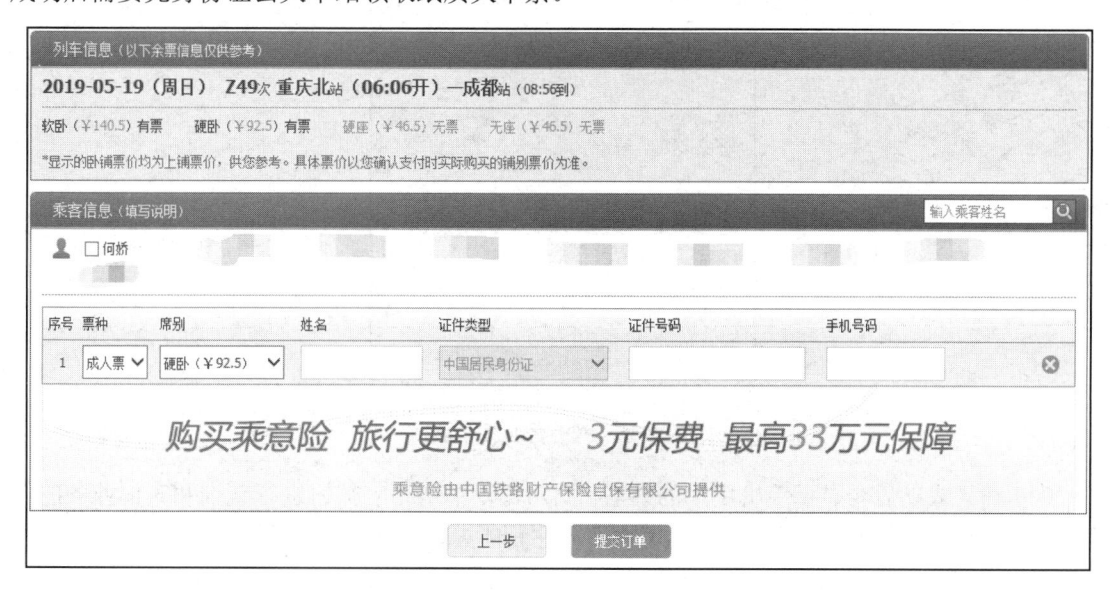

图 5-34　车票预订

5.5 网上缴费

随着手机业务的增加,网上缴费也越来越方便、快捷,足不出户即可完成手机充值及水、电、气、有线电视、宽带等的缴费。

5.5.1 网上移动营业厅

网上移动营业厅是通过 Internet 向用户提供固定电话或手机业务服务的一种新的业务受理方式,开通了网上业务受理、话费充值及查询、故障申告、业务展示、业务快讯、移动商城等功能,实现了客户服务中心窗口营业与网上受理的有机结合。中国移动通信网上营业厅网址为 http://www.10086.cn,中国联通网上营业厅网址为 http://www.chinaunicom.com.cn,中国电信网上营业厅网址为 http://www.189.cn/。下面以中国移动的网上移动营业厅为例进行介绍。

1. 登录网上营业厅

用户可以登录移动网上营业厅,实现自助服务。例如,需要查询手机话费的余额或通话清单,就不必再去营业厅了。

(1) 打开浏览器,在地址栏中输入 http://www.10086.cn 按回车键,该网站会根据用户所在省区的 IP 自动定位到对应的地区。

(2) 单击页面左上方的"登录"按钮,进入营业厅网页,在该页面输入手机号码、服务密码和验证码,单击"登录"按钮,如图 5-35 所示。初始的服务密码记录在该号码的储值卡上。如果不知道密码也可以选择短信随机码登录,系统会发送一条手机短信,将收到的验证码输入对应文本框即可登录。

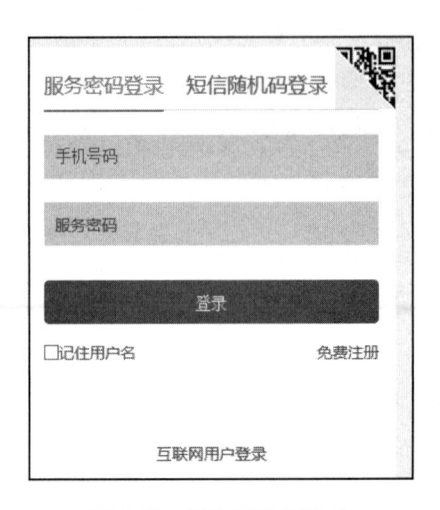

图 5-35　网上营业厅登录

（3）登录成功后会显示手机用户的姓名，用户可以单击相应按钮进行查询和其他业务的办理。用户进入自助服务界面后，可以实现很多以往只能去营业厅才能办理的业务，如话费查询、详单查询、报停挂失、停开机、修改密码、基本功能设置、增值业务、免费服务定制等。

2. 查询话费

查询服务提供了账单查询、详单查询、余额查询、缴费记录查询、业务查询退订、手机归属地查询等功能，这里只介绍详单查询的方法，其他功能可以此类推。

（1）单击页面左侧的"导航列表"，进入业务相关的导航区域。然后选择用户需要查询的类型，如详单查询，单击"详单查询"链接即可，如图 5-36 所示。

图 5-36　导航列表

（2）查询选择。系统打开详单查询界面，可以选择要查询的时间，如图 5-37 所示。系统会弹出身份信息确认对话框，输入服务密码、随机码和验证码，单击"认证"按钮，即可查询出选定日期的详单。

图 5-37 设置查询时间

（3）明细话单如图 5-38 所示，包括起始时间、通信地点、通信方式、对方号码、通信时长、通信类型、套餐优惠、实收通信费等。查询服务还提供其他功能，用户可根据自己的需要，对其他项目进行查询。

图 5-38 明细话单

3. 充值缴费

网上移动营业厅可以为手机提供充话费、充流量服务，用户只需要输入自己或他人的手机号码，选择金额及付款方式就可以享受充值缴费的快捷服务，如图 5-39 所示。

图 5-39 充值缴费

网上营业厅同时还提供了多种业务，用户可以根据个人需要，实现其他功能的设置，如更改套餐业务、修改密码、家庭业务办理、积分兑换、商城购物等。

5.5.2 生活缴费

生活缴费是指在网上通过某些平台对家庭产生的水费、电费、燃气费、有线电视费、固话费、宽带费、物业费等进行缴纳。很多支付平台都提供生活缴费功能，比如微信支付、支付宝等，这里我们以支付宝为例进行讲解。

（1）打开支付宝，在首页可以看到"生活缴费"选项，如图 5-40 所示，单击进入页面。

图 5-40　生活缴费

（2）首次使用生活缴费需要绑定卡号，如水务公司提供的水卡卡号，燃气公司提供的天然气卡号等。

（3）选择要缴费的项目，如燃气费，在弹出的页面会有应缴费金额，输入金额进行支付即可。

5.6　网上求职

5.6.1　网络招聘

网上求职简单高效，而且可以以几乎无成本的方式将用户的简历发给几十家甚至上百家企业，然后坐等求贤若渴的招聘单位主动联系，不愁找不到满意的工作。通过以下的学习，我们可以掌握如何在网络中找到一份自己满意的工作。

网上求职的网站很多，比如智联招聘、前程无忧、58 同城等，这些网站的招聘信息需要求职者甄别其真伪，谨防上当受骗。除此以外，可以选择各地区的大中专毕业生就业指导服务中心，这里我们就以重庆高校毕业生就业信息网（http://www.cqbys.com/job）为例。

1. 激活账户

不同地区的就业信息网对求职者要求不同。在重庆高校毕业生就业信息网求职需要激活账户，如图 5-41 所示，选择自己所在学校，填写正确的学号并输入激活密码，进入下一步账户信息设置流程，当账户激活成功后便可登录申请网站提供的职位了。

图 5-41　激活账户

2. 求职招聘

就业信息网提供两种类型的招聘，一种是各高校举行的双选会，另一种就是网站提供的企业招聘，如图 5-42 所示。

图 5-42　搜索职位

选择适合自己的岗位，提出职位申请，将事先准备好的个人简历发送到指定邮箱，等待用人单位回信，当用人单位觉得满意时，会通知你面试时间。

5.6.2　阅读材料

网上求职技巧

（1）网上简历要有特色。写简历无疑是网上求职中的重要一步，写出出色的个人简历的一个原则是要有重点。不要忘记用人单位寻找的是适合某一特定职位的人。因此，如果简历的陈述没有工作和职位重点，或是把自己描写成一个适合于所有职位的求职者，则很可能无法胜出。

（2）要有针对性地发送简历。首先自己投送的简历要适合对方的招聘要求，否则将会在第一轮过滤条件时就被刷下；其次要让人力资源经理认为自己有明确职业的定位。所以，在填写简历时要把自己最好、最适合的一点加以突出表现，有针对性地发送简历。

（3）先行了解招聘单位的可信度。在投送简历前要先了解招聘单位的实际情况，一方面网上也存在着诸多陷阱，如虚假信息、垃圾信息等，这些都令涉世未深的大学生难以识别；另一方面，通过其他途径了解招聘企业的具体情况，有利于在填写简历时更有针对性。

（4）在填写自己的信息时要留下详细的电话号码（含区号），在简历中应注明详细的工作、学习、培训经历，应说明对应聘职务的理解。在收到面试通知后电话商定面试方式和时间，面试时带好详细简历，严禁迟到。

5.7 小结

网络生活和网络商务是未来 Internet 应用的一个热点，通过本章的学习读者可以提高自己的网络商务水平。本章主要介绍了现在最流行的网络生活和网络商务项目，详细阐述了网上银行、网上购物、网上炒股、网上订票、网上移动营业厅和网络求职的功能与使用方法。虽然目前网络商务功能发展迅速，网络商务的层次也日趋多样化，但其运用方法都很相似，读者可以参照本章介绍，进行相应的其他网络商务活动。

5.8 习题

一、选择题

1．请通过 Internet 或现场了解，目前全球最大的银行中国工商银行的网上银行在安全保障方面有哪些措施（　　）。（多选）

A．密码　　　　　　　　　　　　B．密码器
C．U 盘证书　　　　　　　　　　D．Internet 安全证书

2．下列网站中不属于电子商务网站的是（　　）。

A．阿里巴巴　　　　　　　　　　B．新浪网
C．淘宝网　　　　　　　　　　　D．易趣

3．下列网站中不属于招聘类网站的是（　　）。

A．中华英才网　　　　　　　　　B．中国人才热线
C．卓越网　　　　　　　　　　　D．前程无忧

二、简答题

1．请简述网上银行数字证书的种类和功能。
2．请简述开通网上银行的步骤。
3．请简述网络购物的步骤。
4．如果要开通网上缴水费功能，需要哪些步骤？
5．请简述网上订火车票的步骤。
6．请简述如何利用网上营业厅查询自己的当月消费明细。

第6章 个性网络生活

学习目标
- ☞ 掌握微博的申请和制作
- ☞ 了解个性视频互动及 BBS 的使用
- ☞ 掌握简单网页的制作

据第 44 次《中国互联网络发展状况统计报告》显示，截至 2019 年 6 月，我国网民规模达 8.54 亿，较 2018 年底增长 2598 万，互联网普及率达 61.2%，较 2018 年年底提升 1.6 个百分点。从城市到农村，越来越多的人参与到网络生活、工作、学习中来，网络在改变着人们的生活。

6.1 微博

1. 博客

博客的英文名字是 Blog 或 Web Log，作为一个典型的网络新生事物，该词来源于 Web Log（网络日志）的缩写，专指一种特别的网络个人出版平台，出版内容按照时间顺序排列且不断更新。

Blog 的全名是 Web Log，中文意思是网络日志，后来缩写为 Blog，而博客（Blogger）就是写 Blog 的人。简单地说，博客是一类人选择的一种生活方式，这类人习惯于在网上写日记。Blog 是继 E-mail、BBS、IM 之后出现的第 4 种网络交流方式，可以说是网络时代的个人读者文摘，它主要以超级链接的形式发布网络日记，代表着一种新的生活方式和新的工作方式，更代表着一种新的学习方式。具体来说，博客这个概念解释为使用特定的工具，在网络上出版、发表和张贴个人文章的人。

2. 微博

微博，即微博客（MicroBlog）的简称，是一个基于用户关系的信息分享、传播及获取平台，用户可以通过 Web、WAP 及各种客户端组建个人社区，以 140 字左右的文字更新信息，并实现即时分享。2009 年 8 月份中国最大的门户网站新浪网推出"新浪微博"内测版，成为门户网站中第一家提供微博服务的网站，微博正式进入中文上网主流人群的视野。

3. 博客和微博的区别

如果把博客比喻成一本成体系的书，那么微博就像一个便利条，前者大而广，后者小而精。两者的区别主要体现在以下几个方面。

（1）字数：博客对字数没有限制，微博必须在 140 字以内。

（2）发布：相对博客来说，微博的发布和更新方式更加多样性，可以通过手机发短信、手机网络更新，也可以通过计算机网络更新且更加灵活方便。

（3）浏览：浏览别人的博客必须去对方的首页，而微博在自己的首页上就能很方便地浏览别人的微博。

（4）传播速度：博客要靠网站推荐带来流量，而微博通过粉丝转发来增加阅读数。

微博账号分为个人微博和官方微博。这里我们以新浪个人微博为例，讲解微博的申请、浏览、发博文等相关知识。

6.1.1 申请微博

在新浪网，如果没有微博账号是可以浏览微博内容的，但是，如果想要自己发微博或者留言、转发等就需要有自己的微博账号。要想登录新浪微博，有两种方式，一种是已经拥有新浪账号的登录，另一种是注册登录。下面分别讲讲这两种方式。

1. 已有新浪账号的登录

如果你已有新浪账号，如新浪博客、新浪邮箱（xxx@sina.com、xxx@sina.cn），则可直接使用新浪账号登录微博，无须单独开通。

2. 注册登录

（1）通过手机号注册。在注册页面输入手机号及密码，单击"立即注册"按钮，如图 6-1 所示，系统会发送验证码到手机，填入收到的验证码，按页面提示操作即可。

图 6-1　手机注册个人微博

（2）邮箱注册。选择"邮箱注册"，输入邮箱账号并设置密码和验证码后，单击"立即注册"按钮，如图 6-2 所示，根据页面提示操作即可。

图 6-2　邮箱注册个人微博

6.1.2　浏览微博

1. 浏览博文

微博每天都有大量的信息更新，有官博发布的信息，也有个人微博发布的信息，想要即时了解国内外发生的新鲜事，只需要在浏览器地址栏输入 https://www.sina.com.cn/并回车，在打开的网页上方单击"微博"就可以浏览最新的博文信息，如图 6-3 所示。

图 6-3　浏览微博

微博的分类很多，包括热门话题、头条、视频、新鲜事、榜单、社会等。想看哪一个版块的信息，只需要单击对应版块即可。例如，想看"头条"信息，只需单击"头条"就会弹出当前时间的头条内容。一般在浏览过程中，网站会在右侧一直显示登录窗口，提醒用户登录账号。

有账号的用户可以登录微博后再浏览内容，看到喜欢的博文可以转发到自己的微博中，这样转发的微博就在"我的主页"中显示。

2. 关注博主

博主就是制作微博的主人，分为个人博主和官微，关注了自己喜爱的博主或者官微后可以及时看到博文内容的更新。

登录微博账号以后，浏览器上方会有"发现"，单击"发现"会出现如图 6-4 所示的分类信息。

图 6-4　热门微博分类

6.1.3　制作微博

微博内容形式多样，可以是纯文字、图文混合或者视频等。要制作并发布自己的微博，可以按以下步骤完成。

（1）计算机登录微博账号后，会在首页显示如图 6-5 所示的文本编辑框。

图 6-5　微博的文本编辑框

（2）在文本框输入要发布的文字内容，字数在 140 字以内。如果要配图片或者视频，单击下面的图片或视频按钮，添加媒体内容。

（3）确认内容无误后可以单击"发布"按钮，发布微博，这样在微博的首页就会显示刚刚发布的内容了。

（4）手机登录微博与计算机登录略有差别，如图 6-6 所示。要编辑博文内容，可以点右上角的"+"，在弹出的下拉列表中可以选择写微博、图片、视频、文章、直播等博文类别。编辑好后单击"发送"按钮就可以成功发布微博。

图 6-6 手机登录微博

不管是通过计算机还是手机发布微博，不仅可以添加图片或者视频，而且还可以在博文里添加话题，话题是以"#"开头和结束的。单击下方的"…"还会弹出如"超话""新鲜事""音乐"等选项，参与到对应的选项可以让有着同样兴趣爱好的人更快地发现你的微博。

6.2 个性视频互动

随着互联网的不断发展，单纯的文字交流形式已不能满足人们的网络交流需求，视频互动模式俨然成为一种新型的互联网交流模式。目前提供短视频、原创视频的平台很多，如抖音、哔哩哔哩（bilibili）等网站或 App。这里我们以哔哩哔哩为例，讲解"国创（国产原创）"互动视频的观看及制作。

哔哩哔哩现为国内领先的年轻人文化社区，该网站于 2009 年 6 月 26 日创建，粉丝们称其为"B 站"。B 站的特色是悬浮于视频上方的实时评论功能，爱好者称其为"弹幕"，这种独特的视频体验让基于互联网的弹幕能够超越时空限制，构建出一种奇妙的共时性的关系，形成一种虚拟的部落式观影氛围，让 B 站成为极具互动分享和二次创造的文化社区。B 站目前也是众多网络热门词汇的发源地之一。

6.2.1 观看视频

（1）观看视频。打开浏览器，在地址栏输入 https://www.bilibili.com/ 并按回车键进入网站首页，如图 6-7 所示。哔哩哔哩网站的视频分类较细，比如动画、鬼畜、国创、番剧、音乐、游戏、生活、影视、直播等，单击想看的类型，如"国创"，会弹出下拉列表，包括国产动画、国产原创相关、布袋戏、动态漫·广播剧等内容。

图 6-7　哔哩哔哩网站首页

（2）搜索视频。在网站右上方的搜索对话框输入想观看视频的关键字，按回车键或者单击"搜索"按钮即可列出相关视频内容，如图 6-8 所示。在搜索出来的列表中单击相关视频，就可以打开视频播放窗口进行观看了。

图 6-8　搜索视频

6.2.2 投稿管理

在哔哩哔哩网站上有非常多的原创或再创作视频,可以任意观看,如果自己也有创作的意向,也可以把制作好的视频投稿到网站发表。具体方法如下:

(1) 登录/注册账号。如图 6-9 所示,有账号的用户可以直接登录,没有账号的单击"注册"按钮按流程完成注册。

图 6-9　登录/注册账号

(2) 单击右上方的"投稿",在弹出的列表中选择"专栏投稿""视频投稿""音频投稿"的任意一种类型,这里选择"视频投稿"进行讲解。

(3) 如图 6-10 所示,单击"上传视频"按钮,在弹出的资源管理器中选择事先编辑好的视频,确定上传。上传的视频要经过网站审核,如果涉及版权或者违规违法等内容是不能通过审核的。

图 6-10　上传视频

（4）审核通过的视频可以发布到网站首页，这样网站的用户就可以看到刚发表的内容了，点击量越多，占据首页的时间会越长，视频推广就会越成功。

（5）网站还可以进行投稿管理，互动管理（就是留言、弹幕等互动内容）、收益管理等。

6.3 BBS

6.3.1 什么是BBS

BBS的英文全称是Bulletin Board System，翻译为中文就是"电子公告系统"或"电子公告栏"，即Internet上的各种论坛。

上网寻找资料，或者收发E-mail，或者和好久不见的同学朋友用QQ聊天是很正常的事情，但是还有一样东西你不得不去了解，这就是BBS。BBS是一种电子信息服务系统，相当于我们生活中的公告栏，每个用户都可以在上面书写，可以发布信息或提出看法，或者寻找自己想要的资料。

在BBS里，你可以得到很多知识，例如，可以了解大学生目前最感兴趣的话题，可以和志同道合的朋友或者陌生人相互交流，想最快知道最新新闻实况并发表自己的看法观点、想看看最近出了什么新电影等。BBS具有自由风气和众多同学朋友无私的帮助，烦恼开心都可以与他人分享，甚至计算机出了点小问题需要帮助，都会有热心人来解答。

虽然互联网是个自由的虚拟空间，但是用户在BBS上"发帖""回帖"也应当遵守相关的论坛规则和法律规定。尤其需要注意以下几点：

（1）用户的言行不得违反《计算机信息网络国际联网安全保护管理办法》《互联网信息服务管理办法》《互联网电子公告服务管理规定》《维护互联网安全的决定》等相关法律规定。

（2）不得发布任何违反国家法律法规的言论，不得发表任何包含种族、性别、宗教歧视性的内容，不得发表猥亵性的文章，对任何人都不能进行侮辱、谩骂及人身攻击，必须严格遵守网络礼仪规定。

（3）用户发表文章时，除遵守相关法律法规外，还需遵守论坛的相关规定，遵守论坛规定的用户在论坛中拥有言论自由的权利。

（4）用户应承担一切因其个人行为而直接或间接导致的民事或刑事法律责任。

6.3.2 百度贴吧

百度贴吧是百度旗下的独立品牌、全球最大的中文社区，其基于搜索引擎和开放关键词的形态已变成一种通用的互联网产品模式，让志同道合的人相聚在贴吧。贴吧是以兴趣主题聚合志同道合者的互动平台，贴吧的组建依靠搜索引擎关键词，不论是大众话题还是小众话题，都能精准地聚集大批网友，展示自我风采，结交知音。贴吧目录涵盖社会、生活、明星、娱乐、体育等方方面面，是全球最大的中文交流平台，它为用户提供一个表达和交流思想的自由网络空间，并以此汇集志同道合的网友。

1. 进入百度贴吧

打开浏览器，在地址栏中输入网站地址 https://tieba.baidu.com/index.html 并按回车键，即可进入百度贴吧首页，如图 6-11 所示。

图 6-11　百度贴吧首页

2．用户注册

（1）如果用户已经有百度账号可以不用注册，直接登录即可。如果没有百度账号，可以单击百度贴吧页面中的"注册"链接。

（2）用户按提示输入个人信息，如图 6-12 所示，最后单击"注册"按钮。

（3）系统会提示验证邮箱，完成后即注册成功。

图 6-12　注册个人信息

3．浏览贴吧

浏览贴吧的方法很多，以下简要介绍两种方法：

（1）通过导航浏览。在百度贴吧首页，左侧显示有导航栏分类，将光标指向各分类有子菜单可供选择，可以选择进入各对应栏目进行浏览。

（2）通过搜索关键字浏览。在百度贴吧首页上方，有如图 6-13 所示的搜索文本框，可以搜索进入自己感兴趣的贴吧版块。

图 6-13 搜索贴吧

4. 创建自己的贴吧

创建百度贴吧的方法有两种，下面分别进行说明：

（1）打开百度贴吧首页，在如图 6-14 所示对话框中输入贴吧名字，如果词条中显示没有该名字，按回车键后就会出现"创建×××吧"的文字。

（2）单击该文字，打开如图 6-15 所示页面，输入验证码，单击"创建贴吧"按钮，输入用户需要创建的贴吧信息。单击"创建贴吧"按钮后，如果用户满足"注册时长大于 3 个月且全吧发言 30 条"这个条件，就可以成功创建贴吧。

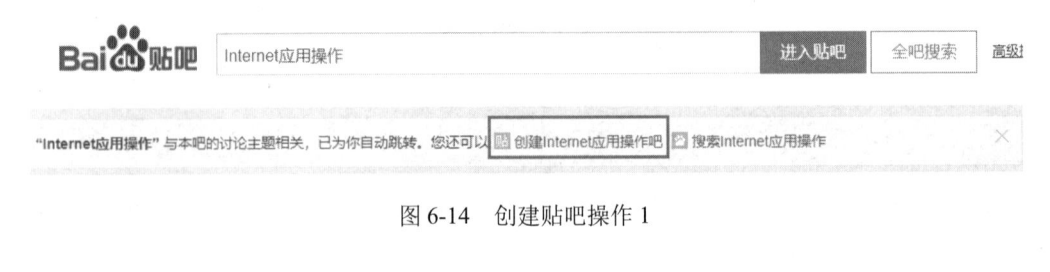

图 6-14 创建贴吧操作 1

图 6-15 创建贴吧操作 2

6.3.3 天涯社区

天涯社区，创办于 1999 年 3 月 1 日，是一个在全球具有影响力的网络社区，自创立以来，以其开放、包容、充满人文关怀的特色受到了全球华人网民的推崇。经过 20 年的发展，已经成为以论坛、博客、微博为基础交流方式，综合提供个人空间、相册、音乐盒子、分类信息、站内消息、虚拟商店、来吧、问答、企业品牌家园等一系列功能服务,并以人文情感为核心的综合性虚拟社区和大型网络社交平台。

进入天涯社区的步骤如下。

(1)打开浏览器,在地址栏输入 http://www.tianya.cn/ 并按回车键,即可进入天涯社区首页,如图 6-16 所示。

图 6-16　天涯社区首页

(2)没有注册账号的用户可以选择"浏览进入"方式登录论坛主页,但是只能看帖子,不能发表评论和写帖子。天涯社区分为论坛、聚焦和天涯榜,没有登录账号的用户可以看论坛和聚焦,但不能浏览天涯榜。

(3)注册天涯账号。单击首页右边的"立即注册"按钮,弹出如图 6-17 所示注册页面,用户根据提示填入用户名、密码、手机号及验证码信息,勾选协议并单击"立即注册"按钮。

图 6-17　注册页面

6.4 网上娱乐

6.4.1 在线玩游戏

在线游戏种类繁多，包括 Flash 小游戏、网页游戏、大型客户端游戏、游戏对战平台等，满足了很多人的娱乐需求。例如，腾讯 QQ 提供了许多免费的在线游戏，如竞技类、牌类、棋类等众多游戏，老少皆宜。

要在线玩 QQ 游戏，可按下面的步骤进行：

（1）下载并安装 QQ 游戏（网址为 http://games.qq.com），双击桌面上的"QQ 游戏"快捷图标，或者单击 QQ 界面上的 图标，弹出"QQ 游戏"登录窗口，如图 6-18 所示，输入 QQ 号码及密码，单击"马上登录"按钮即可进入游戏界面，如图 6-19 所示。

图 6-18 "QQ 游戏"登录窗口

（2）如果想玩 QQ 斗地主，可双击左边列表中的"欢乐斗地主"客户端程序，在弹出的提示框中单击"确定"按钮开始下载安装游戏。

（3）下载完毕后自动弹出安装对话框，根据提示安装完成后，在左边列表中双击一个房间，进入房间后找个空位子，等待人坐满并同意开始游戏时，即可开始玩斗地主了。

（4）对于其他类型的游戏，首次使用时都需要先下载安装客户端程序，安装完成后即可按照上面介绍的步骤来玩。

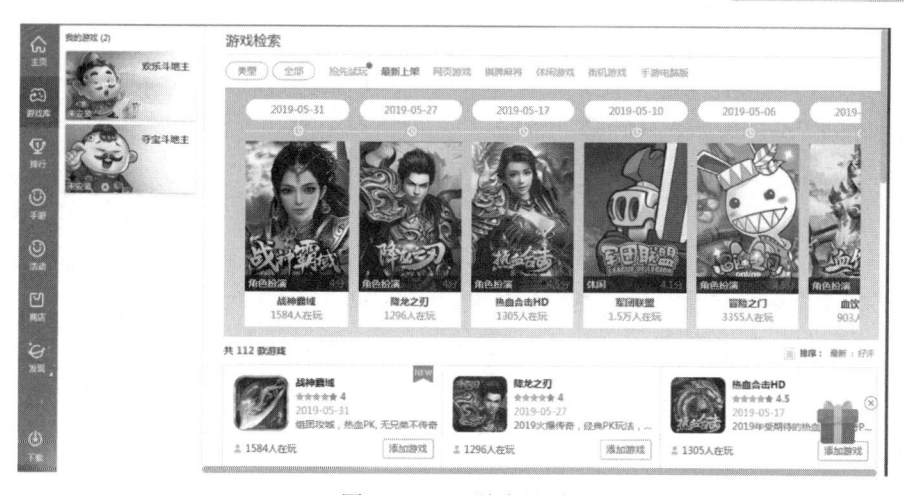

图 6-19　QQ 游戏界面

6.4.2　在线听广播

利用互联网听在线广播或各类节目，可以利用专门的应用软件来收听，也可以访问相应的网站在线收听，具体可参照下面的方法。

1. 登录网页收听在线广播

中国广播（http://www.radio.cn/）由中央人民广播电台主办，是中央重点新闻网站，以独家、快速原创报道闻名，以音频收听为特色，包括电台直播、音乐、情感、财经、综艺、相声、评书等多种类型的音频节目，如图 6-20 所示。

图 6-20　中国广播

直接单击喜欢的广播分类，页面右下角会弹出播放控制器，这样就可以在线听广播了。另外，该网站还可以通过分类或者主播选择不同的广播音频。

2. 登录手机 App 收听在线广播

除了中国广播外，还有很多其他较好的在线广播软件，比如中央人民广播电台、喜马拉雅在线音频分享平台等。这里以喜马拉雅为例，讲解手机 App 收听在线广播。喜马拉雅组建于 2012 年 8 月，致力于在线音频分享平台的建设与运营，节目内容丰富多彩，包括相声、人文、历史、教育培训、英语、商业财经等。目前该平台拥有的手机用户超过 2 亿人。

在手机的应用市场下载喜马拉雅 App 软件并完成安装，在手机界面就能看到图标 听，点击进入 App 首页，可以看到多种类型的视听内容。喜马拉雅音频分享平台包括付费音频和免费音频。不管是听付费音频还是免费音频都需要注册会员，很多内容都免费为会员提供。

6.4.3　在线看电视

利用互联网在线看电视，可以利用专门的应用软件来收看，或是访问相应的网站在线收看。比如 CCTV 在线电视台或者各省市的卫视在线电视台都是非常不错的观看网站。下面就以 CCTV 直播网为例进行讲解。

（1）在地址栏输入网址 http://tv.cctv.com/live/并按回车键，打开网页，在首页可以看到有直播、节目单、频道大全、栏目大全、片库、4K 专区、热榜等，如图 6-21 所示。

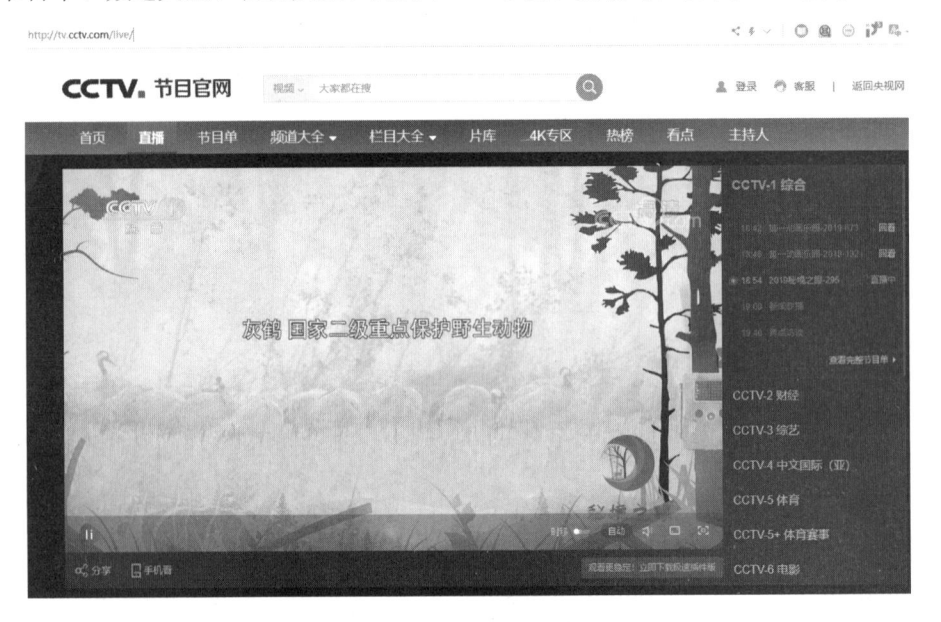

图 6-21　CCTV 电视台

（2）单击直播页面右侧想要看的频道，如 CCTV-1 综合频道，就会弹出正在直播的内容。

6.4.4　在线阅读

在线阅读分为免费与付费两种，免费阅读具有不用付费的优势，但是，在服务上略显不足，而付费阅读所提供的服务则相对更加全面。互联网上提供免费阅读的网站非常多，这里以网易云阅读为例，介绍如何在线免费阅读。

(1) 打开浏览器，在地址栏输入网站地址 http://yuedu.163.com/ 并按回车键，进入"网易云阅读"首页，如图 6-22 所示。

图 6-22 "网易云阅读"首页

(2) 在首页，用户可以直接单击想要阅读的分类图书链接；也可以根据在搜索框输入想要阅读的文章的关键字，进行搜索后阅读。

网络是把双刃剑，利用得好能帮助我们的学习、工作和生活。请同学们把握好每天使用网络的时间，同时也要学会甄别网络中的不良文字、图片、视频等信息，让自己成为有理想、有信念、有追求的新时代青年。

6.5 网页制作

6.5.1 网页制作软件介绍

网页制作软件的种类很多，比如微软公司出品的 FrontPage，是一款网页制作入门级软件，使用方便、简单，易于学习、掌握。还有网页三剑客的 Dreamweaver，简称 DW。Dreamweaver 最初为美国 Macromedia 公司开发，2005 年被 Adobe 公司收购，现在叫 Adobe Dreamweaver。

制作一个较完整的网站还需要掌握网页设计语言，比如 HTML 语言、JS、ASP、CSS 等。现在较流行的响应式交互网站就采用了 HTML5 编写代码。网页文件的扩展名通常为.htm 或.html。

网页由众多元素构成，每个元素用 HTML 代码和标记定义。标记是网页文档中的一些有特定意义的符号，这些符号指明如何显示文档中的内容。标记总是放在三角括号中，大多数标记都成对出现，表示开始和结束。标记可以具有各种相应的属性即各种参数，如 Text、Size、Font、Color、Width 和 Noshade 等。

6.5.2 利用 Dreamweaver 制作网页

1. 新建站点

Web 站点是一组具有相关主题、类似设计、链接文档和资源的集合。Adobe Dreamweaver

CS6 是一个站点的创建和管理工具，使用它不仅可以创建单独的文档，还可以创建完整的 Web 站点。为了达到最佳效果，在创建任何 Web 站点页面之前，应先对站点的结构进行设计和规划，决定要创建多少页，每页上显示什么内容，页面布局的外观和页是如何相互连接起来的。

（1）启动 Adobe Dreamweaver CS6。

（2）选择"站点"→"新建站点"命令，出现站点设置对话框。

（3）在站点设置对话框中，在"站点名称"文本框输入站点名称，如图 6-23 所示。该名称可以是任何所需的名称。

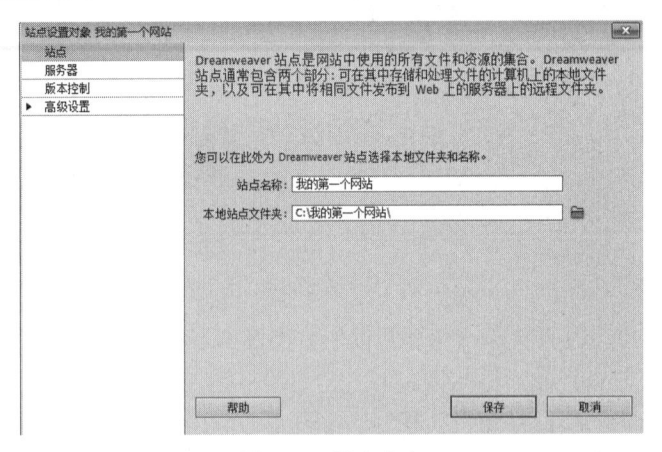

图 6-23 站点定义

（4）单击"本地站点文件夹"右边的"浏览"按钮，选择网站要保存的文件夹路径。

（5）单击"保存"按钮，进入网页设计界面，如图 6-24 所示，右下角显示出刚才新建站点的名字及文件夹。此时的窗口界面还没有可编辑的文档页。

图 6-24 网页设计界面

（6）单击"文件"→"新建"菜单命令，在弹出的对话框中选择设计网站需要的页面类型、布局，单击"创建"按钮，如图 6-25 所示。一般情况，布局选择"无"，这样就可以根据自己对网站的构思进行更加多样的布局。

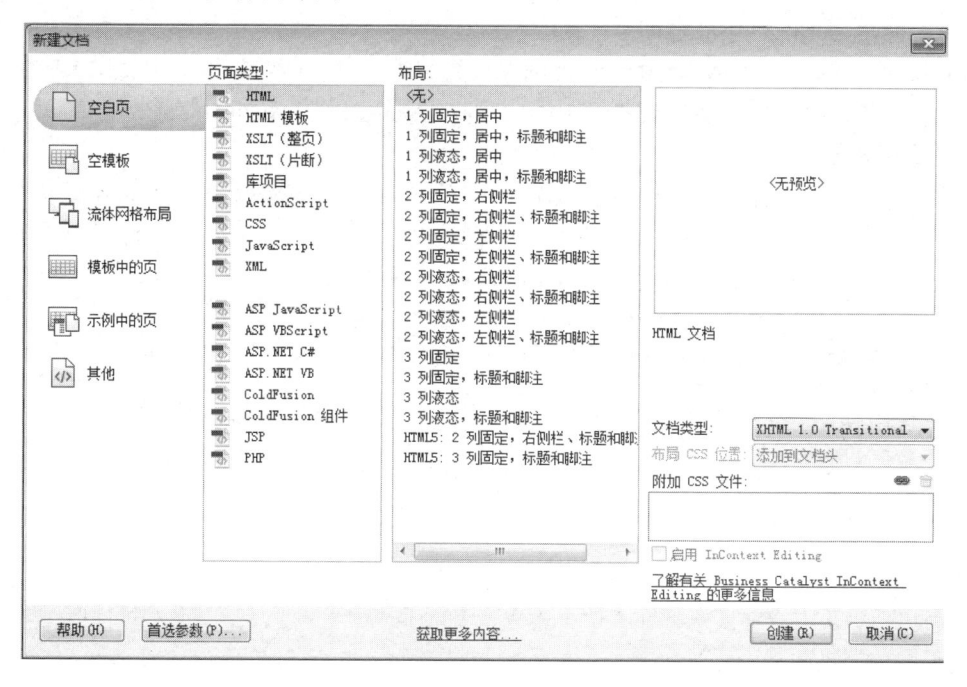

图 6-25　新建文档

2. 页面制作基础

现在，以下面的简单网页制作为例，叙述一下制作过程。简单网页如图 6-26 所示。

图 6-26　简单网页

在开始制作之前，先对这个页面进行一下分析，看看该页面用到了哪些东西：网页顶端的标题"我的主页"是一段文字；网页中间是一幅图片；网页下端的欢迎词是一段文字；网页背景是深紫红颜色。

所以，简单网页的制作过程如下：

（1）启动 Adobe Dreamweaver CS6，确保已经建立了一个网站站点（根目录）。为了制作方便，请事先打开资源管理器，把要使用的图片收集到网站目录 images 文件夹内。

（2）插入标题文字。

在新建的 HTML 文档中，进入页面编辑设计视图状态。一般情况下，编辑器默认左对齐，光标在文档的左上角闪烁，光标位置就是插入点的位置。在页面的下方可以看到如图 6-27 所示的"属性"面板。"属性"面板分为 HTML 和 CSS 两种。

图 6-27 "属性"面板

如果想让文字居中，可单击下方的"CSS"，在右边选择"居中"，这时会弹出"新建 CSS 规则"对话框，如图 6-28 所示，在"选择器类型"中选择"ID（仅应用于一个 HTML 元素）"，单击"确定"按钮。

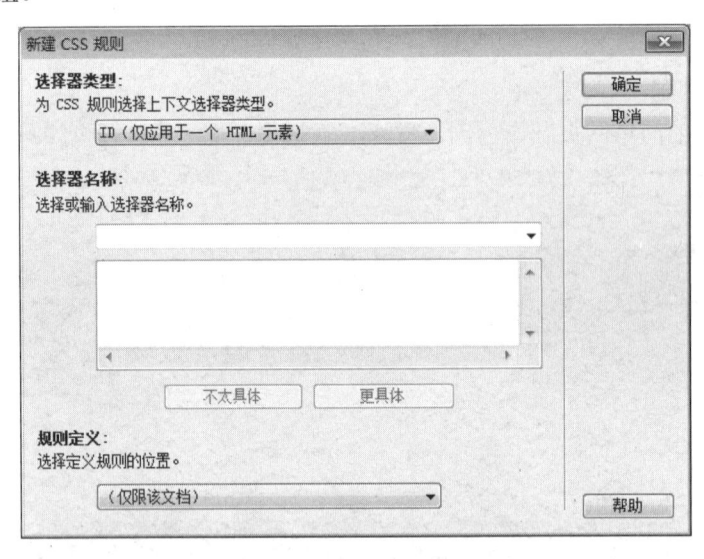

图 6-28 "新建 CSS 规则"对话框

（3）页面属性设置。在"页面属性"对话框里，除了可以对文字的格式进行设置外，还可以设置背景颜色。如果要设置背景图片，需要提前将图片放在站点所在的文件夹中，然后单击"背景图像"右边的"浏览"按钮，如图 6-29 所示。系统弹出图片选择对话框，选中背景图片文件，单击"确定"按钮。

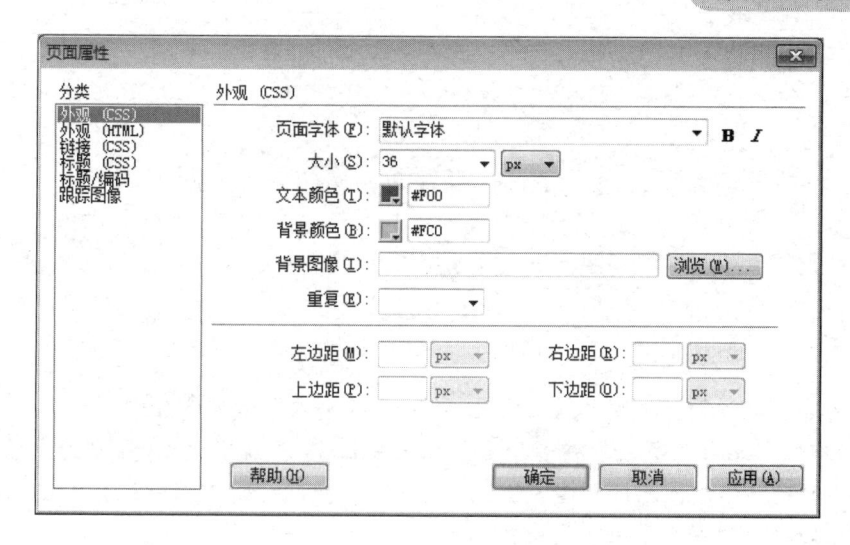

图 6-29 页面属性设置

设计视图状态。在标题"我的主页"右边空白处单击鼠标,回车另起一行,按照以下的步骤插入一幅图片,并使该图片居中。也可以通过属性面板中的左对齐按钮让其居左安放。

(4)插入图像。可以选择以下任意一种方法:

① 使用"插入"菜单。在"插入"菜单中选择"图像"命令,弹出"选择图像源文件"对话框,选中要插入的图像文件,单击"确定"按钮,如图 6-30 所示。

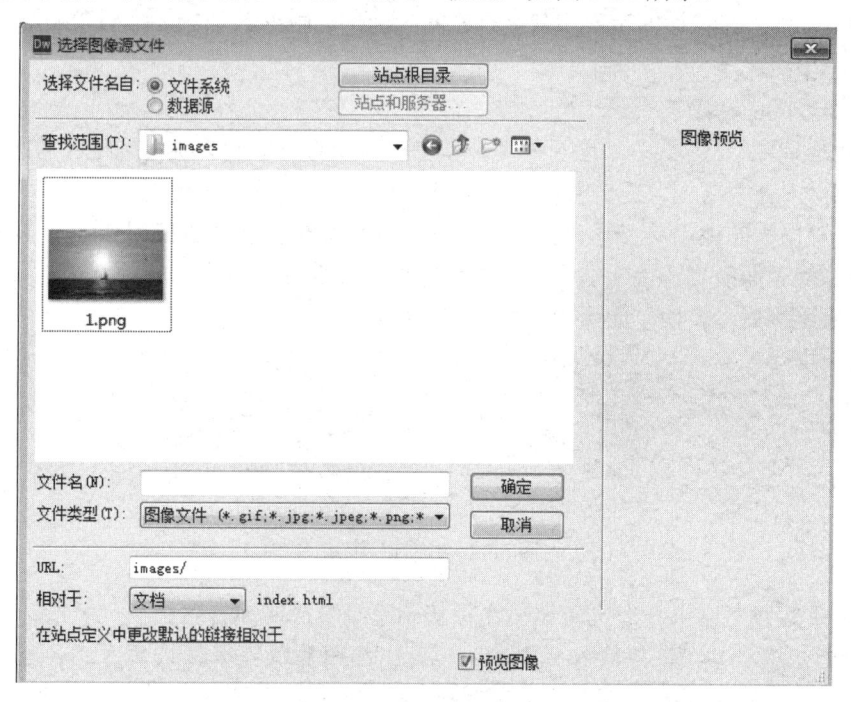

图 6-30 插入图像文件

② 使用面板组"文件"面板。如图 6-31 所示,展开根目录下的"images"图片文件夹,选定要插入的图像文件,用鼠标拖动至工作区合适位置。

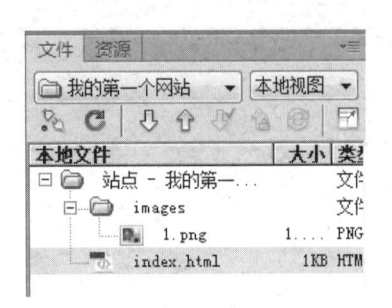

图 6-31 "文件"面板

注意：为了管理方便，把图片放在了 images 文件夹内。如果图片少，也可以放在站点根目录下。应注意文件名要用英文或拼音命名并且使用小写，不能用中文，否则会出现一些麻烦。

（5）输入其他文字。在图片右边空白处单击，回车换行。仍然按照上述方法，输入其他文字，然后利用属性面板对文字进行设置。

（6）保存页面。一个简单的页面就这样编辑完毕了。

（7）预览网页。在页面编辑器中按 F12 键预览网页效果。网站中的第一页也就是首页，通常在存盘时取名为"index.htm"。

3. 超级链接的使用

作为网站肯定有很多页面，如果页面之间彼此是独立的，那么网页就好比是孤岛，这样的网站是无法运行的。为了建立起网页之间的联系，我们必须使用超级链接。称为"超级链接"，是因为它什么都能链接，如网页、下载文件、网站地址、邮件地址等。下面我们就来讨论怎样在网页中创建超级链接。

（1）页面之间的超级链接。

在网页中，单击某些图片、有下画线或有明示链接的文字就会跳转到相应的网页中去。

① 在网页中选中要做超级链接的文字或者图片。

② 在"属性"面板中单击"链接"后面的文件夹图标，在弹出的对话框里选中相应的网页文件即可，或者拖动"链接"后面的圆形图标到"文件"面板中指定的文档，如图 6-32 所示。做好超级链接后"属性"面板出现链接文件显示。

图 6-32 "属性"面板

③ 按 F12 键预览网页。在浏览器里光标移到超级链接的地方就会变成手形。

提示：也可以手工在链接输入栏中输入地址。给图片加超级链接的方法和给文字加完全相同。

如果超级链接指向的不是一个网页文件，而是其他文件如 zip、exe 文件等，单击链接的时候就会下载文件。

超级链接也可以直接指向地址而不是一个文件，此时单击链接可以跳转到相应的网站。例如，在链接栏里输入"http://www.baidu.com"，单击链接就可以跳转到百度网站。

（2）图片上的超级链接。

这里所说的图片上的超级链接是指在一张图片上实现多个局部区域指向不同的网页链接。如一张生肖图片，如图 6-33 所示，对每个生肖用热区工具进行选取，然后添加链接到事先制作好的生肖介绍网页，单击不同的生肖就可以跳转到不同生肖介绍的网页页面。

图 6-33　生肖图

图片上的超级链接制作方法如下。

① 插入图片，单击图片，用展开的"属性"面板上的绘图工具在画面上绘制热区，如图 6-34 所示。

图 6-34　绘制热区

② "属性"面板转换为"热点"界面，如图 6-35 所示。

在"链接"输入栏填入相应的链接；在"替换"栏输入提示文字说明；"目标"栏不做选择，则默认在新窗口打开。

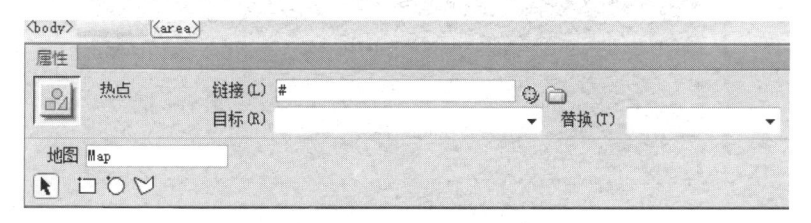

图 6-35　"热点"界面

③ 保存页面，按 F12 键预览，用鼠标在设置的热区检验效果。

提示：对于复杂的热区图形，可以直接选择多边形工具来进行描画。在"替换"栏填写了说明文字以后，光标移到热区时就会显示相应的说明文字。

4．表格设计与使用

表格是现代网页制作的一个重要组成部分。表格之所以重要是因为它可以实现网页的精确排版和定位。在开始制作表格之前，我们先对表格各部分的名称做一个介绍，如图 6-36 所示。

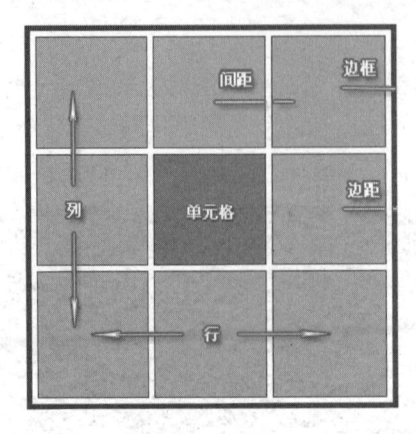

图 6-36 表格介绍

一张表格横向称为行,纵向称为列,行、列交叉部分称为单元格。

单元格中的内容和边框之间的距离称为边距,单元格和单元格之间的距离称为间距,整张表格的边缘称为边框。

下面是使用表格制作的一个页面,如图 6-37 所示。

图 6-37 表格制作的页面

这幅页面的排版格式,如果用以前的对齐方式是无法实现的。因此,需要用表格来做。实际上是用两行两列的表格制作的。

(1) 单击"插入"→"表格"命令,系统弹出"表格"对话框,如图 6-38 所示,在其中进行表格设置。

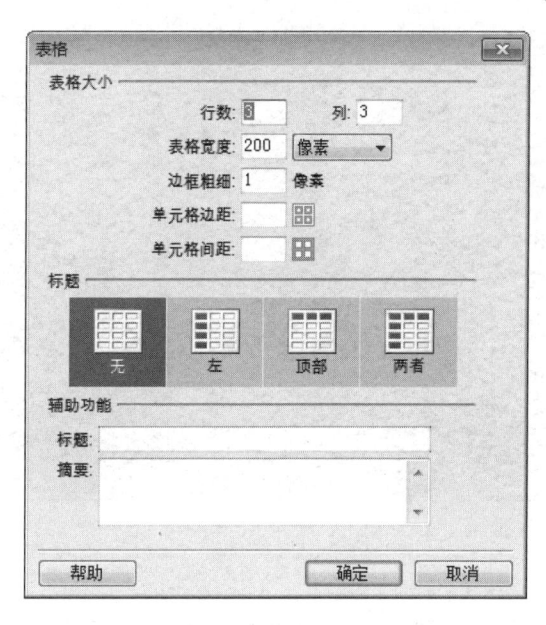

图 6-38 表格设置

（2）在编辑视图界面中生成一个表格，表格右、下及右下角的黑色小矩形是调整表格的高和宽的调整柄，当光标移到其上时可以分别调整表格的高和宽；移到表格的边框线上也可以调整，如图 6-39 所示。

（3）在表格的第一格按住左键不放，向下拖曳选中第二格单元格，如图 6-40 所示。

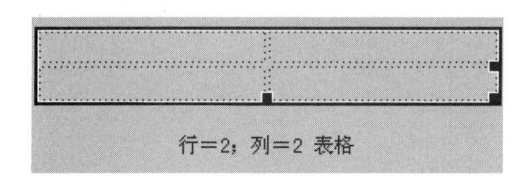

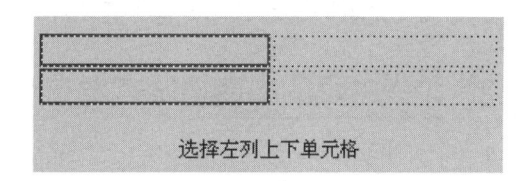

图 6-39 表格调整　　　　　　　　　图 6-40 选择单元格

然后在展开的"属性"面板中单击"合并单元格"按钮，将选中的单元格合并。如果要分割单元格，则可以用"合并单元格"按钮右边的按钮，如图 6-41 所示。

图 6-41 "属性"面板

（4）用鼠标拖曳表格边框的方法，将其调整到适当的大小。

（5）单击左边的单元格，然后输入"月牙泉之美"文字，并调整大小，因是竖排应每个字按回车键一次。如果需要调整单元格的大小，只需要把鼠标的光标移动到边框上进行拖曳即可。

（6）在右边上、下单元格内分别插入图片和文本，页面的基本样子就有了，如图 6-42 所示。

月牙泉：位于月牙泉风景区，古称沙井，俗名药泉，位于甘肃省敦煌市西南5公里鸣沙山北麓。月牙泉南北长近100米，东西宽约25米，泉水东深西浅，最深处约5米，弯曲如新月，因而得名，有"沙漠第一泉"之称，自汉朝起即为"敦煌八景"之一，1994年列入国家级风景名胜区。

图 6-42　页面效果

（7）将光标移动到表格的边框上单击，表格周围出现调整框，表示选中整张表格。然后在"属性"面板中将"边框"值设置为合适的值，如果为 0，则边框处于编辑状态，为虚线显示，浏览时就看不见了。

一个符合要求的页面就在表格的帮助下做好了。

6.5.3　个人主页的申请与站点发布

1. 个人主页的申请

要让自己的网站能被网络中的其他人访问，需要申请个人主页，实际上就是申请服务器空间和域名。

一般情况下，域名的申请是要付费的，可以到中国万网（http://www.net.cn）去注册，到它的主页上选择相应的域名类型，填写申请表，然后等待审核。只要申请的域名还没有人使用，同时又满足相关法律法规的要求，基本就没有问题。审核通过后缴纳费用就可以开通了。

不是所有的域名都要收费，除非你想使用的域名是一级域名。很多时候，当你申请服务器空间时，你就可以获得免费的二级以下的域名。

一般的 ISP 都提供相应的服务，但许多都以 E-mail 的形式寄给网管，由他帮你挂上去，这样主页的维护和更新就相当不方便，而且还会有空间的限制。其实网易（http://www.163.com）等都提供相应的服务，像网易更有大存放空间，传输速度相当快，而且免费提供一个支持 POP3 协议的信箱，更可获得留言本和计数器，使用相当方便。

服务器空间的申请一般过程是进入网站，单击"申请"按钮，仔细阅读"站规"并确认自己遵守，提供个人资料，填写主页用户名和密码，提交申请。同样是在审查通过缴纳费用后就可以使用了。

目前网上也有免费的空间可以申请。可以自己到网上搜索，然后选择适合自己使用的空间进行注册，就可以获得免费主页空间了。注册时除了要了解网站的服务条款外，还要记下自己的用户名、密码，因为有些网站不一定发确认信，所以不要把自己的用户名和登录密码都忘了，另外还要记下网站的登录地址、自己的域名及 FTP 地址、密码等。

当然免费空间既然是免费的，很有可能是没有足够保障的。申请收费空间才能真正保证自己的网站正常运转。现在收费空间的价格不是很高，如果有条件最好购买收费空间。

有了域名，有了空间，就可以发布网站了。

2. 发布网站

在发布网站之前先使用 Adobe Dreamweaver CS6 站点管理器对网站文件进行检查和整理，这一步很必要。可以找出断掉的链接、错误的代码和未使用的孤立文件等，以便进行纠正和处理。

步骤如下：在编辑视图选择"站点"菜单，然后单击"检查站点范围的链接"，弹出"结果"对话框，如图 6-43 所示。

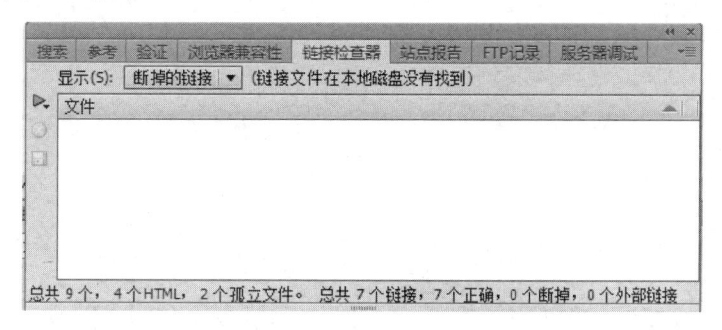

图 6-43 "结果"对话框

图 6-44 所示为检查器检查出的本网站与外部网站的链接的全部信息，对于外部链接，检查器不能判断正确与否，请自行核对。

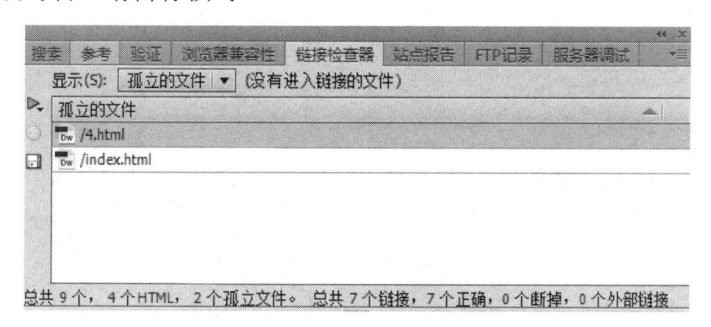

图 6-44 检查出的孤立文件

找出的孤立文件，这些文件网页没有使用，但是仍在网站文件夹里存放，上传后它会占据有效空间，应该将其清除。清除办法：先选中文件，按 Delete 键，再单击"确定"按钮，这些文件就进入"回收站"了。

如果不想删除这些文件，可单击"保存报告"按钮，在弹出的对话框中给报告文件一个保存路径和文件名。该报告文件为一个检查结果列表，可以参照此表进行处理。

纠正和整理之后，网站就可以发布了。

1）发布站点

如果是第一次上传文件，远程 Web 服务器根文件夹是空文件夹，按以下操作进行；如果不是空文件夹，另行操作附后。

服务器根文件夹是空文件夹时，连接到远程站点，可执行以下操作：

（1）在 Adobe Dreamweaver CS6 中，选择"站点"→"管理站点"命令，打开"管理站点"对话框，如图 6-45 所示。

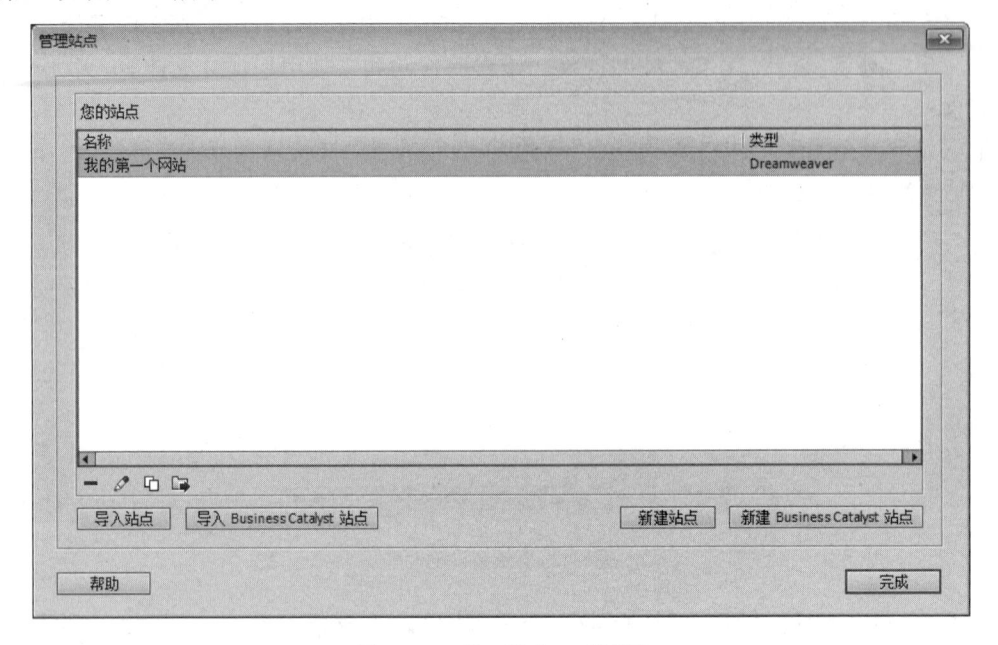

图 6-45 "管理站点"对话框

（2）选择一个站点（即本地根文件夹），然后双击鼠标。

（3）选择打开的"站点设置对象"对话框左边的"服务器"选项卡，单击下方的"+"添加服务器，如图 6-46 所示。

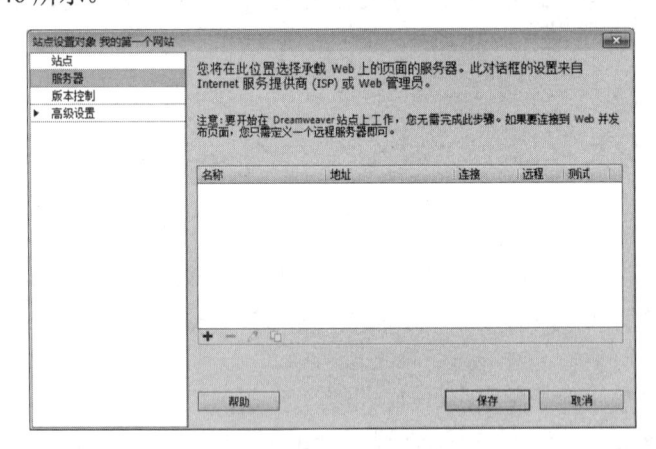

图 6-46 添加服务器

（4）在弹出的对话框中，"基本"选项按提示设置，如图 6-47 所示。

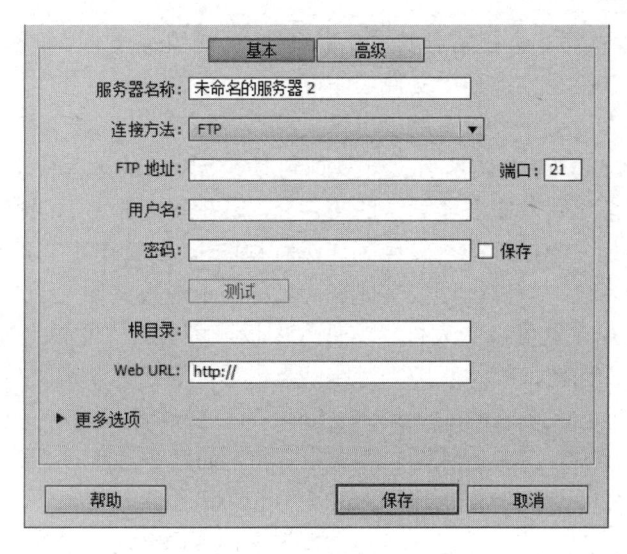

图 6-47 设置服务器

具体完成以下各项：
① 输入服务器的主机名（必填项）。
② 输入 FTP 地址。
③ 在相应的文本框中输入用户名和密码。
④ 输入根目录。
⑤ 选择"高级"选择测试服务器，如图 6-48 所示。
⑥ 单击"保存"按钮退出"管理站点"对话框。

图 6-48 测试服务器

2）上传文件

在设置了本地文件夹和远程文件夹（空文件夹）之后，可以将文件从本地文件夹上传到 Web 服务器。

具体执行以下操作：

（1）在"文件"面板中，选择站点的本地根文件夹。如果"文件"面板关闭，可以单击"窗口"菜单选择"文件"命令，打开"文件"面板。

（2）单击"文件"面板工具栏上的"上传文件"图标 ⇧，开始上传。

Adobe Dreamweaver CS6 会将所有文件复制到服务器默认的远程根文件夹中。

多数空间提供商都设置有服务器默认的文件夹，请在此文件夹下创建一个空文件夹，方法是在"文件"面板，将"本地视图"转换为"远程视图"。右键单击文件夹，选择"新建文件夹"命令，输入一个名称，用作远程根文件夹，名称与本地根文件夹的名称一致，便于操作。

为了使操作更直观，也可以最大化"文件"面板。可单击"文件"面板右边的"扩展/折叠"按钮，最大化文件面板，其中左边为远端站点内容，右边为本地文件内容。

（3）单击 ⇧ 按钮，Adobe Dreamweaver CS6 将所有文件复制到定义的远程文件夹。

注意：第一次上传必须搞清楚网络空间服务商指定的服务器默认存放网页的文件夹，在此文件夹下存放站点文件。访问网站地址为 http://…/index.htm。

如果在服务器默认的文件夹下建立了与本地根文件夹同名的文件夹，那么访问网站需要用这样的地址：http://…/（文件夹名）/index.htm。

上传完毕，请在浏览器中输入地址浏览，测试上传的结果。测试没有问题的话，你在网上就拥有自己的一席之地了。

6.5.4　网络推广

网站发布后，应当借助一定的网络工具和资源进行网站的宣传和推广，包括搜索引擎、分类目录、电子邮件、网站链接、在线黄页、分类广告、电子书、免费软件、网络广告媒体、传统推广渠道等。只有扩大和建立起网站的知名度，才能吸引人们的访问。

1. 登录搜索引擎

网站推广的第一步是要确保浏览者可以在主要搜索引擎里检索到用户的站点。类似的搜索引擎主要有 http://www.baidu.com（百度）、http://www.google.com（谷歌）等著名搜索引擎。

注册加入搜索引擎的方法有两种：一种是数据库中关键字的搜索；一种是对网页 meta 元素的搜索。

2. 友情链接

友情链接可以给一个网站带来稳定的客流，另外还有助于网站在百度、谷歌等搜索引擎中提升排名。

最好能链接一些流量比自己高的、有知名度的网站，或者是和自己内容互补的网站，然后是同类网站，链接同类网站时要保证自己的网站有独特、吸引人之处。另外在设置友情链接时，要做到链接和网站风格一致，保证链接不会影响自己网站的整体美观，同时也要为自己的网站制作一个有风格的链接 Logo 以供交换链接。

3. 登录网站导航站点

如果网站被收录到流量比较大的导航网站中，对于一个流量不大、知名度不高的网站来说，带来的流量远远超过搜索引擎及其他的方法。比如推荐给网址之家被其收录在内页一个不起眼的地方，每天就可能给网站带来 200 访客左右的流量。

4. 网络广告

网络媒介的主要受众是网民，有很强的针对性，借助于网络媒介的广告是一种很有效的宣传方式。目前，网站上的广告铺天盖地，足以证明网络广告在推广宣传方面的威力。

5. 在专业论坛上发表文章、消息

如果用户经常访问论坛，经常看到很多用户在签名处都留下了他们的网址，这也是网站推广的一种方法。

6. 邮件订阅

如果网站内容足够丰富，可以考虑向用户提供邮件订阅功能，让用户自由选择"订阅""退订""阅读"的方式，及时了解网站的最新动态，这样有利于稳定网站的访问量，提高网站的知名度，这比发垃圾邮件更贴近用户的心理。

6.6 知识拓展

博客和微博让名人与平凡人站在了同一个平台上，在给生活增添了色彩的同时也带来便利和快捷。国内比较大型的人气博客和微博网站有新浪、QQ 等。BBS 人气比较旺的有天涯、豆瓣网、网易论坛、凤凰论坛等。网上娱乐更是多种多样、不胜枚举，用户可根据自己的爱好进行选择。

什么是个人主页？个人主页是从英文 Personal Homepage 翻译而来的，更适合的意思是"属于个人的网站"。从词义来讲，网站是有属于自己的域名的，网页则是附属于网站的一个页面。在多数场合，两个词语表达的意思实际是一样的。因为很多人习惯上就把个人网站称为个人网页。表达的主题多是站长本人相关的内容，例如，站长日记、站长相片、站长心得、站长原创、站长成长历程等。

个人主页的建立首先是网页的制作，其次是网页存放空间的申请和网页的上传及宣传与维护等。

制作网页的工具大概分成两类：一类是所见即所得，如 Dreamweaver、Frontpage、Netscape Navigator Golden 等，这类软件一般都有"所见即所得"功能，便于使用；而另一类是文本编辑类，如 Homesite、Webedit 等都是不错的软件。个人主页的内容是最关键的，确定了自己的网页主题和定位方向，就有了一个目标收集相应的材料去充实、丰富自己的主页。另外，在制作时别忘了为你的"上帝"——浏览者着想，尽量少采用大图片，尽可能采用标准的 html 语法，使主页的传输更快捷。

网页的上传大致可以分为三种形式：FTP、WWW、E-mail，分别使用相应的软件就能把制作的网页上传到指定的目录中。当然在你挂上网后，首先要自行浏览一下，并检查相应的连接，你也需要经常对自己的网站进行维护。最后，你就可以对自己的个人主页进行宣传了。至此，你的主页在 Internet 上就拥有了展示的空间。

6.7 小结

本章主要描述了注册博客、微博的方法，如何制作和管理微博，如何使用 BBS，如何管理个性视频互动，如何网上娱乐，如何定义站点和制作简单的网页，以及超级链接的使用、表格设计与使用、个人主页申请、网站的发布等。读者应该掌握微博的使用、BBS 的使用、网页的

基础制作和发布，以及通过网络放松心情的方法。

6.8 习题

一、单项选择题

1. 在 Dreamweaver 中下列（　　）是遮盖的功能。
   A. 让文件和文件夹无法在服务器上被看见
   B. 能够使网站的浏览者看不到文件
   C. 防止上传此文件或文件夹
   D. 防止未经授权人员浏览特定的网站文件

2. 在 Dreamweaver 中，CSS 不允许在一个样式表中、一个 HTML 标签存在多个样式规则，此限制不适用于（　　）。
   A. 组选择器　　　　　　　　　　B. 上下文选择器
   C. 伪元素选择器　　　　　　　　D. D 标签选择器

3. 在 Dreamweaver 中，当用户将鼠标移动到超级链接文字"百度"上时，在浏览器的状态栏中能显示"世界上最大的中文搜索引擎"，要实现这种动态效果，应该选择（　　）事件。
   A. 设置层文本　　　　　　　　　B. 设置状态栏文本
   C. 设置文本域文字　　　　　　　D. 弹出信息

4. 在 Dreamweaver 中，下面关于插入图像的绝对路径与相对路径的说法错误的是（　　）。
   A. 在 HTML 文档中插入图像其实只是写入一个图像链接的地址，而不是真的把图像插入文档中
   B. 使用文档路径引用时，Dreamweaver 会根据 HTML 文档与图像文件的相对位置来创建图像路径
   C. 站点根目录相对引用会根据 HTML 文档与站点根目录的相对位置来创建图像路径
   D. 如果要经常进行文件夹位置的改动，推荐使用绝对地址

5. 在 Dreamweaver 中，使用"布局"标签中的"扩展表格"模式在编辑表格方面的优势是（　　）。
   A. 利用这种模式，便于以表格结构为页面布局
   B. 利用这种模式，便于在表格内部和表格周围进行选择
   C. 利用这种模式，可以设置更多的表格属性
   D. 利用这种模式，可以方便地使用"布局表格"和"布局单元格"

6. 在 Dreamweaver 中，要在现有表格中插入一个新行，下面的操作不正确的是（　　）。
   A. 光标定位在单元格中，执行"修改"→"表格"→"插入行"命令
   B. 右击选中的单元格，在弹出的菜单中执行"表格"→"插入行"命令
   C. 将光标定位在最后一行的最后一个单元格中，按下 Tab 键，在当前行下会添加一个新行
   D. 将光标定位在最后一行的最后一个单元格中，按下 Ctrl+W 组合键，在当前行下会添加一个新行

7. 在 Dreamweaver 中某个表格属性设置如下：边框粗细为 1，填充为 2，间距为 2。则相邻两个单元格内容区之间的实际距离为（　　）。

A．1 B．2 C．4 D．8

8．Dreamweaver 的"文件"菜单命令中，菜单项"保存框架页"表示的是（　　）。

A．保存所有框架页　　　　　　　　B．保存当前框架页
C．保存当前窗口的所有文档　　　　D．将当前文档恢复到上次保存时的状态

9．在 Dreamweaver 中，不需要在远程联机情况下浏览存放在计算机上的文件，只是将这些文件取回到自己计算机中，互联网提供的（　　）服务正好能满足用户的这一需求。

A．电子邮件（E-mail）　　　　　　B．万维网（WWW）
C．文件传输（FTP）　　　　　　　D．远程登录（Telnet）

10．以下扩展名可用于 HTML 文件的是（　　）。

A．.shtml　　　B．.html　　　C．.asp　　　D．.txt

二、多项选择题

1．在 Dreamweaver 中，一个导航条元素可以有的状态图像有（　　）。

A．状态图像　　　　　　　　　　　B．鼠标经过图像
C．翻转图像　　　　　　　　　　　D．按下时鼠标经过图像

2．Dreamweaver 中在上传站点到服务器之前，在本地对站点进行测试是必要的，测试的主要内容包括（　　）。

A．检查浏览器兼容性　　　　　　　B．检查链接有无破坏
C．检查辅助功能　　　　　　　　　D．检查拼写

3．在 Dreamweaver 中，在表格单元格中可以插入的对象有（　　）。

A．文本　　　　　　　　　　　　　B、图像
C．Flash 动画　　　　　　　　　　 D．Java 程序插件

4．在 Dreamweaver 中，（　　）功能使用网站能加快网站更新信息的存取速度。

A．显示站点地图　　　　　　　　　B．管理外部网站的链接
C．管理"存回/取出"系统　　　　　D．管理网站内文件的链接

5．对于 Dreamweaver 在 HTML 中可以使用的不同类型的列表有（　　）。

A．项目列表　　　B．编号列表　　　C．定义列表　　　D．嵌套列表

三、判断题

1．在 Dreamweaver 中，如果希望在拖动鼠标时保持表格的长宽比，可以按住 Shift 键，再拖动表格边框上的控点。（　　）

2．在 Dreamweaver 中，删除站点就是删除了本地站点的实际内容，即它所包括的文件夹和文档等。（　　）

3．对于 Dreamweaver 在层的属性检查器中，Z 轴编号较大的层会出现在编号较小的层的下面。（　　）

4．Dreamweaver 表格中某个单元格宽度为 100 像素，其内若嵌套一个表格，则这个表格的宽度将无法超过 100 像素。（　　）

5．在 Dreamweaver 中，"站点"这个概念既可表示位于 Internet 服务器上的远程站点，也可表示位于本地计算机上的本地站点。（　　）

第 7 章

网络安全

学习目标

- 掌握计算机网络安全的相关知识
- 了解计算机病毒的相关知识
- 学会使用腾讯电脑管家软件和扫描病毒、升级及设置自动保护功能
- 掌握使用 Windows 防火墙及防止垃圾邮件的方法

7.1 常用的杀毒软件

Internet 的出现改变了病毒的传播方式,它已经成为当前病毒传播的主要途径。杀毒软件是保护计算机免受病毒侵害的工具。本节将以腾讯电脑管家软件为例,介绍杀毒软件的使用方法。

7.1.1 腾讯电脑管家

计算机病毒是一种自身能够进行复制,并传染其他程序而起破坏作用的程序。计算机病毒的出现可以说由来已久,Internet 的出现加速了病毒的传播和蔓延。在实际生活中,计算机用户都或多或少地受到过病毒的困扰,轻者造成计算机速度减慢、死机等现象,重者会破坏操作系统甚至硬件系统,以至于使重要的数据毁于一旦。

计算机病毒与生物病毒具有相同的特性,如传染性、流行性、繁殖性与依附性。同时,计算机病毒还具有较强的隐蔽性、欺骗性与潜伏性。计算机病毒通常隐藏在一些文件中,因此不易被用户所察觉。计算机病毒通常带有一定的触发性,当一定的条件满足时就会被激活,例如,CIH 病毒就在特定的时间发作。

实际上,不管是联网还是没有联网的用户计算机,都有必要安装杀毒软件以保证计算机系统安全。杀毒软件是用来预防、检查与消除计算机病毒的软件。杀毒软件通常需要具有以下几

项功能。

（1）查毒：查出计算机感染的病毒类型是杀毒的前提条件。

（2）杀毒：对查出的病毒进行消除是杀毒软件的重要功能。

（3）防毒：杀毒是治标，防毒才是治本。杀毒软件需要监控计算机的输入/输出，以防止病毒侵入计算机系统。

（4）数据恢复：杀毒软件仅有查毒和杀毒功能是不够的，还要对被病毒破坏后的计算机具有一定的补救措施，特别是对硬盘数据的恢复功能。

腾讯电脑管家是腾讯公司推出的免费安全管理软件，能有效预防和解决计算机上常见的安全风险，包括查杀病毒，并帮助用户解决各种计算机"疑难杂症"、优化系统和网络环境，是综合能力很强、非常稳定的安全软件。图 7-1 是腾讯电脑管家的用户界面。

图 7-1 腾讯电脑管家的用户界面

腾讯电脑管家具有安全云库、系统加速、一键清理、实时防护、网速保护、电脑诊所等功能，并首创了"管理+杀毒"2 合 1 的产品模式，依托强大的腾讯安全云库、自主研发反病毒引擎"鹰眼"及 QQ 账号全景防卫系统，能有效查杀各类计算机病毒。

同时，在打击钓鱼网站和盗号方面，腾讯电脑管家的表现尤为出色。其整体安全防护能力已经达到了国际一流水平，能够全面保障广大网民的计算机网络安全。

7.1.2 扫描计算机病毒

如果用户需要对系统进行全面扫描，可以按以下步骤操作。

（1）打开"腾讯电脑管家"窗口后，单击"病毒查杀"选项。可以选择扫描计算机的方式，包括"闪电杀毒""全盘杀毒"和"指定位置杀毒"。在绿色的任务列表区中，选择并单击"全盘杀毒"选项，如图 7-2 所示。

（2）出现"全盘杀毒"对话框，如图 7-3 所示。腾讯电脑管家开始执行对计算机系统的全面扫描，列表中显示了扫描、感染与修复的文件数。如果用户要暂停扫描过程，可单击"暂停"按钮；要停止扫描过程，则单击"取消"按钮。

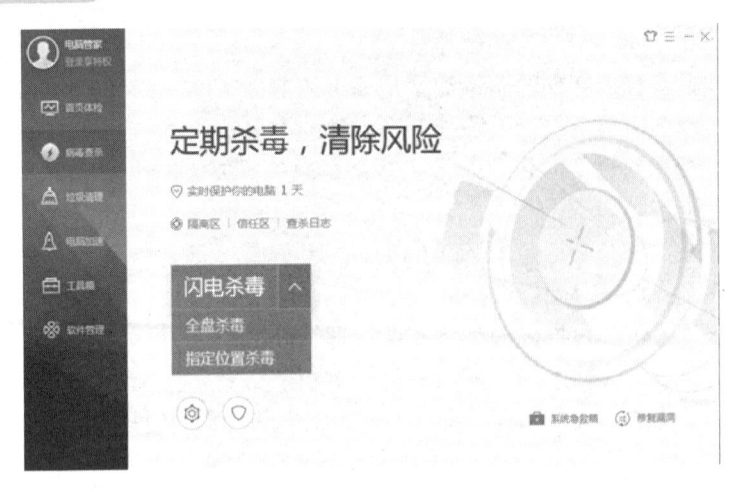

图 7-2 全盘杀毒

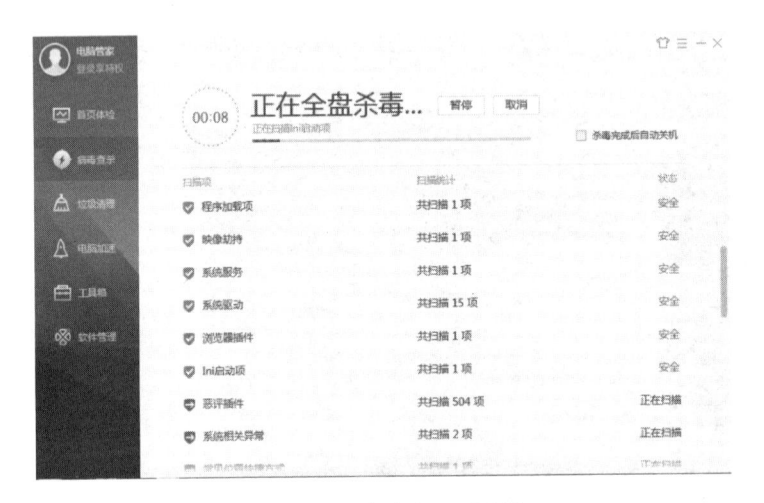

图 7-3 "全盘杀毒"对话框

（3）在扫描过程结束后，对话框中显示本次扫描结果，包括文件名、风险与操作等，如图 7-4 所示。用户处理完扫描结果，单击"好的"按钮。

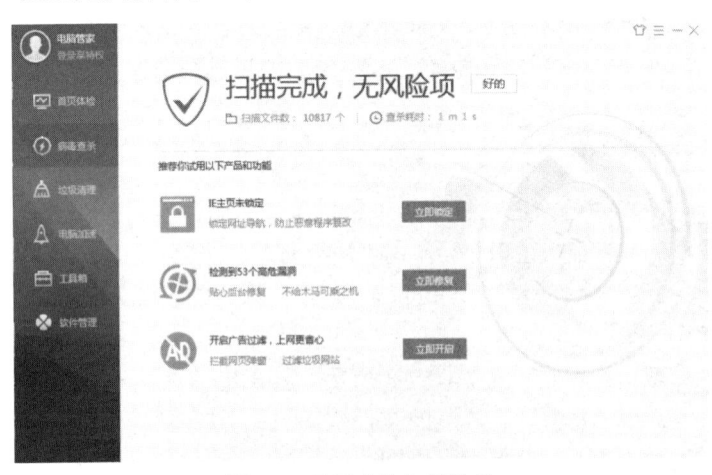

图 7-4 显示本次扫描结果

7.1.3 升级杀毒软件

用户要经常更新杀毒软件的杀毒引擎与病毒库。腾讯电脑管家提供了检查更新选项，如果用户需要升级杀毒软件，可以按以下步骤操作。

打开"腾讯电脑管家"窗口，如图7-5所示，单击右上方的主菜单按钮，在下拉菜单中选择"检查更新"选项，稍等片刻，腾讯电脑管家就升级到最新版本了，如图7-6所示，然后单击"好的"按钮。

图7-5　检查更新 　　　　　　　　图7-6　升级完毕

7.1.4 开启自动防护功能

电脑管家自动防护功能设置了三大防护体系、17层安全防护。如果用户要开启/关闭病毒自动防护功能，可以按以下步骤操作。

（1）选择进入"首页体验"板块后，单击"猎鹰全景防御"部分，如图7-7所示。

图7-7　单击"猎鹰全景防御"

（2）进入实时防护页面，一共分为 5 层系统核心防护、7 层应用接入防护和 5 层网络边界防护三大防护体系，每个防护体系下面又会有相关防护设置，如图 7-8 所示。

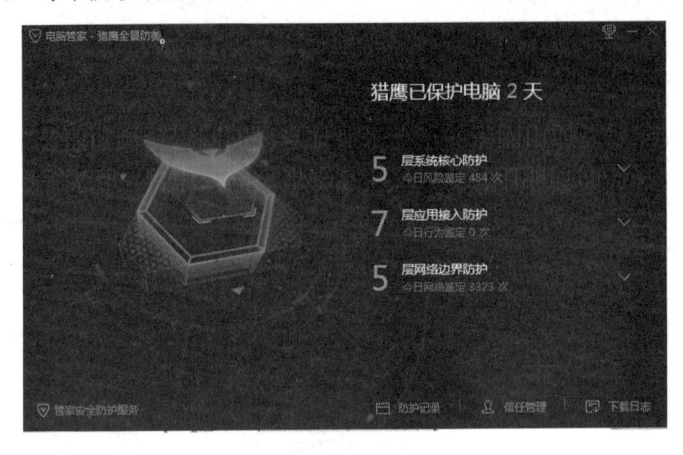

图 7-8　实时防护页面

（3）可以看到，绝大部分自动防护功能是默认开启的，如果想关闭某项功能，只需打开相应防护体系的下拉菜单，如图 7-9 所示，再单击"关闭"即可。

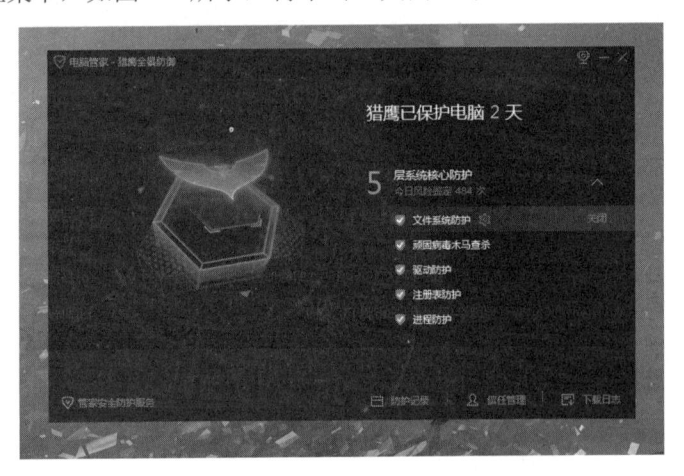

图 7-9　打开/关闭某项自动防护功能

7.1.5　Windows Defender 安全中心

Windows Defender，曾用名 Microsoft Anti Spyware，是一个杀毒程序，可以运行在 Windows XP 和 Windows Server 2003 操作系统上，并已内置在 Windows Vista、Windows 7、Windows 8 和 Windows 10 中。它的测试版于 2005 年 1 月 6 日发布，在 2005 年 6 月 23 日、2006 年 2 月 17 日微软又发布了更新的测试版本。Windows Defender 不像其他同类免费产品一样只能扫描系统，它还可以对系统进行实时监控，移除已安装的 Active X 插件，清除大多数微软的程序和其他常用程序的历史记录。在最新发布的 Windows 10 中，Windows Defender 已加入了右键扫描和离线杀毒功能。

Windows Defender 安全中心如图 7-10 所示，默认处于关闭状态。

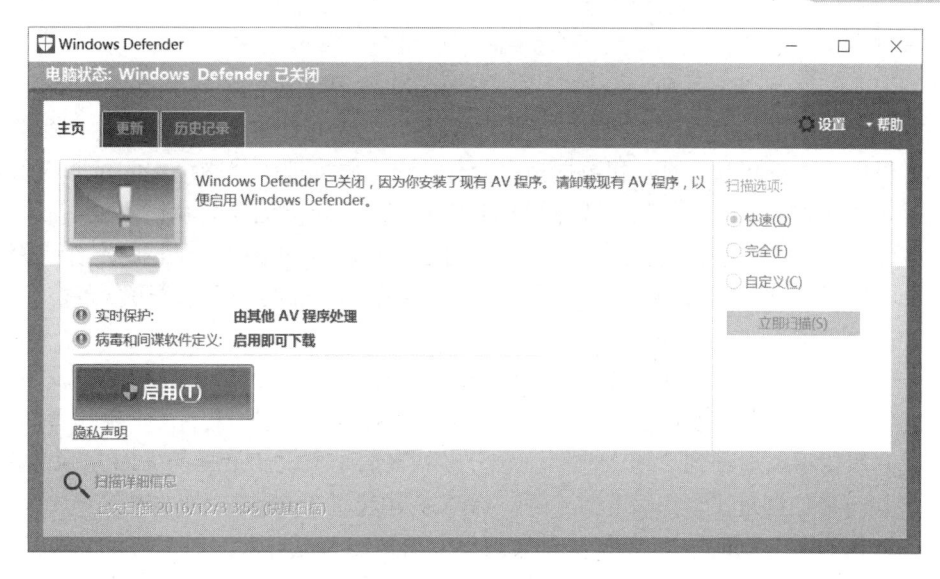

图 7-10　Windows Defender 关闭状态

单击"启用"按钮之后，Windows Defender 服务打开，会定期扫描计算机中的威胁，如图 7-11 所示。

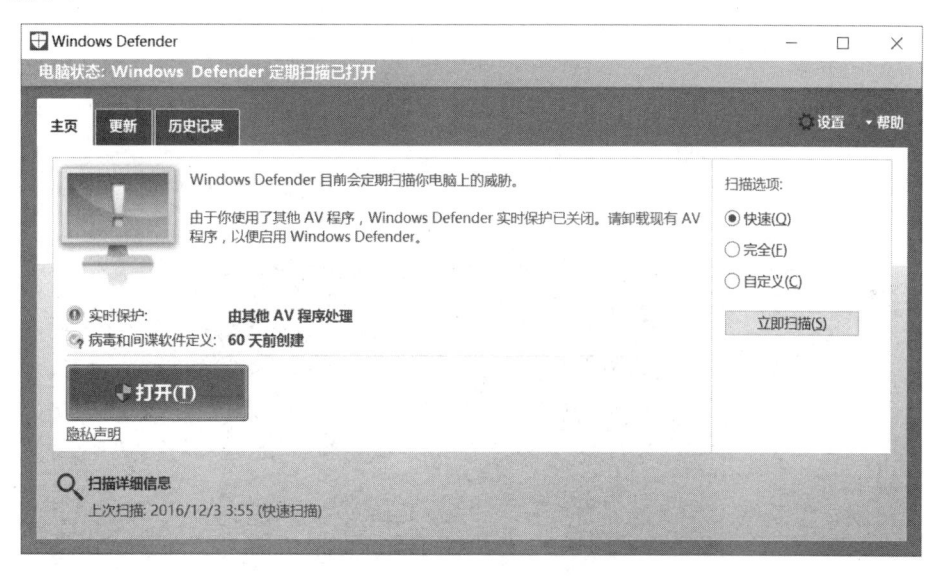

图 7-11　Windows Defender 开启状态

7.2　防止黑客攻击

7.2.1　什么是黑客

一般来说，杀毒软件的功能比较全，它能查杀很多网络病毒，但光是查杀病毒对网络安全来说是不够的，所以还需要使用网络防火墙来监视系统的网络连接和服务，用来加强网络安全并且防止最基础的黑客攻击。

防火墙是指一种将内部网和公众访问网（Internet）分开的方法，实际上是一种隔离技术。防火墙是在两个网络通信时执行的一种访问控制尺度，它能允许用户"同意"的人和数据进入网络，同时将用户"不同意"的人和数据拒之门外，最大限度地阻止网络中的不明身份者访问用户的网络，防止他们更改、复制、毁坏用户的重要信息。防火墙安装和投入使用后，并非万事大吉，要想充分发挥它的安全防护作用，必须对它进行跟踪和维护，要与商家保持密切的联系，时刻注意商家的动态。因为商家一旦发现其产品存在安全漏洞，就会尽快发布补丁（Patch）产品，用户需要及时对防火墙进行更新。

黑客（中国内地和中国香港：黑客，中国台湾：骇客；英文：Hacker），通常是指对计算机科学、编程和设计方面高度理解的人。长久以来，存在一个专家级程序员和网络高手的共享文化社群，其历史可以追溯到几十年前第一台分时共享的小型机和最早的 ARPAnet 实验时期。这个文化的参与者们创造了"黑客"这个词。黑客们建起了 Internet；使 UNIX 操作系统成为今天的样子；搭起了 Usenet，让 WWW 正常运转。另外还有一群人，他们自称"黑客"，实际上却不是，他们只是一些蓄意破坏计算机网络的人，真正的"黑客"把这些人叫作"骇客（Hacker）"，并不屑与之为伍。多数真正的"黑客"认为"骇客"们是些不负责任的懒家伙，并没有什么真正的本事。他们之间的根本区别是："黑客"们建设，而"骇客"们破坏。

7.2.2 使用 Windows 防火墙

由于系统自带防火墙，用户在没有使用其他防火墙时，可以选择开启系统防火墙。

1. 进入 Windows 防火墙

（1）单击"开始"按钮，打开"开始"菜单，然后往下拖动，找到并单击"Windows 系统"文件夹，就可以看到"控制面板"选项了，如图 7-12 所示。

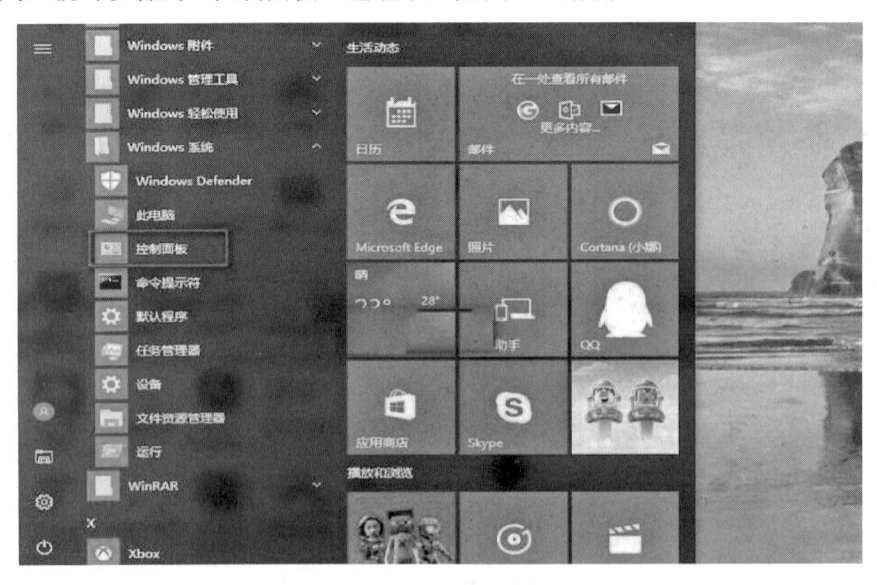

图 7-12 进入控制面板

（2）进入控制面板，单击"Windows 防火墙"图标后进入"Windows 防火墙"界面，如图 7-13 和图 7-14 所示。

图 7-13　单击"Windows 防火墙"图标

图 7-14　"Windows 防火墙"界面

2. 启动 Windows 防火墙

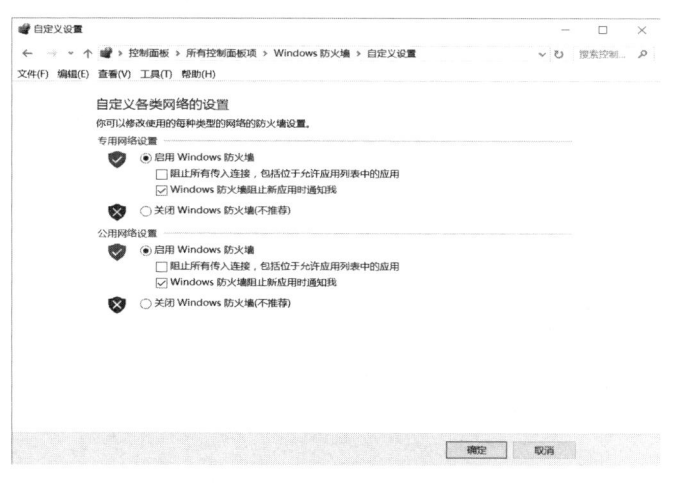

（1）在图 7-14 所示界面中单击"启用或关闭 Windows 防火墙"选项，进入"自定义设置"界面。选中"启用 Windows 防火墙"单选按钮，则启动 Windows 防火墙；如果要关闭防火墙，则选中"关闭 Windows 防火墙（不推荐）"单选按钮，如图 7-15 所示。

图 7-15　启用或关闭 Windows 防火墙

（2）单击图 7-14 所示界面中的"允许应用或功能通过 Windows 防火墙"选项，进入该选项卡，如图 7-16 所示。由于在上网过程中有些应用程序需要访问外网，因此可以在"允许的应用和功能"列表框中添加允许访问 Internet 的程序，其他程序都禁止访问 Internet。

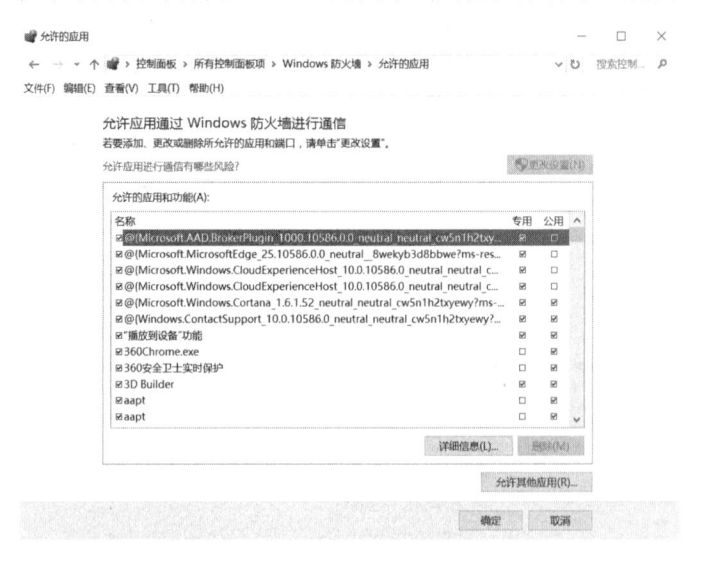

图 7-16 "允许应用或功能通过 Windows 防火墙"选项卡

7.3 防止垃圾邮件

7.3.1 垃圾邮件的由来

随着人们日益频繁地使用电子邮件，各种各样的广告一改往日发传单、贴墙壁、出册子的方式，而以邮件广告的方式铺天盖地地向我们发来，因为这种广告方式成本极低，直接面对最终消费者。然而并不是所有的广告都对我们有用，也不是所有的广告邮件都是我们情愿接收的。有一些邮件根本就对接收者没有任何实际意义，纯属服务器某种错误引起，还有的是一些病毒携带邮件等，我们称这些邮件为"垃圾邮件"。

垃圾邮件（Spam）的日益泛滥，早在 1998 年就被选为国际互联网的十大新闻之一。由此可见垃圾邮件在当今网络社会中的危害之大，影响之广。然而要想真正防止这些垃圾邮件的入侵并非易事，这些垃圾邮件制造者是如何获取大量的邮箱地址的，以及我们该如何减少垃圾邮件的干扰，这是我们急需关心的问题。

7.3.2 使用 Outlook 阻止垃圾邮件

在使用 Outlook 的时候，你的信箱里是不是经常收到一些广告之类的垃圾邮件？如果花时间去处理这些邮件，就太浪费时间和精力了，不处理邮箱又会很乱。这时可以通过运用 Outlook 的"垃圾邮件"和"规则"两个选项，拒垃圾邮件于"千里"之外。

1. 垃圾邮件

（1）在 Outlook 主界面中，如图 7-17 所示，选择"垃圾邮件"下的"垃圾邮件选项"，打开"垃圾邮件选项"窗口，如图 7-18 所示。

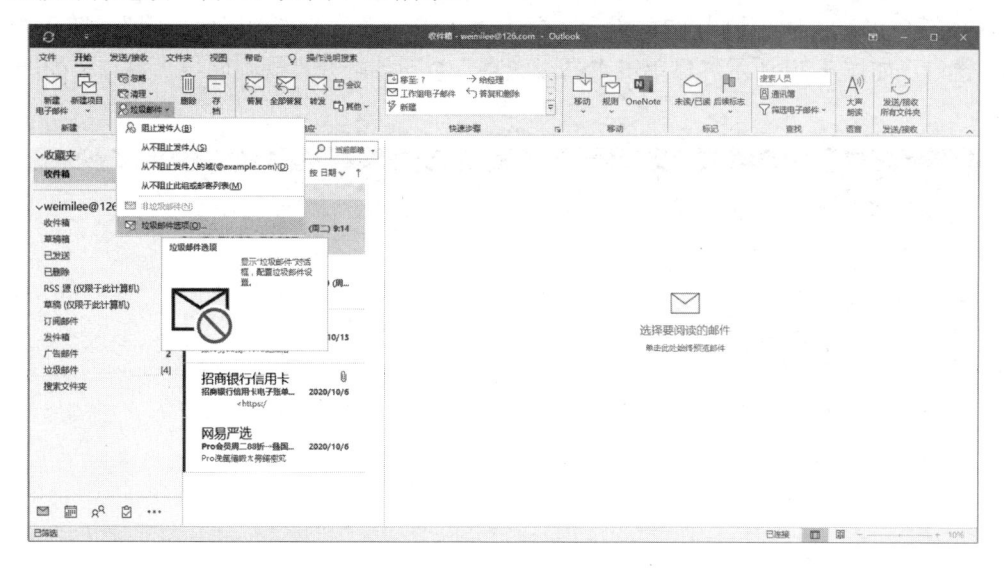

图 7-17　Outlook 主界面

图 7-18　"垃圾邮件选项"窗口

（2）在"垃圾邮件选项"窗口中，单击"安全发件人"选项卡中的"添加"按钮。输入电子邮件地址或域名，例如，someone@exchange.example.com，单击"确定"按钮。若要添加更多电子邮件地址或域名，重复添加即可。单击"导出到文件"按钮，可以为安全发件人列表输入一个唯一的文件名，然后单击"确定"按钮。

（3）对"安全收件人"选项卡和"阻止发件人"选项卡重复以上操作步骤，同样可以创建安全收件人和阻止发件人列表。注意，请确保为三个列表中的每个列表都指定一个唯一的文件名。

2．规则

下面以假设"主题"行中包含特定的词，从服务器上删除为例，来说明如何创建邮件规则。

具体步骤如下。

（1）在 Outlook 中，如图 7-19 所示，单击"规则"菜单下的"创建规则"，打开"创建规则"窗口，如图 7-20 所示。再单击"高级选项"按钮，打开"规则向导"窗口，如图 7-21 所示。

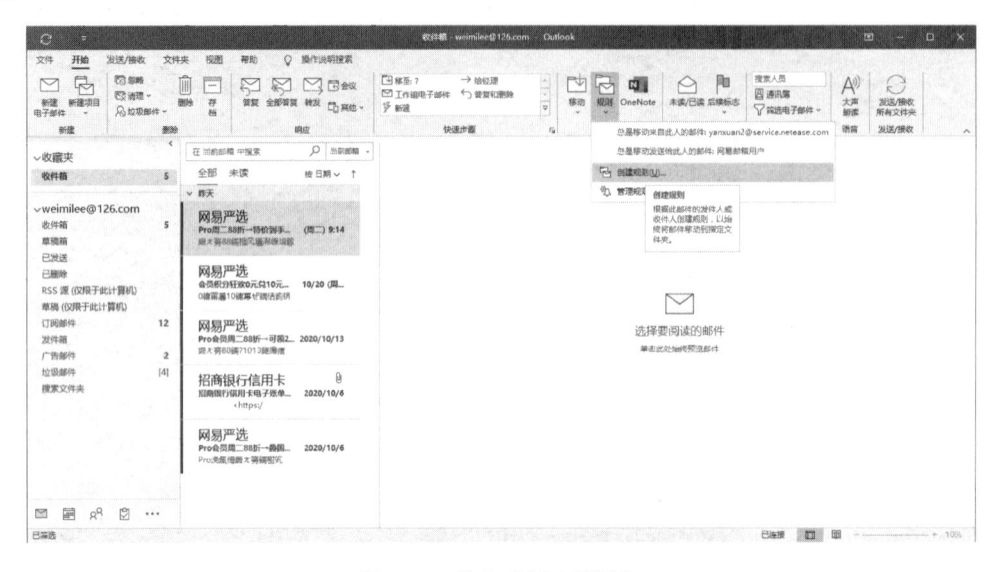

图 7-19　单击"创建规则"

图 7-20　"创建规则"窗口

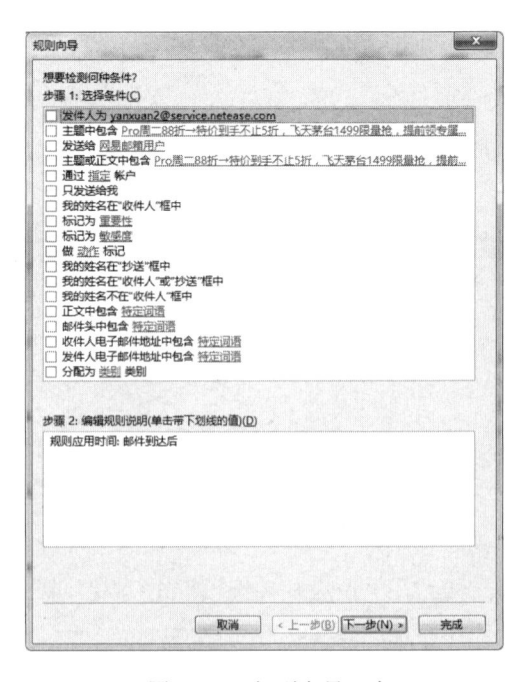

图 7-21　"规则向导"窗口

（2）根据要求，如图 7-21 所示，在"步骤 1：选择条件"列表框中选择"主题中包含 Pro 周二 88 折……"复选框。在"步骤 2：编辑规则说明"列表框中单击"Pro 周二 88 折……"，打开"查找文本"窗口，如图 7-22 所示。可以输入具体的字词或短语，然后单击"添加"按钮；如果不想查找，可以在"搜索列表"中选择后，单击"删除"按钮。

（3）在"规则向导"窗口中单击"下一步"按钮，打开"如何处理该邮件"界面，如图 7-23 所示，在"步骤 1：选择操作"列表框中选择"删除它"，然后单击"完成"按钮。这时当主题中包含了步骤（2）中查找的字词或短语的邮件到达后就会被删除，不再接收。

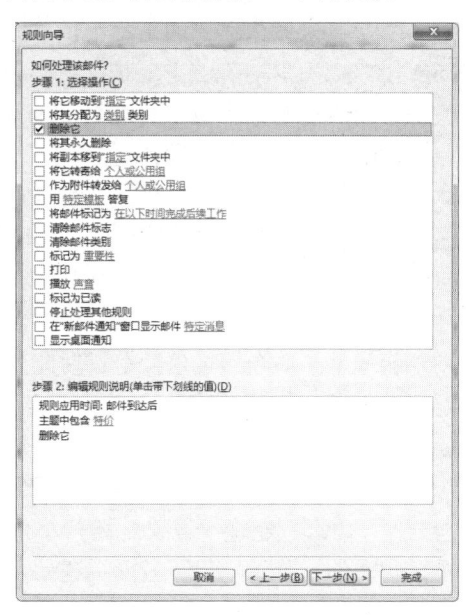

图 7-22 "查找文本"窗口　　　　图 7-23 "如何处理该邮件"界面

同样，可以建立其他一些邮件规则，让发送来的邮件按账号转移到不同的文件夹中，或是自动分类、自动转发等。

7.3.3 有效拒收垃圾邮件

只要你使用某个电子邮箱，该地址迟早会落入垃圾邮件制造者（Spammer）手中，因为你不可能不把自己的邮箱地址告诉任何人，至少你所申请邮箱的 ISP/ICP 知道，另外如果不告诉任何人，那申请邮箱又有什么意义呢？所以不想让你的邮箱地址落入 Spammer 手中确实很难，但我们可以通过一些方法达到拒收这些垃圾邮件的目的，毕竟这个主动权还是在我们手中的。

1. ISP/ICP 发来的垃圾邮件

有些垃圾邮件本身就是一些 ISP 或 ICP 发来的，收到这种垃圾邮件的最好处理方法是先停止使用这个邮箱地址。这种垃圾邮件一般来说有确切的发信地址，我们可以通过邮件规则来限制这类垃圾邮件的接收，直接在服务器上删除它。

2. 一些商业广告垃圾邮件

这类邮件多数是你在申请邮箱时自己申请的，或者是一般购物网站知道你有这方面的需求后向你发信的。对于这类垃圾邮件，最好的处理办法还是直接发信给这类网站的管理人员，告诉对方你已没有某方面的需求了，请他们不要再发信给你。因为这类广告垃圾邮件一般来说所写的发信地址是真实的，毕竟他们的目的还是要你与他们联系，购买他们推荐的产品或服务。

3. 一些来历不明的垃圾邮件

这类垃圾邮件是最让人头疼的，因为它们一般没有明确发信人的邮箱地址，或者所写的邮箱地址根本就是假的，采取上述两种方法显然是行不通的，我们只好自己努力了。这时研究信头就是追踪垃圾邮件来源比较方便的方法了。

4. 尽可能少地让你的邮箱地址落入 Spammer 之手

上面拒收垃圾邮件的方法太被动,只有当垃圾邮件来了才能这么做,其实我们还可以主动一点,就是尽量减少自己的邮箱地址落入 Spammer 手中,这样可以在很大程度上杜绝垃圾邮件的入侵。这种主动方法主要是针对邮箱地址泄露的种种根源采取的。

(1)使用特殊的方法书写邮箱地址。

前面提到,现在有邮箱地址自动收集机,那些 Spammer 有相当一部分就是通过这种软件来达到收集成千上万个邮箱地址的目的的,针对这种情况也有相应的办法。邮箱地址自动收集机是根据邮箱地址的特征字符"@"来进行搜索的,如果我们对自己的邮箱地址进行适当的改造,那么这些自动收集机就失去了作用。例如,把"@"符号改写为"AT"(与@的英语读法一样),邮箱地址中的"."也用"DOT"("."的英语单词)代替,则一般的自动收集机就无法识别邮箱地址了。当然这也只是目前能做的,因为这些自动收集机的搜集规则也可以更改,说不定哪一天在搜集邮箱地址时范围包括了以上字符,这样的更改就没有作用了。

(2)采用"密件抄送"方式发送。

当需要给两个以上的朋友发信时,通常在收件人后面填上一大堆单独地址是最不明智的发信方式。一方面,它毫无意义地增加了信件的长度,这是因为所有的收件人的地址都会出现在每个接收者的信件里;另一方面,这种发信方式常常为垃圾邮件制造者所利用。设想一下,如果 100 个地址里,有一个是垃圾邮件制造者的,那不是把另外 99 个邮箱地址免费送上门了吗?所以建议使用邮件软件的"密件抄送"功能,这样做就不会有这种麻烦,因为"密件抄送"后面的地址是不会出现在接收方的信里的,所以每个收信人不会从其收到的 E-mail 中知道其他收信人的地址。

另外,如果你比较喜欢在"收件人"中写上这些收件人的名字,也可以在地址簿里先建一个组,把所有要发信去的朋友的信箱地址都放入这个组中,发信时在"收件人"后填上这个组名即可,这样接收者也只能看到组名而看不到其他人的地址。

7.4 知识拓展

网络安全可看作信息安全的一个分支,信息安全是更加广义的概念,即防止对知识、事实、数据或能力非授权使用、误用、篡改或拒绝使用所采取的措施。也就是说,信息安全保护的是敏感、重要的信息不被非法访问及获取。要保证信息的相对安全,可从以下几个方面入手。

7.4.1 数据传输的安全

保证数据传输安全的方法就是对数据进行加密,常用的加密算法有对称加密和非对称加密。

1. 对称加密

对称加密又称共享加密,加/解密使用相同的密钥。常见算法有 DES、3DES、AES、RC5、RC6 等。

举例说明如下:

(1)为了安全,A 将数据加密发送给 B。

(2)密文即使在传送过程中被截获,因为不知道密钥也无法解密。

（3）B 接收到密文之后，需要使用与加密相同的密钥来解密。

（4）需要 A 将密钥传给 B，但保证密钥传输过程中的安全又成了问题。

2. 非对称加密

非对称加密也称公钥加密，这套密钥算法包含配套的密钥对，分为加密密钥和解密密钥。加密密钥是公开的，又称为公钥；解密密钥是私有的，又称为私钥。数据发送者使用公钥加密数据，数据接收者使用私钥进行数据解密。常见算法有 RSA 等。

举例说明如下：

（1）B 生成密钥对，将公钥传给 A，私钥自己保留。公钥即使被其他人获得也没有关系。

（2）A 用 B 传过来的密钥将要发送的明文数据加密，然后将密文发送给 B。其他人即使获得密文也无法解密，因为没有配对的用来解密的私钥。

（3）B 接收到 A 传送过来的密文，用自己保留的私钥对密文解密，得到明文。

7.4.2 保证数据完整性

消息摘要函数是一种用于判断数据完整性的算法，也称为散列函数或哈希函数，函数的返回值就是散列值，散列值又称为消息摘要或指纹。这种算法是不可逆的，即无法通过消息摘要反向推导出消息，因此又称为单向散列函数。常见算法有 MD5、SHA 等。

例如，当我们使用某一软件时，下载完成后需要确认是否是官方提供的完整版，是否被人篡改过。通常软件提供方会提供软件的散列值，用户下载软件之后，在本地使用相同的散列算法计算散列值，并与官方提供的散列值相对比。如果相同，说明软件完整，未被修改过。

7.4.3 保证数据的真实性

要保证数据来自发送方，即确认消息来自正确的发送者，称为消息认证。

1. 消息认证码

消息认证码（Message Authentication Code，MAC）是一种可以确认消息完整性并进行认证的技术。消息认证码可以简单理解为一种与密钥相关的单向散列函数。

举例说明如下：

（1）A 把消息发送给 B 前，先把共享密钥发送给 B。

（2）A 把要发送的消息使用共享密钥计算出 MAC 值，然后将消息和 MAC 值发送给 B。

（3）B 接收到消息和 MAC 值后，使用共享密钥计算出 MAC 值，与接收到的 MAC 值对比。

（4）如果 MAC 值相同，说明接收到的消息是完整的，而且是 A 发送的。

2. 数字签名

数字签名的重点在于发送方和接收方使用不同的密钥来进行验证，并且保证发送方密钥的唯一性。将公钥算法反过来使用可以达到此目的：A 发送消息前，使用私钥对消息进行签名，B 接收到消息后，使用配对的公钥对签名进行验证；如果验证通过，说明消息就是 A 发送的，因为只有 A 采用了配对的私钥。第三方机构也是据此来进行裁决的，以保证公正性。

举例说明如下：

（1）A 把消息用哈希函数处理生成消息摘要，并把摘要用私钥进行加密生成签名，把签名和消息一起发送给 B。

（2）数据经过网络传送给 B，当然为了安全，可以用上述的加密方法对数据进行加密。

（3）B 接收到数据后，提取出消息和签名进行验签。即采用相同的哈希函数生成消息摘要，将其与接收的签名用配对的公钥解密的结果进行对比，如果相同，说明签名验证成功，消息是 A 发送的，如果验证失败，说明消息不是 A 发送的。

7.4.4 公钥证书

公钥加密及数字签名都存在相同的问题，就是如何保证公钥的合法性。解决办法是将公钥交给第三方权威机构——认证机构（Certification Authority，CA）来管理。接收方将自己的公钥注册到 CA，由 CA 提供数字签名生成公钥证书（Public-Key Certificate，PKC），简称证书。证书中有 CA 的签名，接收方可以通过验签来验证公钥的合法性。

举例说明如下：

（1）接收方 B 生成密钥对，私钥自己保存，将公钥注册到 CA。

（2）CA 通过一系列严格的检查确认公钥是 B 本人的。

（3）CA 生成自己的密钥对，并用私钥对 B 的公钥进行数字签名，生成数字证书。证书中包含 B 的公钥和 CA 的签名。这里进行签名并不是要保证 B 的公钥的安全性，而是要确定公钥确实属于 B。

（4）发送方 A 从 CA 处获取 B 的证书。

（5）A 使用 CA 的公钥对从 CA 处获取的证书进行验签，如果成功就可以确定证书中的公钥确实来自 B。

（6）A 使用证书中 B 的公钥对消息进行加密，然后发送给 B。

（7）B 接收到密文后，用自己配对的私钥进行解密，获得消息明文。

7.5 小结

本章描述了如何安装和使用防病毒软件、如何防止黑客攻击，以及如何防止垃圾邮件等，读者学完应具备维护计算机网络安全的能力。

7.6 习题

一、选择题

1. 电子邮件的发件人利用某些特殊的电子邮件软件在短时间内不断重复地将电子邮件寄给同一个收件人，这种破坏方式叫作（　　）。
　　A．邮件病毒　　　　　　B．邮件炸弹　　　　　C．特洛伊木马　　　　　D．蠕虫

2. 预防"邮件炸弹"的侵袭，最好的办法是（　　）。
　　A．使用大容量的邮箱　　　　　　　　　B．关闭邮箱
　　C．使用多个邮箱　　　　　　　　　　　D．给邮箱设置过滤器

3. 关于电子邮件不正确的描述是（　　）。
　　A．可向多个收件人发送同一消息

B．发送消息可包括文本、语音、图像、图形

C．发送一条由计算机程序做出应答的消息

D．不能用于攻击计算机

4．小王想通过 E-mail 寄一封私人信件，但是他不愿意别人看到，担心泄密，他应该（　　）。

A．对信件进行压缩再寄出去　　　　　　B．对信件进行加密再寄出去

C．不用进行任何处理，不可能泄密　　　D．对信件进行解密再寄出去

5．网络中个人隐私的保护是谈得比较多的话题之一，以下说法中正确的是（　　）。

A．网络中没有隐私，只要你上网你的一切都会被泄露

B．网络中可能会泄露个人隐私，所以对于不愿公开的秘密要妥善处理

C．网络中不可能会泄露隐私

D．网络中只有黑客才可能获得你的隐私，而黑客又很少，所以不用担心

6．小李很长时间没有上网了，他很担心自己电子信箱中的邮件会被网管删除，但是实际上（　　）。

A．无论什么情况，网管始终不会删除信件

B．每过一段时间，网管会删除一次信件

C．除非信箱被撑爆了，否则网管不会随意删除信件

D．网管会看过信件之后，再决定是否删除它们

7．目前，在互联网上被称为"探索虫"的东西是一种（　　）。

A．财务软件　　　　　　　　　　　　　B．编程语言

C．病毒　　　　　　　　　　　　　　　D．搜索引擎

8．现有的杀毒软件做不到（　　）。

A．预防部分病毒　　　　　　　　　　　B．杀死部分病毒

C．清除部分黑客软件　　　　　　　　　D．防止黑客入侵计算机

9．保证网络安全的最主要因素是（　　）。

A．拥有最新的防毒防黑软件　　　　　　B．使用高档机器

C．使用者的计算机安全素养　　　　　　D．安装多层防火墙

二、简答题

1．如何有效地防止计算机病毒？

2．如何有效地拒收垃圾邮件？

第8章 常用工具软件

学习目标
- 掌握 ACDSee、美图秀秀等常用图形图像处理工具的使用
- 掌握酷狗、暴风影音、爱剪辑等音频视频播放编辑工具的使用
- 掌握文本浏览工具 Adobe Reader 及 QQ 远程协助等远程控制软件的使用

8.1 使用图形图像处理工具

学生通过讨论，制定为所选照片进行处理的工作方案，并通过上网查找资料，了解图形图像工具，掌握 SnagIt、ACDSee 等工具软件的使用方法。

准备为班级制作"班级新年活动相册"，其中要对班级照片素材进行挑选、修改、艺术加工，完成这项工作需要使用图形图像处理工具，以达到满意的效果。

8.1.1 屏幕捕获工具——SnagIt

SnagIt 是一款非常精致且功能强大的屏幕捕获工具，它不仅可以捕捉屏幕、文本和视频图像，还可以对捕获的图像进行编辑。SnagIt 还可以将捕获的图像保存为 AVI 文件，并支持 Microsoft 的 Direct X 技术，以方便抓取 3D 游戏图片。

1. 捕获图像

（1）选择捕获方案。

① 启动 SnagIt，进入其操作界面，如图 8-1 所示。

② 在菜单栏中选择"捕捉"→"输入"→"区域"命令，如图 8-2 所示；或者在"基础捕获方案"选项组中单击 图标，选择"范围"捕获图像方案。

③ 用图片浏览器打开小狗图片，来捕获图片上的小狗。

图 8-1　SnagIt 操作界面

图 8-2　通过菜单栏选择捕获图像方案

（2）捕获图像。

① 单击 SnagIt 操作界面中的●按钮或按快捷键 Print Screen 开始捕获。SnagIt 界面将自动最小化到任务栏并显示为●图标。

② 按住鼠标左键拖曳出用户需要捕获的图像范围，如图 8-3 所示。释放鼠标左键后随即打开 SnagIt 编辑器，用户可以预览和编辑捕获的图像，如图 8-4 所示。

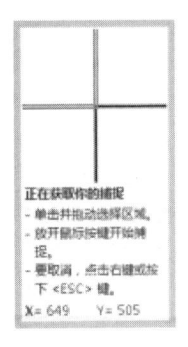

图 8-3 捕获图像范围

图 8-4 预览和编辑捕获的图像

2．编辑图像

（1）捕获图像。

① 启动 SnagIt，在"基础捕获方案"选项组中选择"窗口"捕获图像方案，如图 8-5 所示。下面来捕获 QQ 用户登录界面。

图8-5 选择"窗口"捕获图像方案

② 打开QQ用户登录界面,单击SnagIt主界面中的按钮或按Print Screen快捷键开始捕获,移动鼠标指针选择用户需要捕获的窗口,被选中的窗口会加上红色的边框,如图8-6所示。然后打开SnagIt编辑器,如图8-7所示。

图8-6 捕获窗口

(2) 编辑图像。

① 在SnagIt编辑器的"绘图"选项卡中,单击"绘图工具"面板中的 A 图标,在"式样"面板中单击 图标(第1个),如图8-8所示。

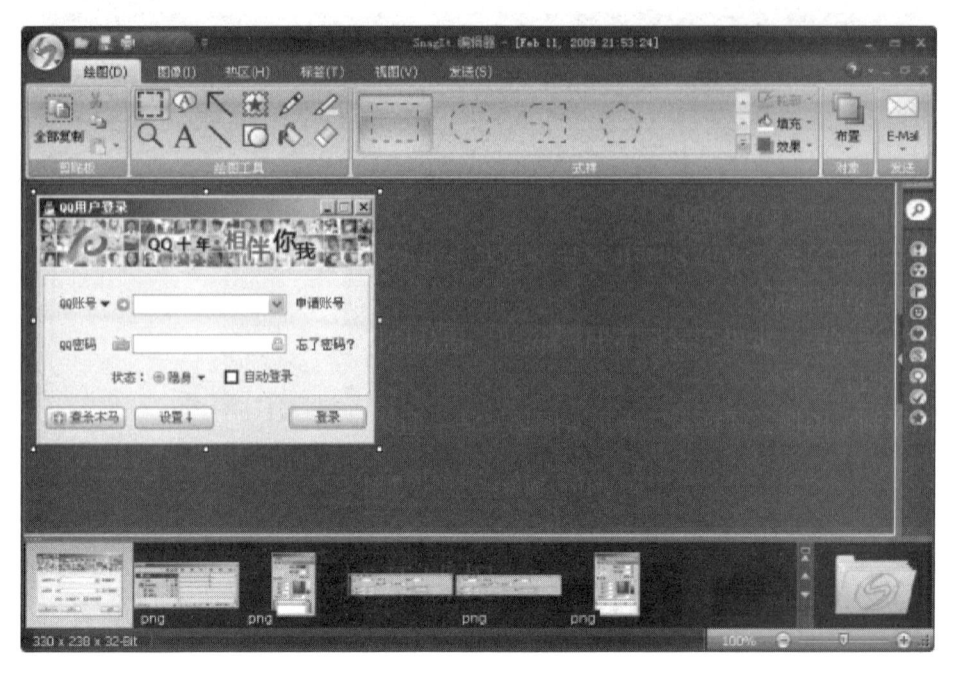

图 8-7　SnagIt 编辑器

图 8-8　选择标注样式

② 在捕获的图像上拖动鼠标，将显示一个圆角矩形的标注框，释放鼠标左键将弹出"编辑文字"对话框，在其中输入需要标注的文字，如图 8-9 所示。

③ 单击 确定 按钮，完成文字标注。将鼠标指针移动到标注上面，当鼠标指针变成图标 ✥ 时，按住鼠标左键不放就可以移动标注。调整标注的位置和大小，如图 8-10 所示。标记处的 3 个黄色控制按钮可以调整标注的位置和大小。

图 8-9　输入标注文字

图 8-10　调整标注的位置和大小

④ 切换到"图像"选项卡，单击"图像式样"面板中的图标，为捕获的图像添加边缘效果，如图 8-11 所示。

⑤ 编辑完成后，单击工具栏上的按钮，保存图像，最终效果如图 8-12 所示。

（3）进行视频捕捉。

① 选择捕捉方案。单击 SnagIt 操作界面右下方的按钮，在打开的下拉列表中选择"视频捕捉"选项，如图 8-13 所示。

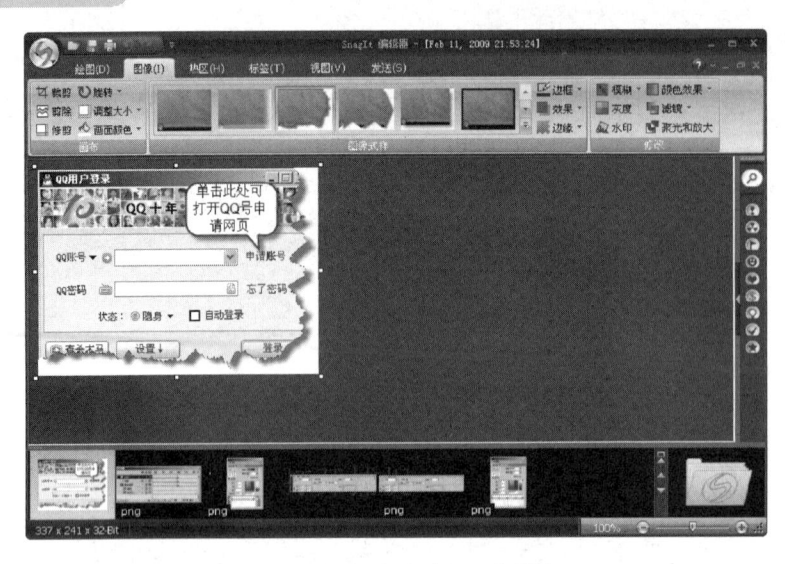

图 8-11 添加边缘效果后的图片

图 8-12 编辑后的效果图　　　　　　　　图 8-13 选择"视频捕捉"选项

② 设置捕捉方案。在操作界面下方的"方案设置"面板中将"输入"样式设置为"窗口","输出"样式设置为"无选择","效果"样式设置为"无效果",如图 8-14 所示。

图 8-14 设置视频捕捉方案

3. 捕捉视频

（1）打开需要捕捉的视频，在播放的同时按 Print Screen 快捷键，可见捕捉的区域以白色边框显示，同时弹出"SnagIt 视频捕捉"对话框，如图 8-15 所示。

图 8-15　弹出"SnagIt 视频捕捉"对话框

（2）单击 开始(S) 按钮，开始捕捉视频图像，视频图像边缘的白色边框开始闪烁，然后双击 Windows Media Player 任务栏右边的 图标或者按 Print Screen 快捷键，将再次弹出"SnagIt 视频捕捉"对话框，如图 8-16 所示。

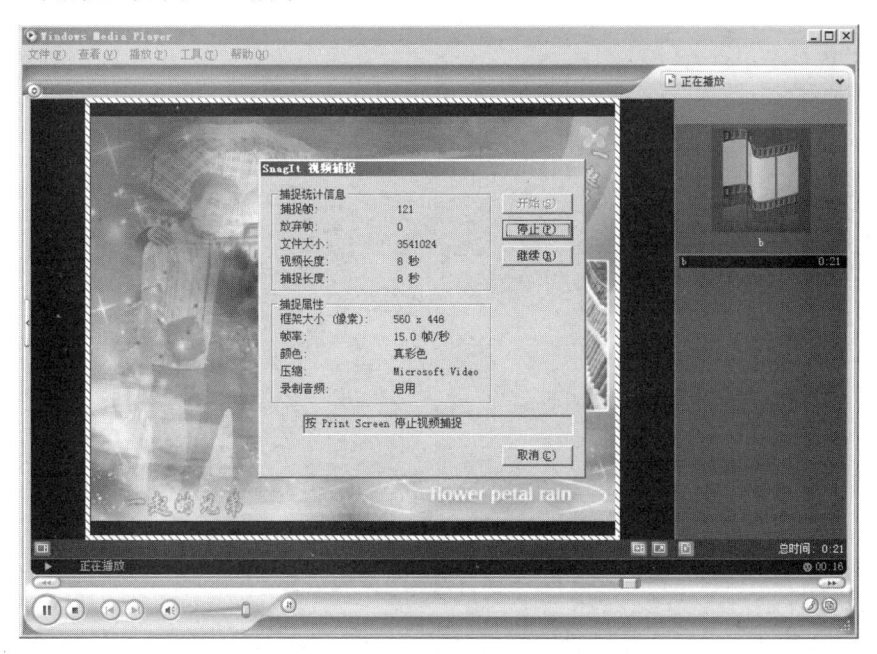

图 8-16　再次弹出"SnagIt 视频捕捉"对话框

（3）单击 停止(P) 按钮，打开 SnagIt 编辑器，即可预览和编辑所捕捉的视频图像，如图 8-17 所示。

（4）单击工具栏上的 按钮，将捕捉的图像保存为 AVI 格式的视频文件。

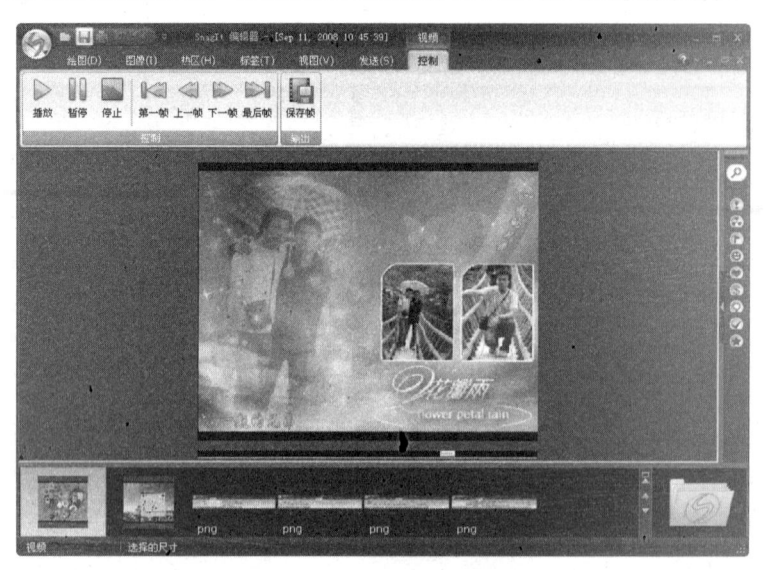

图 8-17 预览所捕捉的图像

8.1.2 图像管理工具——ACDSee

ACDSee 是目前流行的数字图像管理软件，广泛应用于图片的获取、管理、浏览、优化等方面，可以轻松地处理数码影像。ACDSee 支持多种格式的图形文件，并能完成格式间的相互转换，还能进行批量处理。同时，ACDSee 也能处理如 MPEG 之类常用的视频文件。

1．浏览图片

（1）打开浏览的图片。

① 启动 ACDSee，进入其操作界面，如图 8-18 所示。

图 8-18 ACDSee 官方免费版操作界面

② 在"文件夹"面板的列表中依次单击文件夹前的 ⊞ 图标，展开图片所在盘符，展开后选中含有图片的文件夹。这里展开"D:\T 图片\bg"文件夹，在右侧的"图片文件显示"面板中便可浏览到"bg"文件夹中的所有图片，如图 8-19 和图 8-20 所示。

图 8-19　浏览文件夹中的图片

图 8-20　浏览多个文件夹中的图片

③ 在"图片文件显示"面板中选中需要浏览的图片，将会弹出一个放大的显示图片，在左下角的"预览"面板中也会显示此图片，如图 8-21 所示。

图 8-21　选中并浏览图片

（2）选择浏览方式。

① 单击"图片文件显示"面板上方的 过滤 按钮，打开如图 8-22 所示的"过滤"下拉列表，选择列表中的"高级过滤器"选项，弹出如图 8-23 所示的"过滤器"对话框，通过设置"应用过滤准则"选项组下面的准则对图片进行过滤。

图 8-22　对图片进行过滤

② 单击"图片文件显示"面板上方的 排序 按钮，在打开的"排序"下拉列表中可以选择按"文件名""大小""图像类型"等进行排序，如图 8-24 所示。

③ 单击"图片文件显示"面板上方的 查看 按钮，打开如图 8-25 所示的"查看"下拉列表，可以选择"平铺""图标"等显示方式。如图 8-26 所示即为选择以"平铺"方式进行浏览的效果。

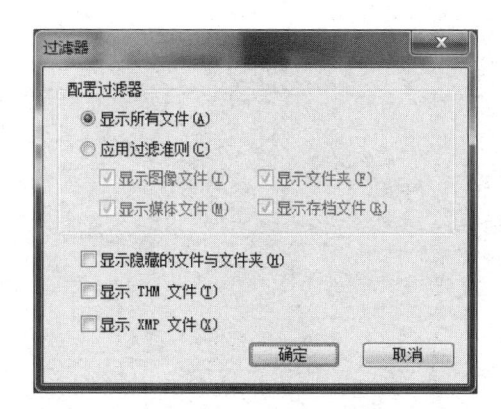

图 8-23 "过滤器"对话框

图 8-24 对图片进行排序

图 8-25 对图片进行查看

图 8-26 以"平铺"方式浏览图片

④ 在"图片文件显示"面板中选择某张需要详细查看的图片，按 Enter 键或双击该图片，即可打开图片查看器预览选中的图片，如图 8-27 所示。也可以使用鼠标右键单击要预览的图片，在弹出的快捷菜单中选择"查看"命令，打开图片查看器。

图 8-27 打开图片查看器预览图片

2. 编辑图片

（1）进入编辑模式。启动 ACDSee，进入其操作界面后，用鼠标右键单击待编辑的图片，在弹出的快捷菜单中选择"编辑"命令，打开图片编辑器，如图 8-28 所示。

（2）调整图片大小。

① 选择"编辑面板"列表框中的"调整大小"选项，切换到"调整大小"面板，在"预

设值"下拉列表中选择所需的大小,或者在"像素"文本框中输入用户需要的大小,如图8-29所示。

图 8-28 打开待编辑的图片

图 8-29 调整图片大小

② 向下拖动标记的滑块,将下方的控制按钮显示出来,如图8-30所示。单击 完成 按钮,完成图片大小的调整。

③ 单击"保存"按钮,弹出下拉菜单,选择"另存为",保存设置后的图片。

3. 批量修改图片

(1) 打开转换工具。

在"图片文件显示"面板中选择要转换的图片(可以选择多个文件)后,选择菜单栏中的

"工具"→"批量"→"转换文件格式"命令,弹出"批量转换文件格式"对话框,如图 8-31 所示。

图 8-30 调整图片大小完成

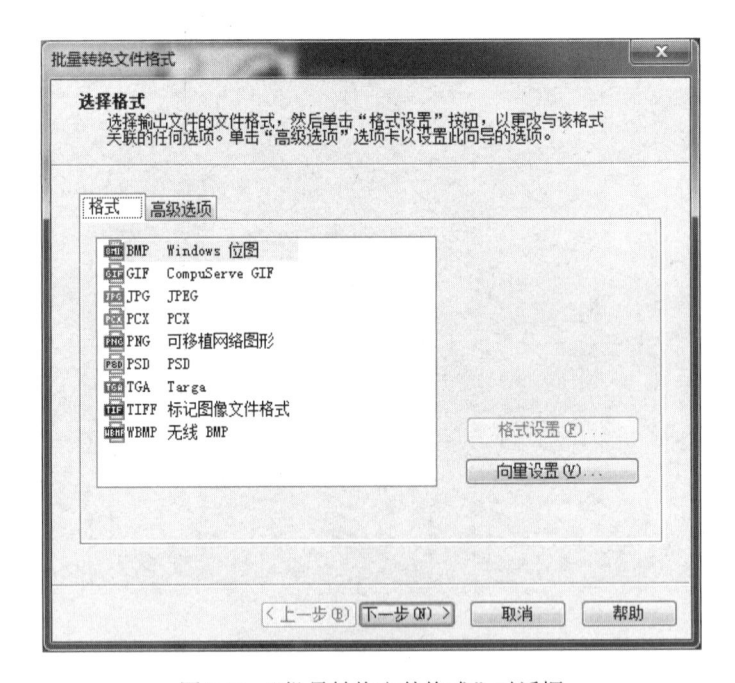

图 8-31 "批量转换文件格式"对话框

(2)相关参数设置。

① 在"格式"选项卡中选择要转换成的格式选项,这里选择 GIF 格式。

② 单击"下一步"按钮,进入"设置输出选项"向导页,如图 8-32 所示。若选择"目标位置"选项组中的"将修改后的图像放入源文件夹"单选按钮,则替换当前所选择的图形文件;

若选择"将修改后的图像放入以下文件夹"单选按钮,则需要单击右边的按钮,在弹出的"浏览"对话框中指定新的保存路径。这里选中前者。

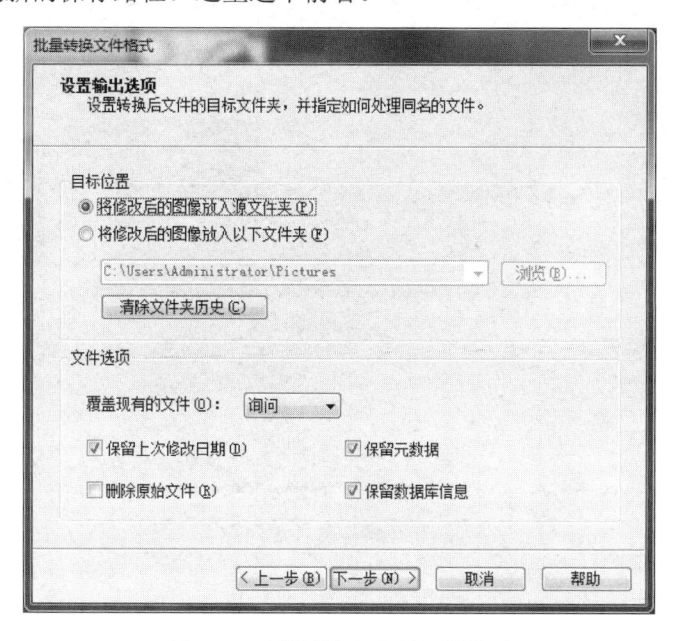

图 8-32 "设置输出选项"向导页

③ 单击"下一步"按钮,进入"设置多页选项"向导页,如图 8-33 所示。其主要针对 CDR 格式的图片,这里保持默认设置即可。

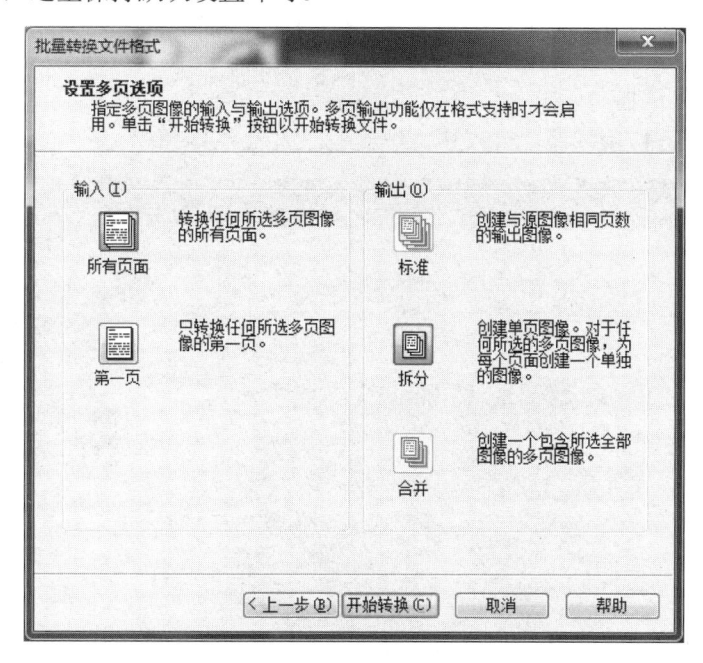

图 8-33 "设置多页选项"向导页

④ 单击"开始转换"按钮,进入"转换文件"向导页,如图 8-34 所示。文件转换结束后,单击"完成"按钮即完成此次操作。

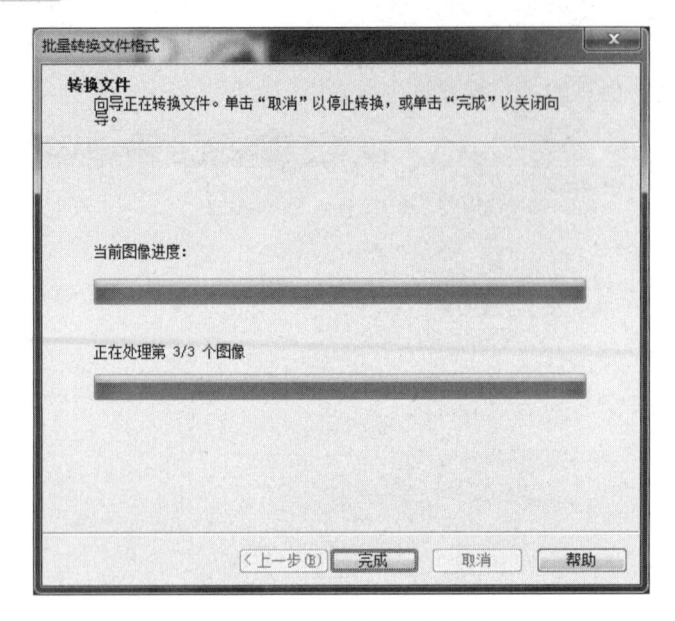

图 8-34 "转换文件"向导页

8.1.3 图像处理工具——美图秀秀

美图秀秀是一款图像处理软件,主要有美化图片、人像美容、文字水印、拼图、边框、抠图等功能,操作简单,可以在短时间内处理出一张漂亮的照片。下面着重介绍最常用的"美化图片"和"人像美容"功能。

1. 美化图片功能

(1) 打开要处理的图片。

① 启动美图秀秀应用程序,进入其操作界面,如图 8-35 所示。

图 8-35 美图秀秀操作界面

② 单击右上方的"打开"按钮,弹出"打开"对话框,如图 8-36 所示。

图 8-36 "打开"对话框

③ 选择要打开的图片后,单击"打开"按钮,将图片载入图片显示区,如图 8-37 所示。

图 8-37 打开的图片

(2) 美化图片相关功能介绍。

① 单击并拖动左上部分的"亮度""对比度""色彩饱和度"和"清晰度"调节按钮,可调节相应效果,也可单击"一键美化"功能键,让软件自动调节,如图 8-38 所示。

图 8-38 "一键美化"前后效果对比

② 单击左下部分画笔功能区的相应画笔,可以画出你想要的图案和文字,也可以有固定的图案,如图 8-39 所示。

图 8-39 使用"涂鸦笔"效果展示

③ 右侧是"特效"功能区,可根据需要单击生成相应的"特效"效果,如图 8-40 所示。

图 8-40　使用"黑白色"特效效果展示

2. 人像美容功能

（1）打开要处理的图片，如图 8-41 所示，操作步骤参考前面。

图 8-41　打开图片

（2）人像美容相关功能介绍。

① 可根据需要选择界面左侧功能栏中的相应功能，进行"美形""美肤"等美化处理。以进行"皮肤美白"操作为例，单击"皮肤美白"功能键，用鼠标拖动"美白力度"和"肤色"滑块达到所需的效果，如图 8-42 所示。

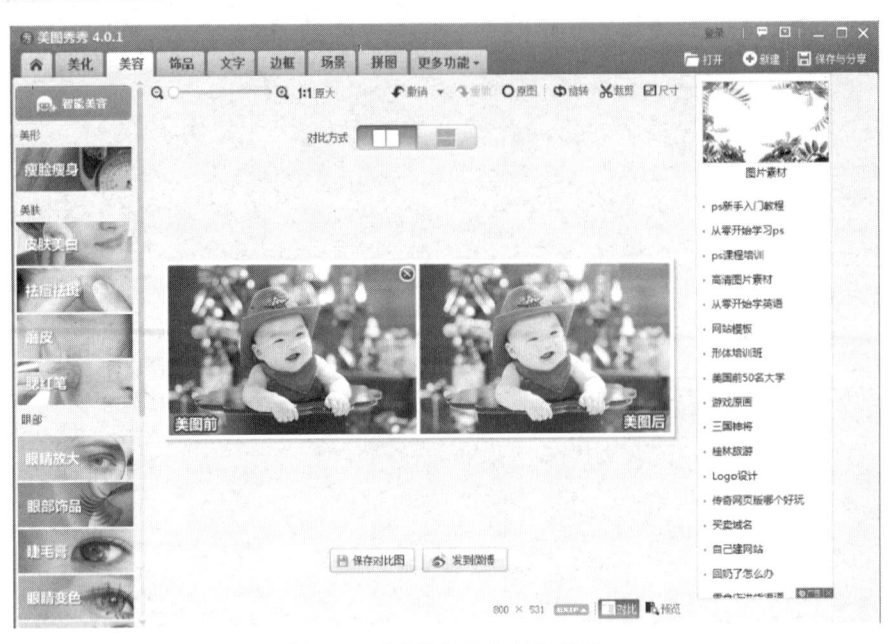

图 8-42 "皮肤美白"效果展示

② 左侧上部是"智能美容"功能按钮,单击该按钮后可根据需要选择生成相应的效果,如图 8-43 所示。

图 8-43 "智能美容"效果展示

8.2 使用音频视频播放、阅读工具

学生通过讨论,制定为所选音频视频进行处理的工作方案,并通过上网查找资料,了解音频视频处理工具,掌握酷我音乐盒、Windows Movie Maker 等工具软件的使用方法。

8.2.1 音乐播放工具——酷狗

1. 播放网络音乐

首先要选择网络歌曲。

(1) 启动酷狗音乐,单击"乐库"选项卡,如图 8-44 所示,其中陈列了丰富的歌曲。在"乐库"下侧区域中将歌曲分为了"推荐""排行榜""歌手"和"分类"等版块。比如,在"歌手"中单击某个歌手的名字即可打开该歌手的歌曲列表,如图 8-45 所示。

图 8-44 酷狗音乐"乐库"界面

图 8-45 歌手歌曲列表

（2）"歌曲列表"栏歌曲的右边有"观看 MV""播放""添加""下载"等选项图标。如单击某歌曲的 ▷ 图标，即可试听该歌曲，如图 8-46 所示。

图 8-46　试听歌曲

2. 播放本地歌曲

首先要添加本地歌曲。

（1）单击软件界面左上部分的 ⬇ 按钮，再单击 ⬇ 按钮下方的 本地导入 切换到如图 8-47 所示的"本地导入"选项卡。

图 8-47　"本地导入"选项卡

（2）单击 📁，弹出"选择本地音乐文件夹"对话框，如图 8-48 所示。

图 8-48　选择本地音乐文件夹

（3）单击 添加文件夹 按钮，弹出"浏览文件夹"对话框，选择存放音乐的文件夹，如图 8-49 所示。

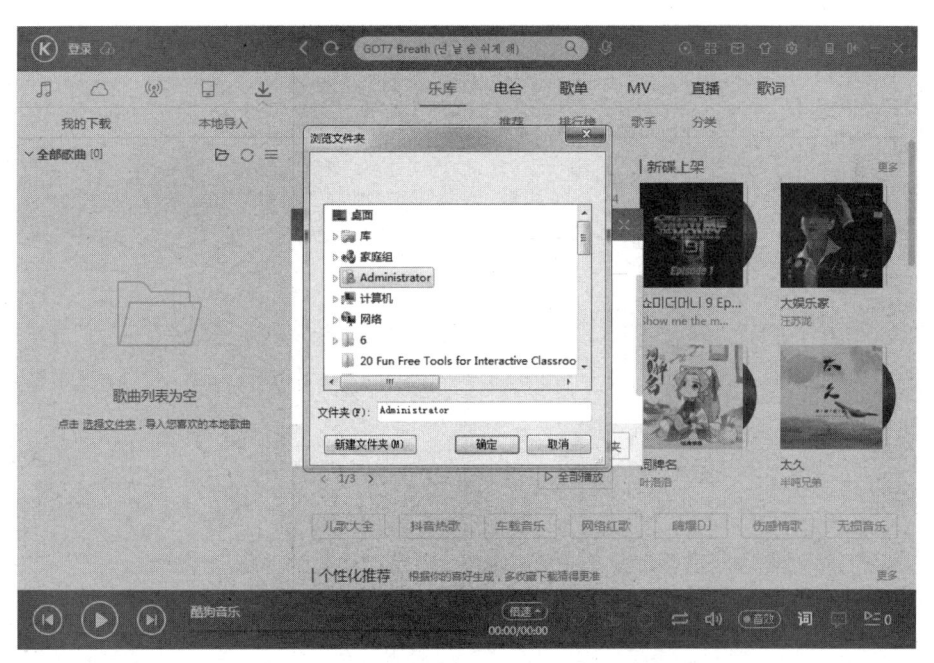

图 8-49　选择存放音乐的文件夹

（4）单击 确定 按钮，完成音乐文件夹的添加。再单击 确认 按钮，即可将音乐文件添加到"本地音乐"中，如图 8-50 所示，双击歌曲名字即可播放该歌曲。

图 8-50 添加本地歌曲

8.2.2 视频播放工具——暴风影音

1. 播放本地视频

打开暴风影音播放器，如图 8-51 所示。

图 8-51 暴风影音播放器

单击"打开文件"按钮,选择要播放的视频文件,双击视频文件或者单击"打开"按钮即可播放视频,如图 8-52 所示。

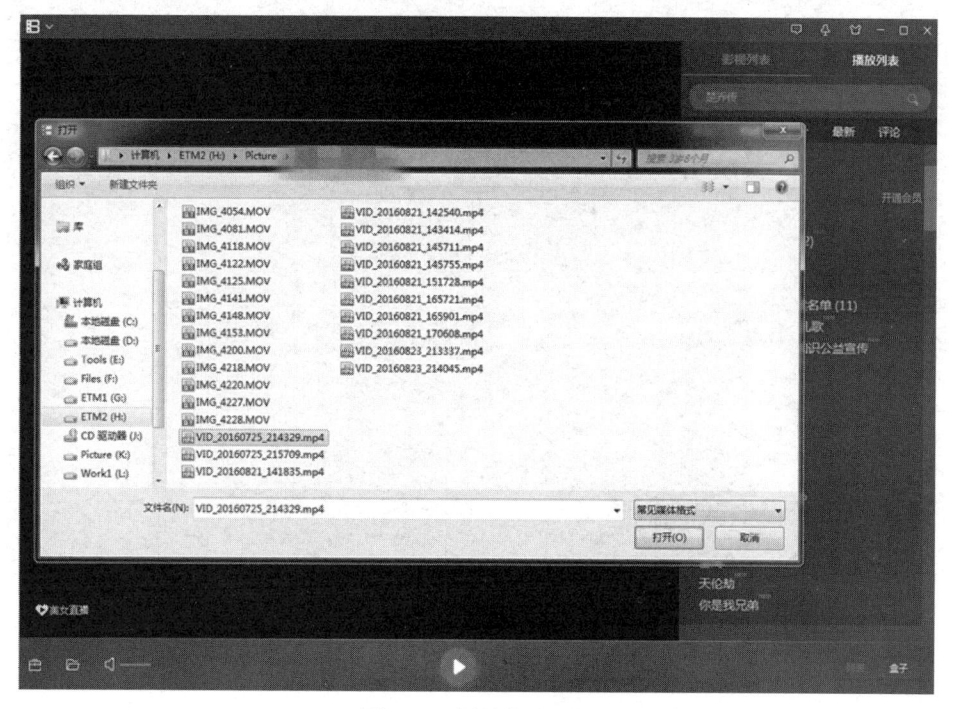

图 8-52　播放本地视频

2. 播放在线视频

打开暴风影音播放器,在右侧"影视列表"搜索栏中输入视频名称,如图 8-53 所示。

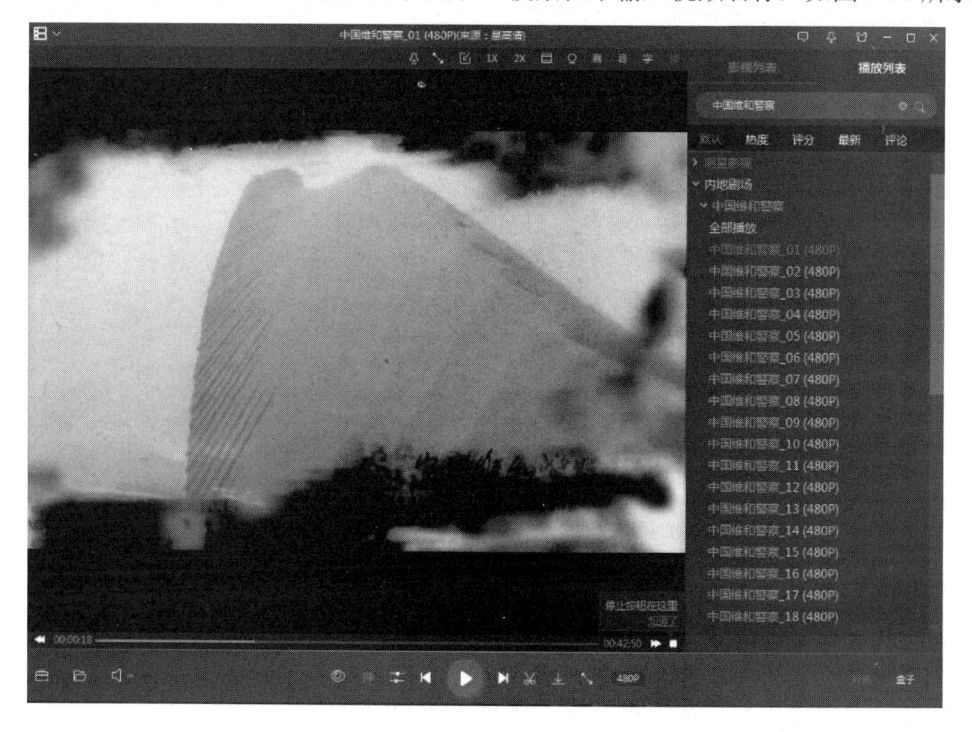

图 8-53　搜索视频

选择单击相应的视频即可进行播放，如图 8-54 所示。

图 8-54　播放在线视频

3. 常用功能介绍

（1）开启/关闭弹幕。

如果想要开启/关闭视频的弹幕，只需单击界面下侧的"弹"字按钮即可，如图 8-55 所示。

图 8-55　开启/关闭弹幕

（2）调整视频字幕。

单击界面上方的"字"，就可以在"字幕调节"窗口进行字体大小、中/英文字幕等的调节了，如图 8-56 所示。

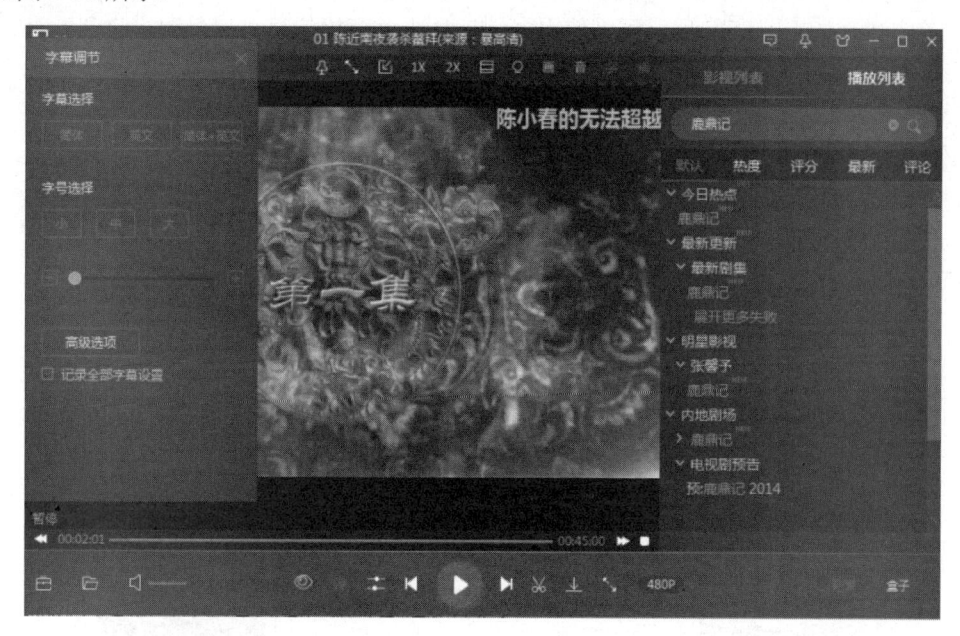

图 8-56　调整视频字幕

（3）截屏。

播放器自带了屏幕截取按钮，单击软件界面下方的 ✂ 按钮，这时视频底下的"截图路径"会显示刚截好的图片地址，单击这个地址就可以找到刚刚截好的视频图了，如图 8-57 所示。

图 8-57　视频截图

8.2.3　Adobe Reader 阅读器的基本操作

PDF（Portable Document Format）文件格式是电子发行文档的事实上的标准。Adobe Reader

是美国 Adobe 公司开发的一款优秀的 PDF 文档阅读软件。可以使用 Reader 查看、打印和管理 PDF。在 Reader 中打开 PDF 后，可以使用多种工具快速查找信息。如果用户收到一个 PDF 表单，则可以在线填写并以电子方式提交。如果收到审阅 PDF 的邀请，则可使用注释和标记工具为其添加批注。使用 Reader 的多媒体工具可以播放 PDF 中的视频和音乐。如果 PDF 文件包含敏感信息，则可利用数字身份证对文档进行签名或验证。

1. 阅读 PDF 文档

打开 Adobe Reader 软件，如图 8-58 所示。

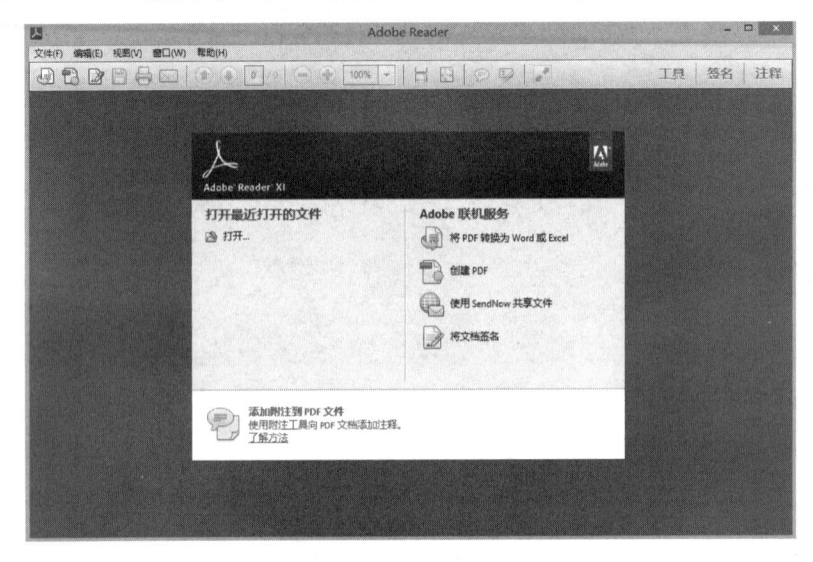

图 8-58　Adobe Reader 软件界面

进入 Adobe Reader 的 PDF 浏览器窗口。选择"文件"→"打开"菜单选项，进入"打开文件"对话框，选择要打开的 PDF 文档，单击"打开"按钮，打开的 PDF 文档便自动出现在 Adobe Reader 窗口中，如图 8-59 所示。通过鼠标可以上下拖动页面，通过工具栏上的"显示上一页""显示下一页"按钮，可以进行 PDF 文档翻页。

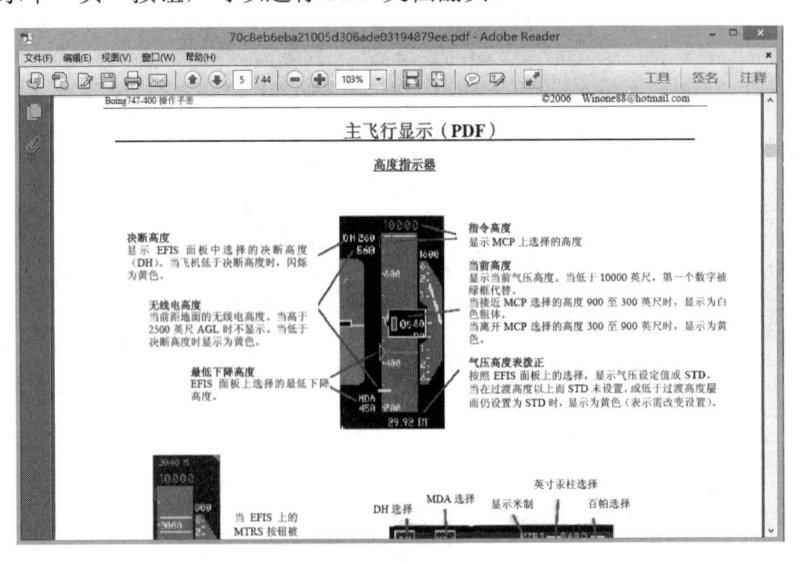

图 8-59　打开的 PDF 文档

单击 Adobe Reader 左侧的显示页面缩略图按钮，可以让 PDF 文档的页面缩略图按顺序排列，如果用户需要阅读某页中的内容，可以在"页面缩略图"中单击相应的缩略图，如图 8-60 所示。

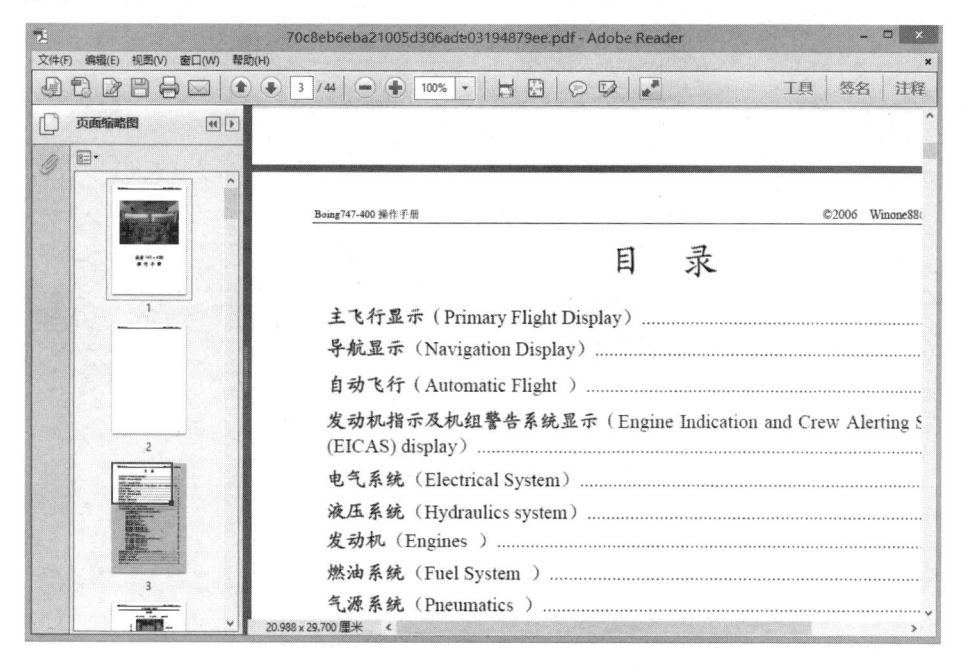

图 8-60　显示页面缩略图

在阅读文档时还可以选择以单页、单页连续、双联、双联连续方式进行阅读，通过菜单"视图"→"页面显示"选择相应的选项进行设置，如图 8-61 所示。

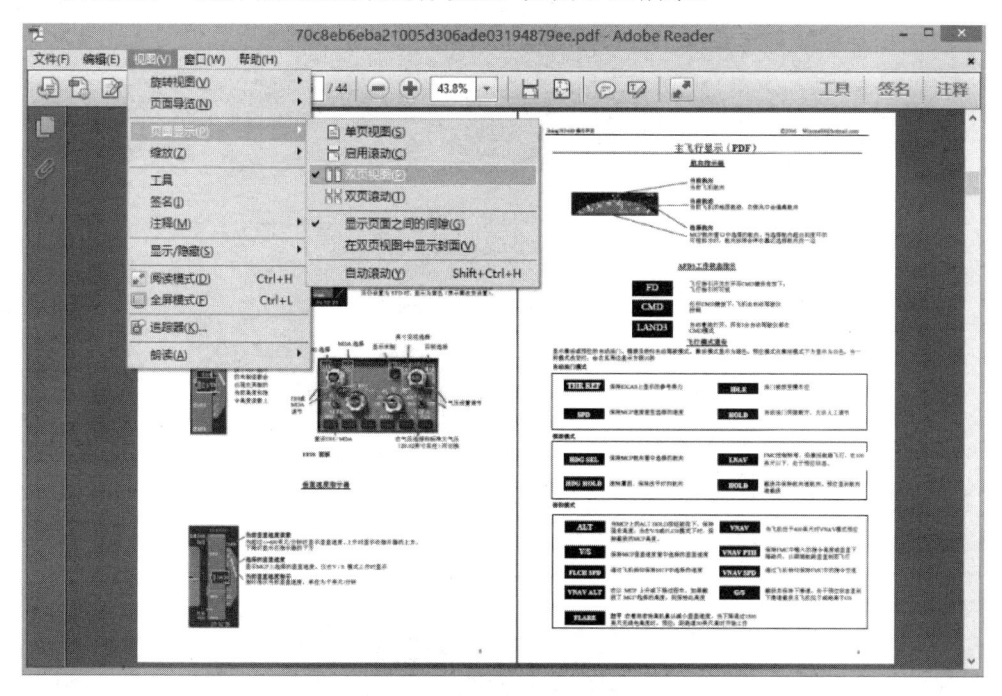

图 8-61　"页面显示"选项设置

如果有倒放的 PDF 文件需要查看，可选择"视图"→"旋转视图"→"顺时针"或"逆时针"菜单，将其旋转正放后再进行查看，如图 8-62 所示。

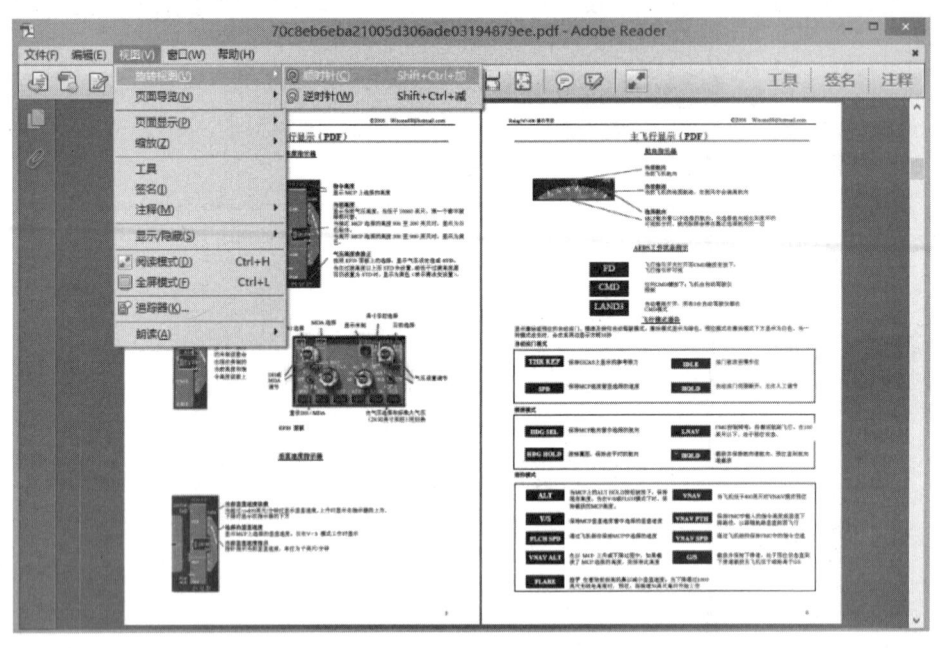

图 8-62 "旋转视图"选项设置

2. 复制 PDF 文档内容

普通 PDF 文档支持文本复制功能，但受保护的除外。打开 PDF 文档，选择"工具"→"选择和缩放"→"选择工具"菜单，把指针定位到需要复制文本的开始，用鼠标左键拖拉文本内容，将其选中，选中的文字呈蓝色显示，如图 8-63 所示，然后单击右键，在弹出的快捷菜单中选择"复制"选项。可将复制的内容粘贴到记事本或 Word 文档中。

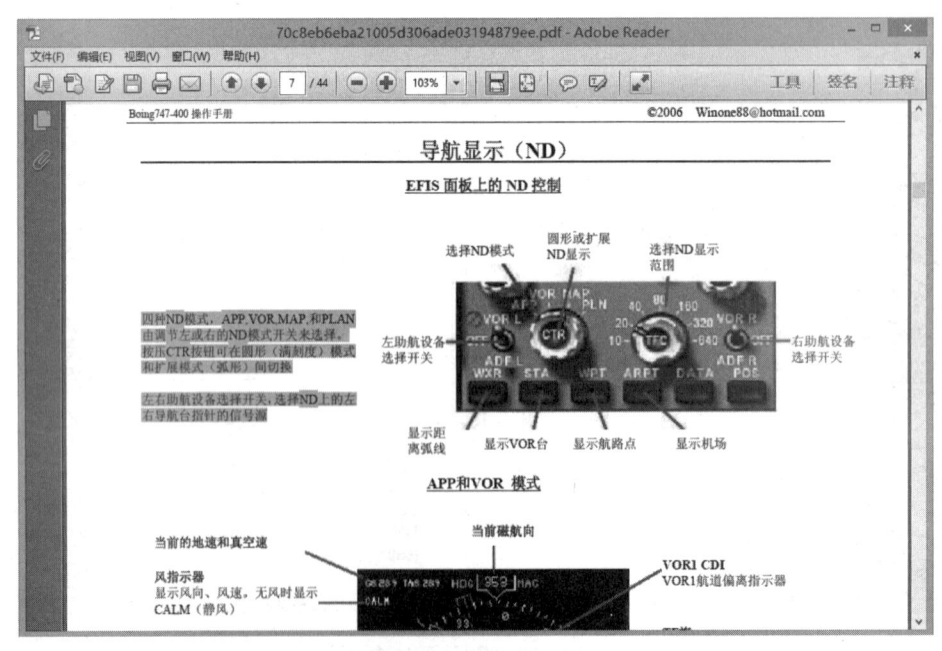

图 8-63 复制 PDF 文本

3. 复制 PDF 图片内容

Adobe Reader 支持将 PDF 文档中的图片或文本以图形的方式复制出来，此工具称为"拍快照"。打开 PDF 文档，选择"编辑"→"拍快照"菜单，此时鼠标指针由手形变成"+"形，把指针定位到需要复制内容的开始，按住鼠标左键拖拉，将其选中，选中的区域呈蓝色显示，如图 8-64 所示，然后单击右键，在弹出的快捷菜单中选择"复制选定的图形"选项。可将复制的内容粘贴到 Word 文档或其他图形处理软件中。

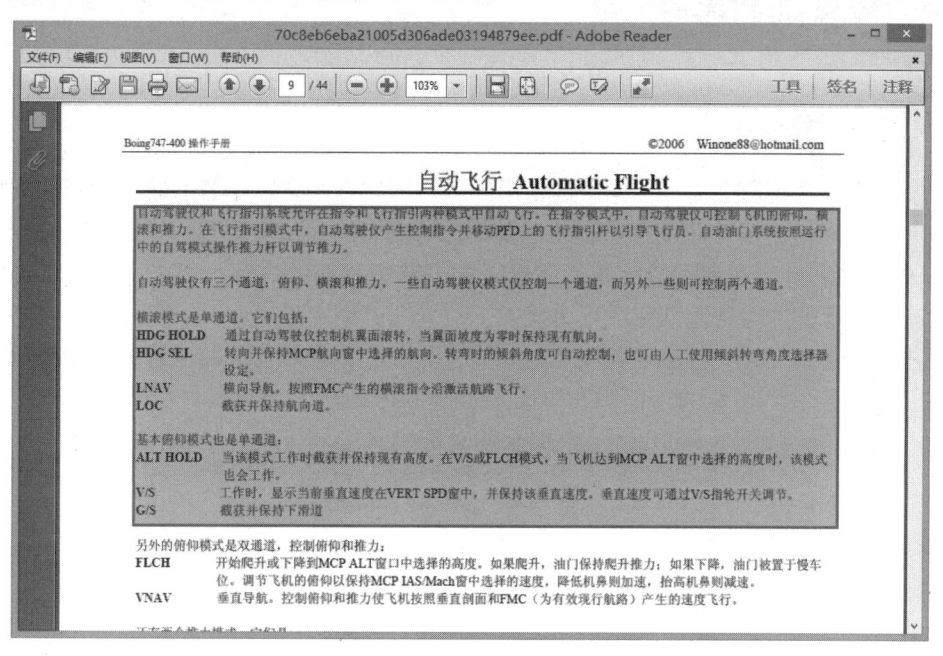

图 8-64 复制 PDF 图形

4. 朗读 PDF 内容

Adobe Reader 支持将 PDF 文档中的文本以声音的形式展示出来，方法是打开 PDF 文档，选择"视图"→"朗读"→"启用朗读"菜单，如图 8-65 所示。

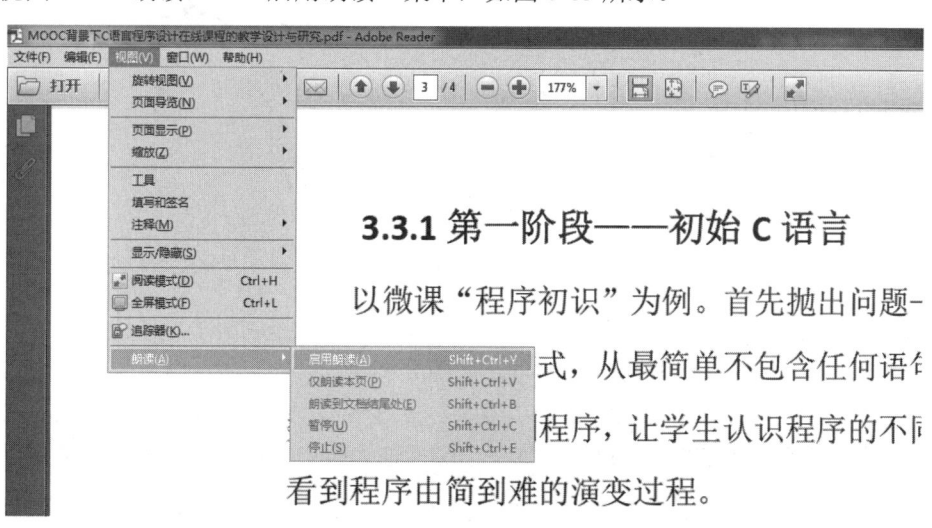

图 8-65 Adobe Reader 启动朗读

此时音箱或耳机会传来该文档的阅读声音。如果选择"仅朗读本页",就可以听到关于本页文档的朗读;如果选择"朗读到文档结尾处",朗读将在 PDF 文档的结束处停止。如果用户安装了中文版 Office 的语音输入功能(通常在安装中文版 Office 时如果选择完全安装,则汉语的声音库文件会自动被安装),在 Adobe Reader 中还可以朗读中文内容。

8.3 远程控制工具

8.3.1 QQ 远程协助

QQ 聊天软件是我们生活和工作中经常用到的一款软件,它除了具有聊天功能和文件传输功能外,还可以在 QQ 好友间进行远程协助操作。当我们的好友需要我们通过网络协助他进行计算机操作或我们自己遇到不能处理的问题需要好友远程协助进行计算机操作时,可以利用 QQ 聊天软件的远程协助功能来完成相关操作。

(1)在打开与对方的 QQ 对话框的右边,有一个 3 个点的图标,将鼠标光标移动到它的上面,在最上面一栏找到红色的远程协助图标,如图 8-66 所示。

图 8-66 打开 QQ 界面

(2)将光标移动到远程协助图标的上面,就会弹出"请求控制对方电脑"和"邀请对方远程协助"两个选项,根据实际情况选择即可,如图 8-67 所示。

(3)以邀请对方远程协助为例,单击"邀请对方远程协助",这时 QQ 对话框的右侧打开一个远程协助的窗口,对方的 QQ 也能收到一个邀请他远程协助的请求消息。如果不需要对方远程协助了,单击"取消"按钮即可,如图 8-68 所示。

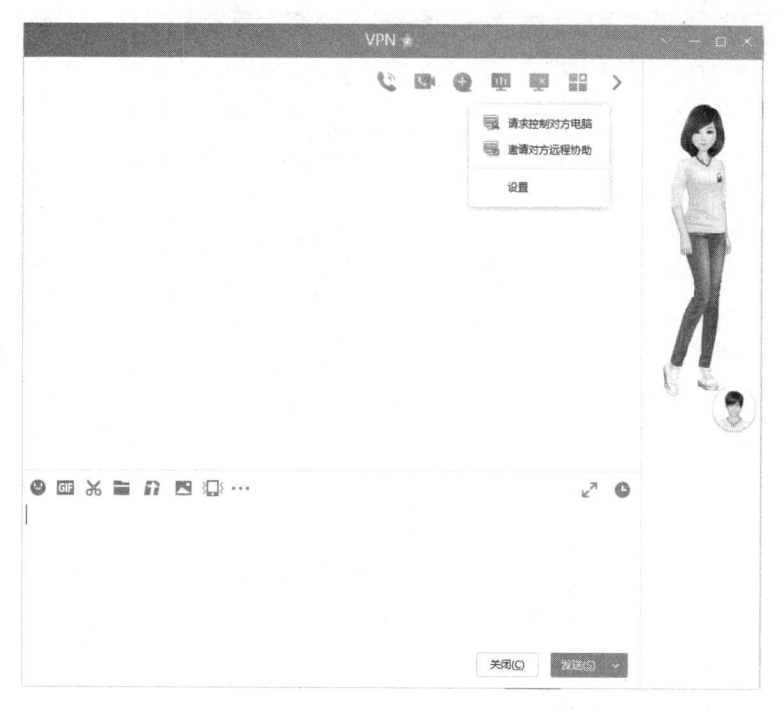

图 8-67　远程协助选项

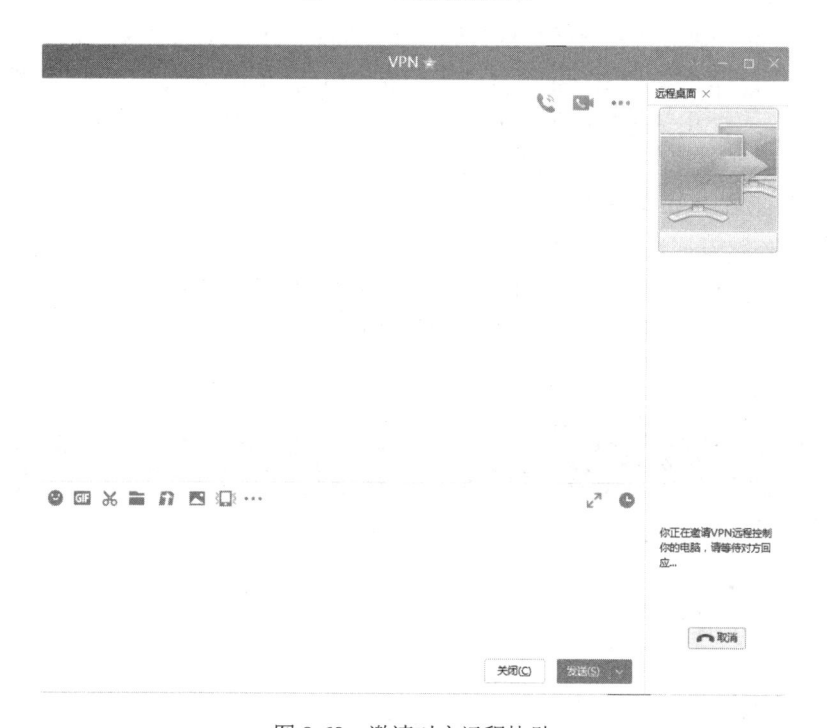

图 8-68　邀请对方远程协助

如果远程协助出现连接不上的情况，可以先单击"邀请对方远程协助"下面的"设置"项，在打开的设置里面，把"允许远程桌面连接这台计算机"选项选上，再试试看远程协助能否成功连接上，如图 8-69 所示。

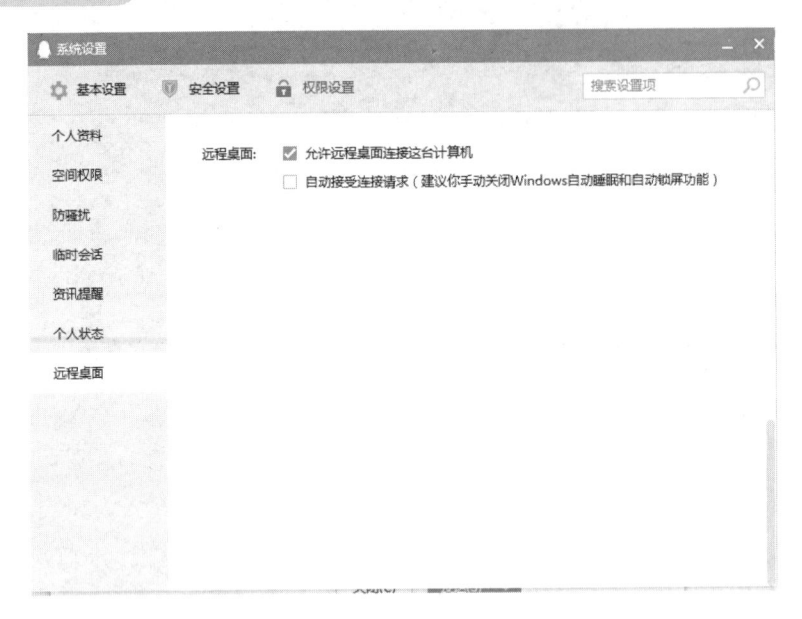

图 8-69　允许远程桌面连接这台计算机

8.3.2　TeamViewer 远程控制

TeamViewer 是一款强大的远程桌面控制工具，同时也是一款非常实用的共享文件传输工具，它拥有简洁的界面和方便快捷的操作，只需要简单几步即可进行 PC 端的远程控制，同时支持会议演示、视频、电话等实用型功能。与 QQ 远程相比，其优点是不需要被远程的计算机有人操控接受才可以实现远程，而是直接通过账号密码来实现无人操控另一台计算机。

1. 使用随机密码进行远程控制

控制方和被控制方都安装好软件之后（最好安装相同版本的软件，否则可能导致不兼容），双方都打开 TeamViewer，记录下被控制方 TeamViewer 界面左侧的 ID 号和随机密码（每次启动软件密码都会随机生成）。然后在右侧"控制远程计算机"下面填写被控制计算机的 ID，填写好后单击"连接"按钮，如图 8-70 所示。

图 8-70　输入被控制计算机的 ID

在弹出的"TeamViewer 验证"中，输入被控制计算机 ID 对应的密码，然后单击"登录"按钮，如图 8-71 所示。

图 8-71 输入被控制计算机的随机密码

之后会出现一个窗口，这个窗口就是被控制计算机的桌面（在远程下，桌面壁纸是不显示的），在这个窗口里进行远程操作就可以了，如图 8-72 所示。

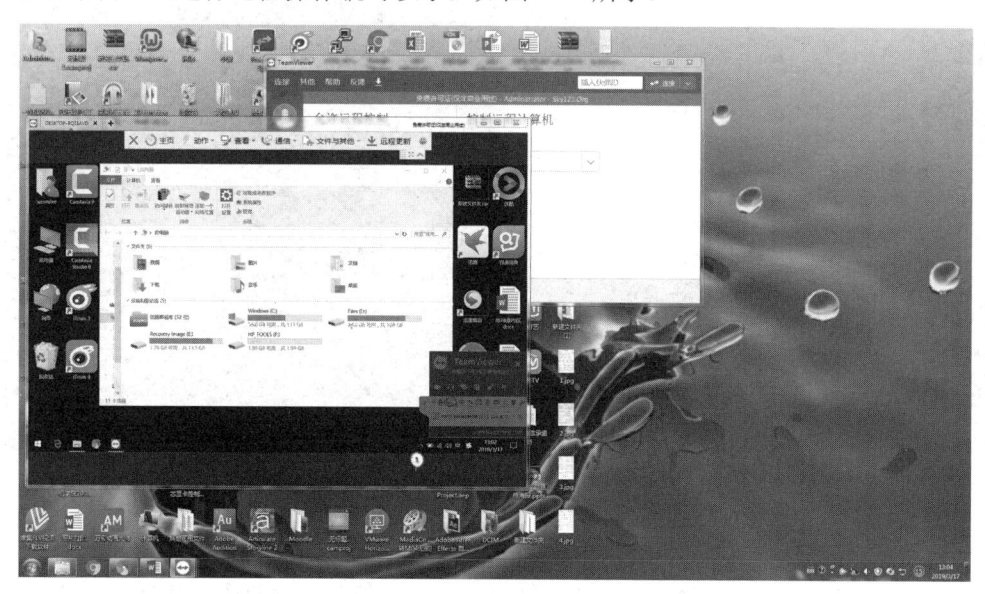

图 8-72 显示被控制计算机桌面的窗口

通过远程直接传输文件，比 QQ 远程更方便。只需要在被远程的计算机窗口中找到想要传输的文件，通过右键快捷菜单进行复制（也可以使用快捷键 Ctrl+C），如图 8-73 所示。

再把鼠标移出窗口，移到自己计算机的桌面，通过右键快捷菜单进行粘贴（也可以使用快捷键 Ctrl+V），文件就会从远程操控的计算机中复制到自己计算机的桌面上了，如图 8-74 所示。

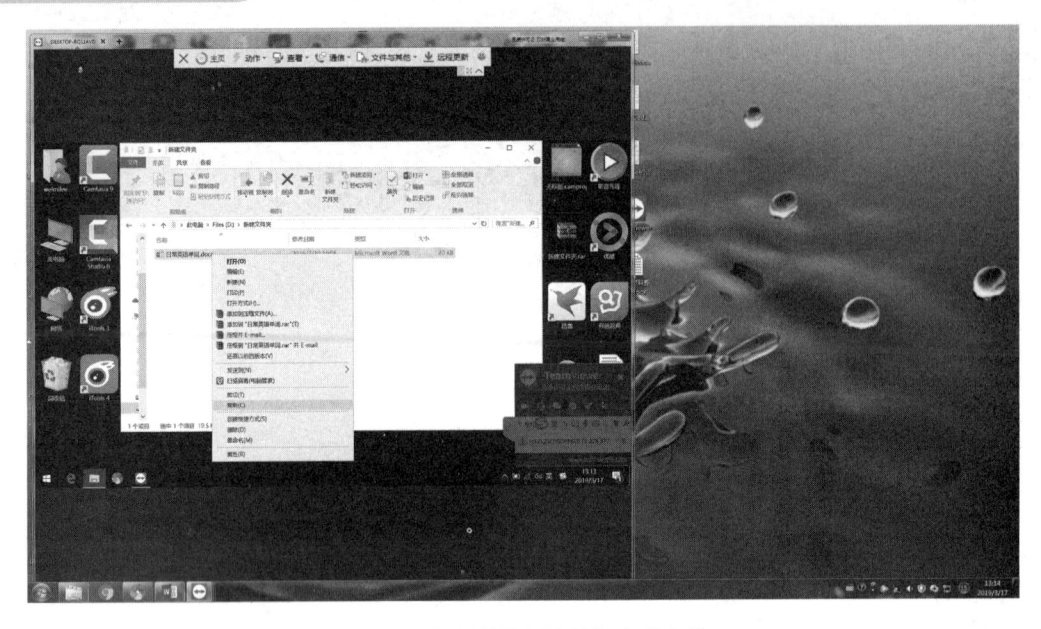

图 8-73 复制被控制计算机上的文件

图 8-74 粘贴被复制的文件

2. 使用固定密码进行远程控制

因为随机密码是每次启动软件时随机产生的,如果被控制计算机无人值守,就无法看到随机密码,这时只需要提前在被控制计算机中设置好固定密码,控制人通过输入固定密码,就可以随时对该计算机进行远程控制了。

打开被控制计算机的 TeamViewer 软件,单击"其他",再单击"选项",如图 8-75 所示。打开"安全性"选项卡,在"个人密码"处输入两次相同的密码,单击"确定"按钮,即可设置固定密码,如图 8-76 所示。

图 8-75 单击"选项"

图 8-76 输入固定密码

8.4 知识拓展

8.4.1 VPN 技术

VPN，即虚拟专用网络，其功能是在公用网络上建立专用网络，进行加密通信，在企业网络中有广泛应用。VPN 网关通过对数据包的加密和对数据包目标地址的转换实现远程访问。VPN 有多种分类方式，主要是按协议进行分类。VPN 可通过服务器、硬件、软件等多种方式实现。

下面以 Windows 7 为例，看看如何在系统中设置 VPN。

鼠标右键单击桌面上的"网络"，在弹出的快捷菜单中选择"属性"，打开"网络和共享中心"对话框,如图 8-77 所示。

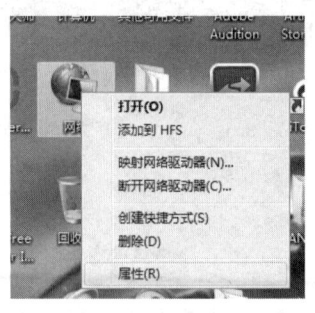

图 8-77 打开"网络和共享中心"对话框

在"网络和共享中心"对话框中单击"设置新的连接或网络",弹出"设置连接或网络"对话框,如图 8-78 所示。

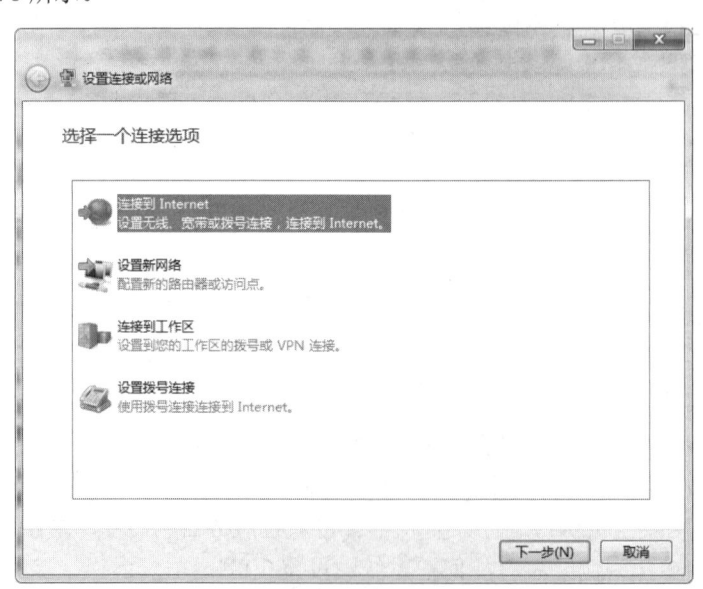

图 8-78 "设置连接或网络"对话框

在"设置连接或网络"对话框中,选择"连接到工作区"并单击"下一步"按钮。在弹出的"连接到工作区"对话框中,选择"使用我的 Internet 连接(VPN)",如图 8-79 所示,然后在弹出的"键入要连接的 Internet 地址"界面输入 VPN 供应商提供的 IP,如图 8-80 所示,再次单击"下一步"按钮。

图 8-79 "连接到工作区"对话框

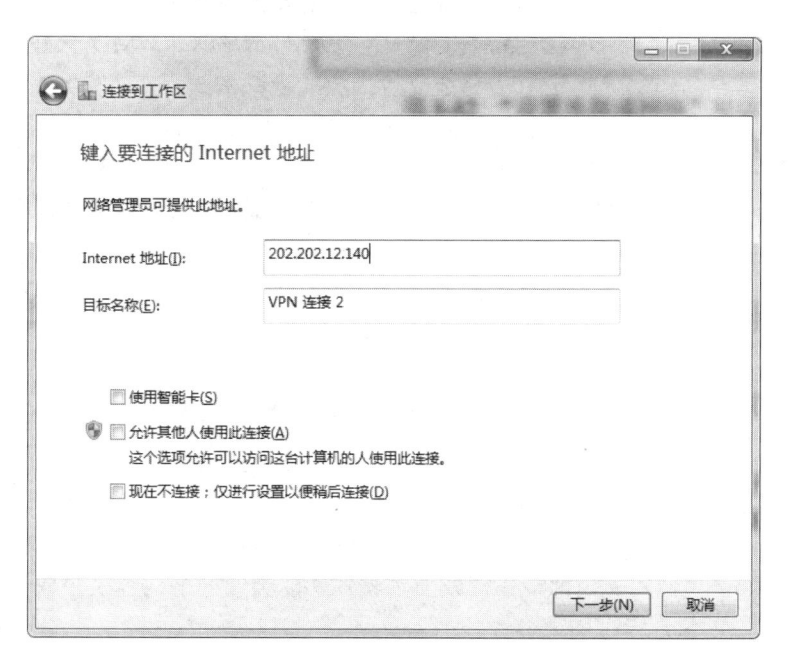

图 8-80 设置 VPN 供应商提供的 IP

在"键入您的用户名和密码"界面输入登录 VPN 网络的用户名和密码,并单击"创建"按钮,即可完成 VPN 的建立,如图 8-81 所示。

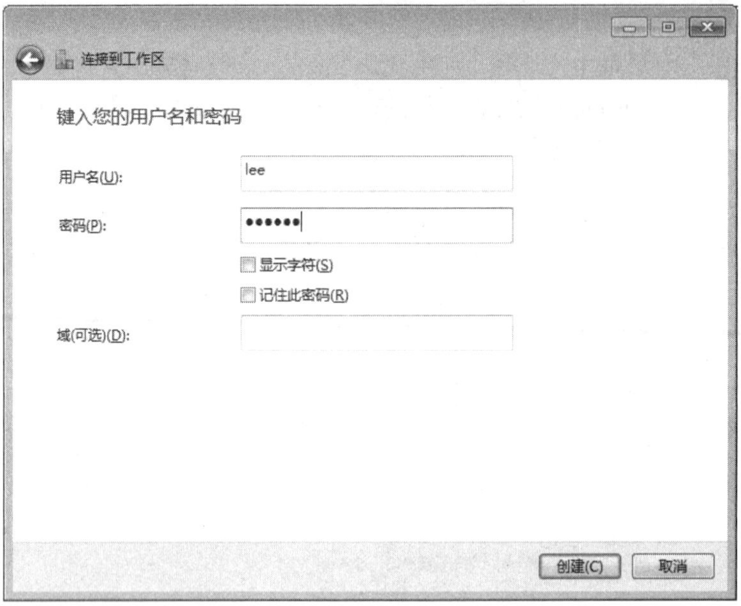

图 8-81 设置 VPN 的用户名和密码

8.4.2 其他常用的播放器

1. Windows Media Player

Windows Media Player 是 Windows 系统中集成的播放器，可以在计算机上轻松地管理、查找、播放 MP3 歌曲、VCD、DVD、WMV、WVX、WM、WMX、WMD、MPEG、MPG 等数字媒体。但是目前，Windows Media Player 所支持播放的视频格式不多，想要播放 RM、RMVB、AVI 等格式的视频，必须安装相应的解码器，在使用上有些不方便。

2. 爱奇艺万能播放器

爱奇艺万能播放器是在线视频网站"爱奇艺"推出的本地视频播放服务，用户可以通过下载"爱奇艺万能播放器"观看本地视频，此外它也可以播放图片文件，支持几乎所有主流视频格式。与此同时，爱奇艺万能播放器进行了画质增强、界面流畅交互、屏幕自动旋转、语言无缝切换等功能的全新技术开发。

3. 终极解码

"终极解码"是一款全能型、高度集成的解码包，自带三种流行播放器（MPC/KMP/BSP）并对 WMP 提供良好支持，可在简、繁、英三种语言平台下实现各种流行视频音频的完美回放及编码功能。推荐的安装环境是 Windows XP、Direct X 9.0C、Windows Media Player 9/10、IE6，不支持 Windows 9x。若需要和 Realplayer(Realone Player)同时使用，请在安装时不要选择 Real 解码器，QuickTime 类似。安装前请先卸载与本软件功能类似的解码包及播放器，建议安装预定的解码器组合，以保证较好的兼容性。

4. 暴风影音

暴风影音——全球领先的万能播放器，一次安装、终身更新，再也无须为文件无法播放而烦恼。支持数百种格式，并在不断更新中。专业媒体分析小组双重更新，持续升级。新增动态换肤、播放列表、均衡器等功能。新增在线视频总库 2627 万，高清 12 万，每日新增 500 部。

在线视频几乎没有缓冲时间,播放流畅清晰,无卡段。支持 456 种格式,新格式 15 天定期更新。领先的 MEE 播放引擎专利技术,效果清晰,CPU 占用降低 50%以上。

8.4.3 视频制作软件——爱剪辑

爱剪辑是一款易用、强大的视频剪辑软件,适合用户的使用习惯与功能需求。下面介绍该软件的几个主要功能。

(1)打开爱剪辑软件,在首页中,输入制作视频的"片名""制作者",选择"视频大小","临时目录"位置,还可以选择是否在切换时转场。或者选择默认设置,到后期再进行修改,如图 8-82 所示。

图 8-82 爱剪辑软件界面

(2)单击"添加视频"按钮,打开添加视频界面,选择要添加的视频文件,单击"打开"按钮,如图 8-83 所示。打开添加的视频,如图 8-84 所示。

图 8-83 添加视频界面

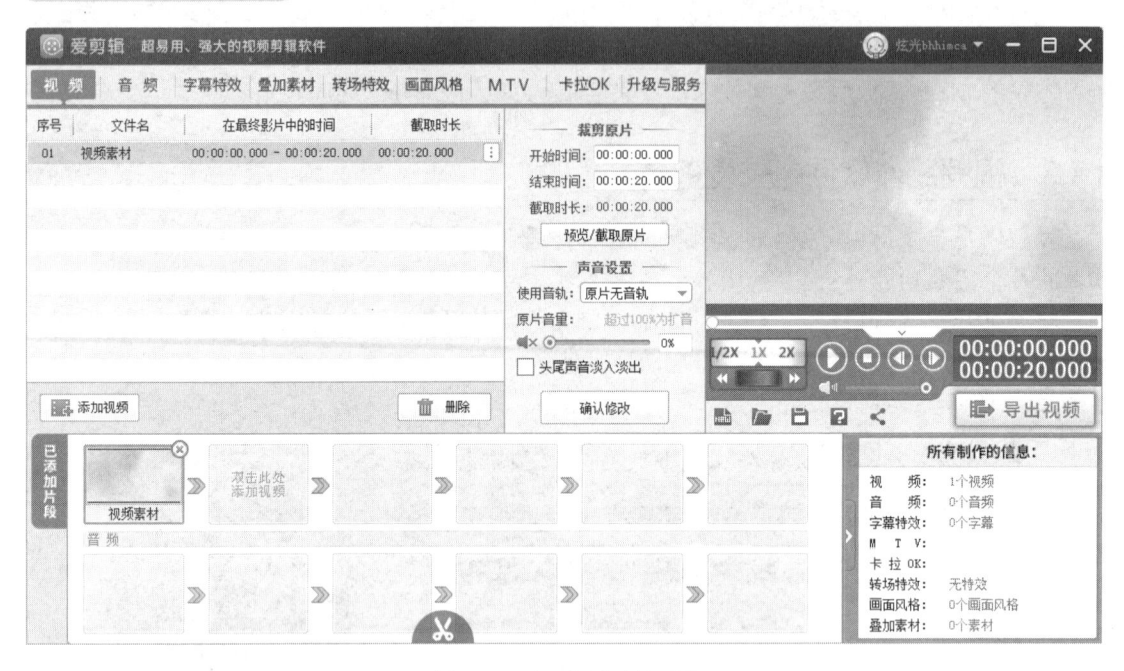

图 8-84 打开添加的视频

（3）输入需要截取视频的"开始时间"和"结束时间"，单击"预览/截取原片"按钮，如图 8-85 所示。在"预览/截取"窗口中，可以播放所截取的视频片段，如无须修改截取时间，则单击"确定"按钮，如图 8-86 所示，并单击主界面的"确认修改"按钮。

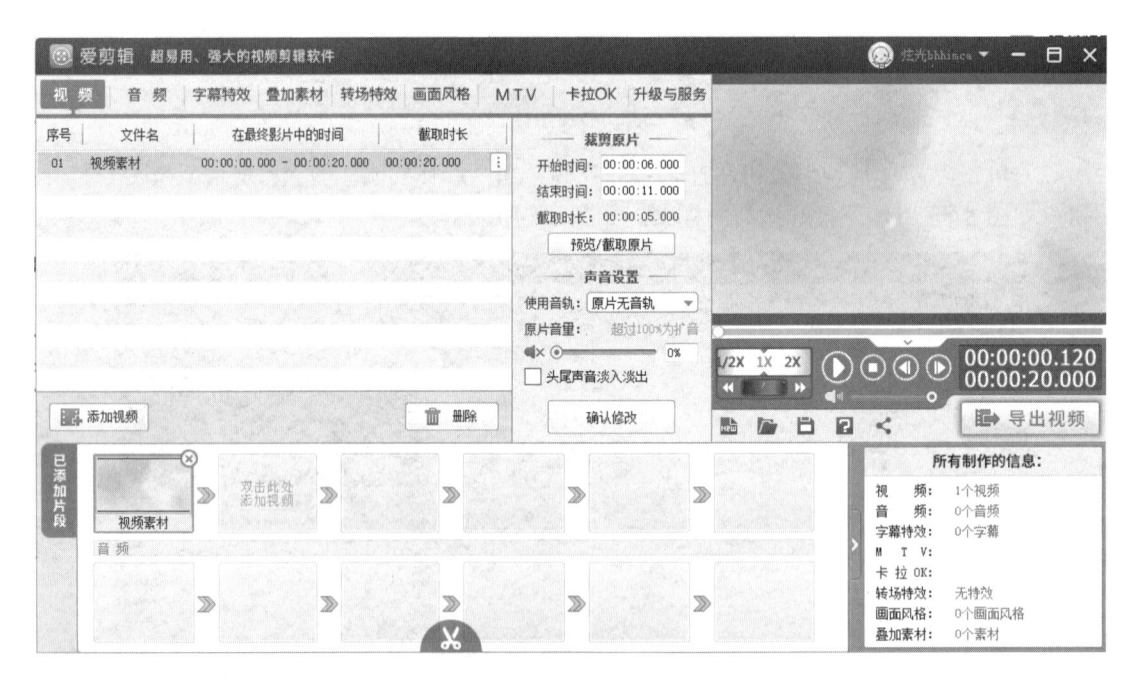

图 8-85 输入所要截取视频的时间段

（4）为视频添加音频。选择"音频"→"添加音效"菜单选项，在打开的窗口中选择所需的音效或背景音乐，单击"打开"按钮，如图 8-87 所示。

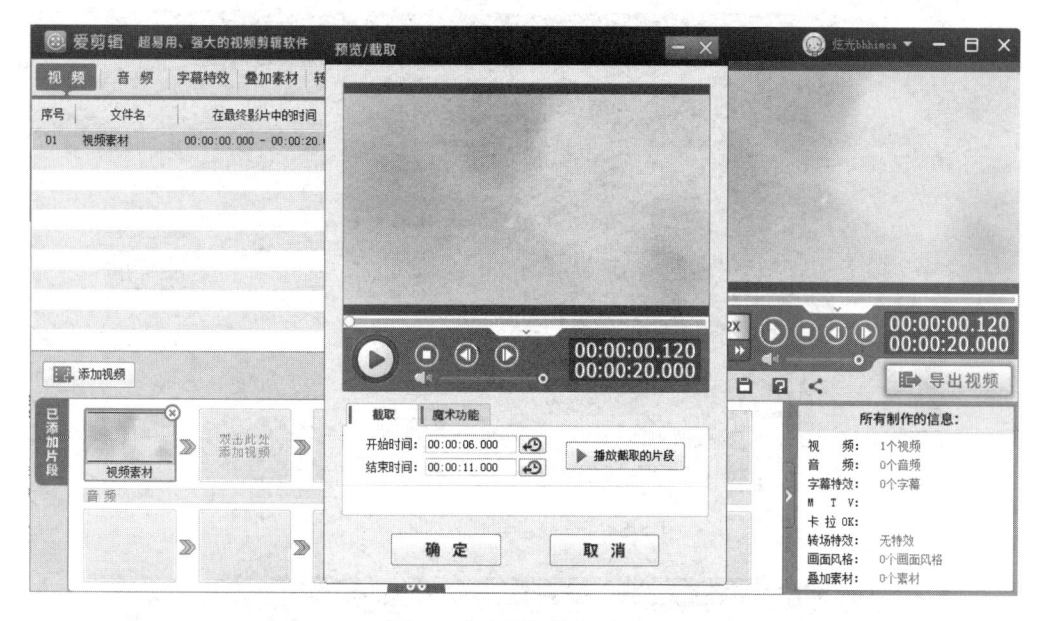

图 8-86 "预览/截取"窗口

图 8-87 添加音频

（5）在"预览/截取"窗口中，选择音频插入时间点，单击"确定"按钮，如图 8-88 所示。在主界面中间，还可以对插入音频进行剪裁和修改插入时间点，完成后单击主界面的"确认修改"按钮，如图 8-89 所示。

（6）添加字幕。单击"字幕特效"，在右侧的展示栏中，在准备添加字幕的地方双击打开编辑栏，输入添加的字幕，单击"确定"按钮，如图 8-90 所示。在中间的"字体设置"属性栏可以对文字进行编辑，在旁边的"特效参数"栏中，可以对字幕显示时间进行设置，如图 8-91 所示。

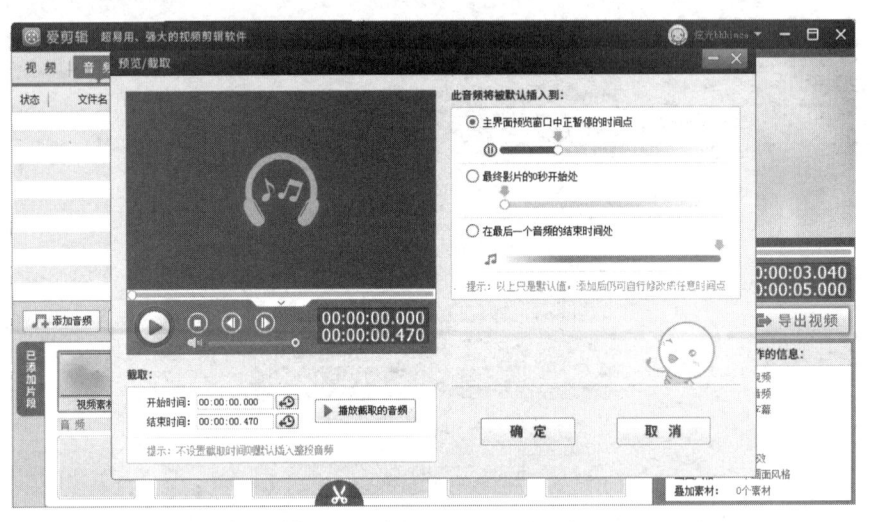

图 8-88　选择音频插入时间点

图 8-89　剪裁音频和修改插入时间点

图 8-90　添加字幕

图 8-91 字体设置和特效参数设置

(7) 在左侧选择所需的字幕效果,如图 8-92 所示。

图 8-92 选择字幕效果

(8) 编辑完成后,单击"导出视频",设置导出参数后,将视频保存到指定位置,如图 8-93 所示。

图 8-93 导出视频

8.4.4 音频视频转换工具——狸窝全能视频转换器

狸窝全能视频转换器是一款功能强大、界面友好的全能型音频视频转换及编辑工具。

下面主要介绍音、视频格式转换方法。

(1) 打开狸窝全能视频转换器软件，单击左上角的"添加视频"按钮，在弹出的"打开"窗口中选择要转换格式的音频或视频文件，如图8-94和图8-95所示。

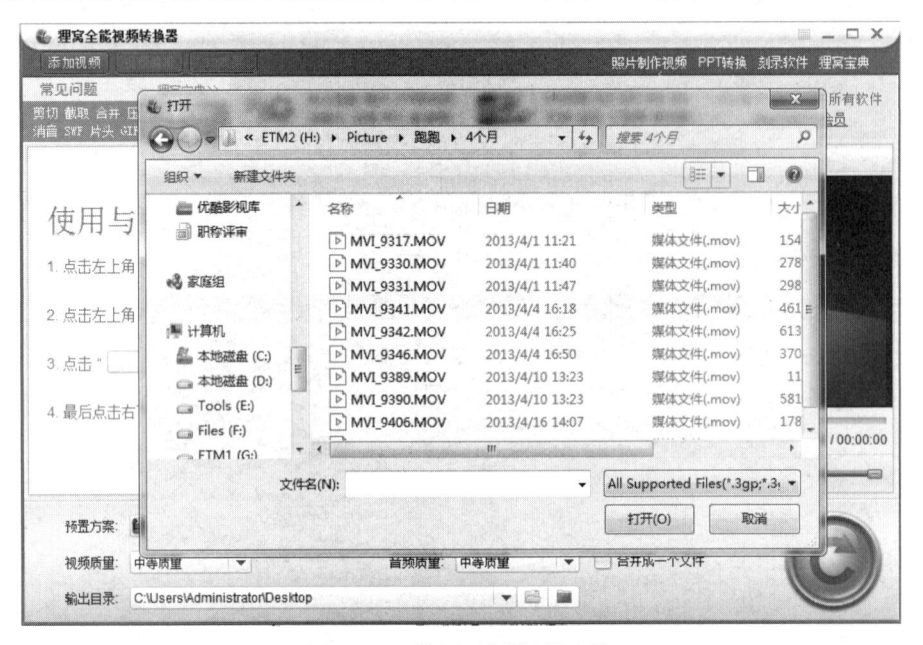

图 8-94　选择音频或视频文件

图 8-95　音频或视频文件打开后的界面

（2）单击"预置方案"栏的下拉菜单，选择一种要输出的音频或视频格式，如图 8-96 所示。

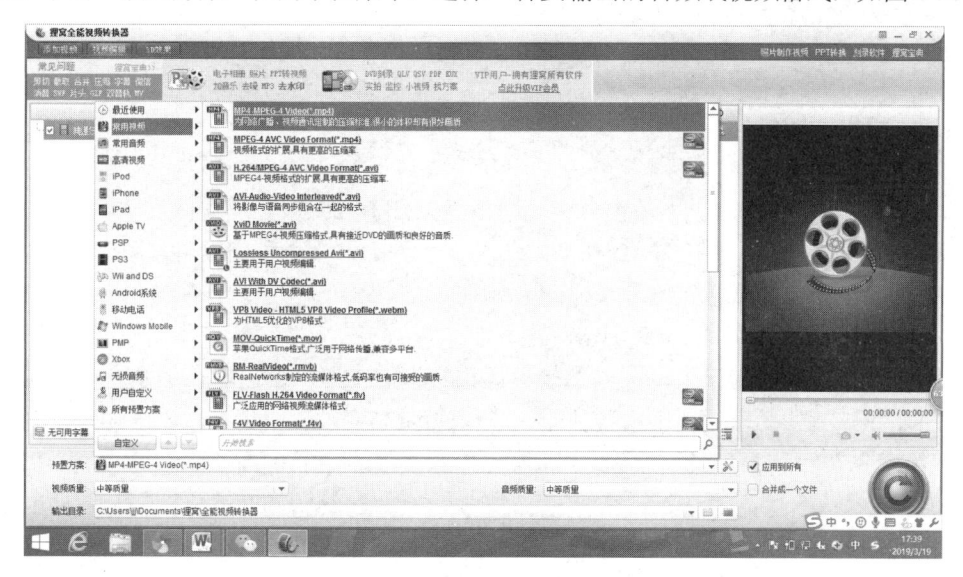

图 8-96　选择音频或视频的输出格式

（3）单击右下角顺时针图样的执行按钮，即可实现格式转换。转换过程如图 8-97 所示。

图 8-97　格式转换过程

8.5　小结

本章主要介绍了 ACDSee、美图秀秀、酷狗、Adobe Reader、爱剪辑、狸窝全能视频转换器等多媒体播放编辑软件的使用，QQ 远程协助、TeamViewer 等远程控制软件的使用，读者应掌握常用的图像浏览器、文本浏览器、音视频播放器、视频剪辑转换器及远程控制软件的基本使用方法。

8.6 习题

一、选择题

1. 美图秀秀属于（　　）。
   A．音频处理软件　　　　　　　　　　　B．图像处理软件
   C．动画制作软件　　　　　　　　　　　D．视频编辑软件
2. 下列属于图像文件格式的是（　　）。
   A．DOCX　　　　　B．RM　　　　　C．WAV　　　　　D．JPEG
3. 班主任林老师想开一个有关"弘扬奥运精神"的主题班会，现在他手里有一个有关奥运会的视频，但是他只想要其中的一个片段。如果你是林老师，你会利用以下哪个软件把这个片段截取出来呢？（　　）
   A．酷狗　　　　　　　　　　　　　　　B．ACDSee
   C．爱剪辑　　　　　　　　　　　　　　D．Cool Edit Pro
4. 下列哪种类型文件可以存储多媒体动画？（　　）
   A．SWF　　　　　B．BMP　　　　　C．DOCX　　　　　D．XLSX
5. 下面哪一项不是ACDSee的功能？（　　）
   A．图片编辑　　　　　　　　　　　　　B．图片浏览
   C．视频浏览　　　　　　　　　　　　　D．图片格式转换
6. 下面哪一项功能QQ无法实现？（　　）
   A．在线聊天　　　　　　　　　　　　　B．远程控制
   C．视频剪辑　　　　　　　　　　　　　D．文件传输
7. 爱剪辑的功能有（　　）。（多选）
   A．视频剪辑　　　　　　　　　　　　　B．转场设计
   C．去水印　　　　　　　　　　　　　　D．画面特效
8. 下面哪一项不是常用的视频播放器？（　　）
   A．Windows Media　　　　　　　　　　B．暴风影音
   C．美图秀秀　　　　　　　　　　　　　D．终极解码
9. 下面哪一项不是暴风影音的功能？（　　）
   A．在线视频播放　　　　　　　　　　　B．屏幕截图
   C．开启弹幕　　　　　　　　　　　　　D．音频剪辑

二、简答题

1. 现有一张数码相机拍摄的照片，分辨率为3840×2064（像素），需要将它修改为600×480（像素）后上传到Internet，请简述通过ACDSee修改该图片大小的步骤。
2. 如何复制PDF图片内容？请简述操作步骤。